21世纪技能创新型
人才培养系列教材
【建筑系列】

新工科

“十四五”新工科应用型教材建设项目成果

钢结构施工

主　编　赵春荣
副主编　崔　炜
参　编　仵建斌　郑冰兵

中国人民大学出版社
·北京·

图书在版编目（CIP）数据

钢结构施工 / 赵春荣主编. -- 北京 : 中国人民大学出版社，2022.7
21 世纪技能创新型人才培养系列教材. 建筑系列
ISBN 978-7-300-30791-6

Ⅰ. ①钢… Ⅱ. ①赵… Ⅲ. ①钢结构－工程施工－教材 Ⅳ. ① TU758.11

中国版本图书馆 CIP 数据核字（2022）第 116371 号

"十四五"新工科应用型教材建设项目成果
21 世纪技能创新型人才培养系列教材·建筑系列
钢结构施工
主　编　赵春荣
副主编　崔　炜
参　编　仵建斌　郑冰兵
Gangjiegou Shigong

出版发行	中国人民大学出版社		
社　　址	北京中关村大街 31 号	**邮政编码**	100080
电　　话	010－62511242（总编室）		010－62511770（质管部）
	010－82501766（邮购部）		010－62514148（门市部）
	010－62515195（发行公司）		010－62515275（盗版举报）
网　　址	http://www.crup.com.cn		
经　　销	新华书店		
印　　刷	北京昌联印刷有限公司		
规　　格	185 mm × 260 mm　16 开本	**版　　次**	2022 年 7 月第 1 版
印　　张	16.5	**印　　次**	2022 年 7 月第 1 次印刷
字　　数	313 000	**定　　价**	48.00 元

前言 PREFACE

新世纪以来，中国钢产量一直保持全球领先水平，钢结构建筑在经济发达地区蓬勃兴起，特别是2008年前后，在奥运场馆建设的推动下，出现了钢结构建筑热潮。2016年9月，国家发布《关于大力发展装配式建筑的指导意见》，提出要以京津冀、长三角、珠三角三大城市群为重点推进装配式钢结构建筑，这一国家战略层面的变化使得建筑市场对钢结构人才需求量大增，导致人才短缺的现象十分明显，因此市场对学校在钢结构专业化人才培养方面提出了迫切的要求。

“钢结构施工”是建筑工程技术专业的专业核心课程之一，具有专业化深、实践性强、技术发展快等特点。本书根据教育部高等职业教育改革精神，结合现行国家标准、工程质量验收规范及相关职业资格证书考试内容，按照项目教学法的理念编写，以钢结构建筑施工全过程为导向，按照本专业领域岗位需求组织学习内容，以达到学岗直通的效果。

本书突出“应用为目的，够用为度”，结合实际工程案例进行编写，采用了大量的图片，内容形象生动，有助于学生尽快领悟和掌握理论知识和实操技能，进而提高实践能力。本书配备了主编教师示范课视频，可登录中国人民大学出版社官网观看。

全书4个项目，主要围绕一个具有代表性的钢结构工业厂房施工项目展开。项目1讲解钢结构基本知识与图纸识读，分为2个学习任务；项目2讲解钢结构构件加工制作，分为5个学习任务；项目3讲解几种常见的钢结构工程安装，分为4个学习任务；项目4讲解钢结构连接设计，旨在扩展知识深度，为学生今后继续学习奠定基础，分为2个学习任务。

本书编者队伍中既有从事钢结构教学多年的教师，也有科研单位、施工单位及工程管理部门的人员。本书在编写过程中参考了部分建筑企业的案例和资料，在此一并致以衷心的感谢。

由于时间仓促，加之编者水平有限，书中难免存在疏漏之处，恳请广大读者批评指正。

编者

目录 CONTENTS

项目1 钢结构基本知识与图纸识读

项目导读

本项目主要讲解钢结构基本概念、结构与材料特点、结构分类、建筑应用及其组成。通过本项目的学习，同学们能够明确钢结构材料特点、结构形式分类及其力学特征；能够熟悉钢结构加工设备的性能特点和加工制作的工艺要求，从而在未来的工作岗位中开展图纸识读等工作。

项目重点

1. 钢结构特点及性能影响因素。
2. 钢结构图纸符号表达及含义。

素养提升

通过介绍我国钢结构建筑领域发展现状，引导学生感受中国速度、中国力量，传达爱国情怀、敢于创新的思政教育理念，激励学生努力成为具有社会责任感和社会参与意识的高素质技能型人才。

任务1 钢结构基本知识

任务目标

- 掌握钢结构的特点及应用。
- 掌握钢结构材料的品种、分类、规格。

- 掌握钢结构对钢材的性能要求。

1.1.1 钢结构的特点及应用

1. 钢结构的特点

（1）钢结构的优点。

1）承载能力高，自重轻。

2）延性较好，抗震能力佳。

3）结构占用面积小。

4）材质均匀，设计可靠性高。材料的均质性使其在力学计算时与假想的设计准则吻合度高。

5）施工周期短、环保性好。

6）密闭性好。

（2）钢结构的缺点。

1）耐腐蚀性能差。易于锈蚀，需要定期涂装维护。

2）耐火性能差。

3）易产生噪声。

2. 钢结构的应用

（1）大跨度、大荷载的建筑。钢材高强质轻的特点适用于大跨度、大荷载的建筑，常见于空间桁架、网架、网壳、悬索、实腹或格构式拱架和框架等结构类型。

（2）重型工业厂房承重体系。钢材承载力高、延展性好的特点使其适用于存在较大的动荷载的重型工业厂房，常见于门式刚架或排架结构类型。

（3）多高层及超高层建筑。作为高层建筑材料，钢结构综合效益指标优良，常见于多层框架、框支、框筒、巨型框架等结构类型。

（4）需要经常拆装及移动的建筑。常见于建筑工地和野外的生产和生活用房；钢筋混凝土结构施工用模板和支架；施工用脚手架。

（5）轻型房屋。常见结构形式为实腹式变截面门式刚架。

（6）塔桅结构建筑。特殊类型的高耸建筑，如电视塔、通信塔等。

（7）密闭容器及其他构筑物。工业企业中的油罐、气罐、管道支架等。

1.1.2 钢结构材料

1. 钢材的品种

（1）碳素结构钢。

碳素结构钢是碳素钢的一种，含碳量为 0.05% ～ 0.7%，个别可高达 0.9%。可分为普通碳素结构钢和优质碳素结构钢两类。前者含碳量多数在 0.3% 以下，含锰量不超过 0.8%，杂质较多，强度较低，但塑性、韧性、冷变形性能好。多用于制造承受静载荷的各种金属构件及不重要或不需要热处理的机械零件和一般焊接件。后者钢质纯净，杂质少，力学性能好，可制造各种机械零件及紧固件等。

（2）低合金高强度钢。

低合金高强度钢是指在低碳钢中添加少量合金化元素，使轧制态或正火态的屈服强度超过 275MPa 的低合金工程结构钢。具有良好的焊接性能、冷热压力加工性能和耐腐蚀性。

2. 钢材的分类与规格

（1）钢材牌号的组成。

1）《钢铁产品牌号表示方法》（GB/T 221—2008）中规定，碳素结构钢和低合金结构钢的牌号通常由四部分组成：

第一部分：前缀符号 + 强度值（以 N/mm^2 或 MPa 为单位），其中通用结构钢前缀符号为代表屈服强度的拼音字母“Q”。

第二部分（必要时）：钢的质量等级用英文字母 A、B、C、D、E、F……表示。

第三部分（必要时）：脱氧方式表示符号，即沸腾钢、半镇静钢、镇静钢、特殊镇静钢分别以“F”“b”“Z”“TZ”表示，镇静钢、特殊镇静钢表示符号通常可以省略。

第四部分：（必要时）产品用途、特性和工艺方法表示符号。

2）《碳素结构钢》（GB/T 700—2006）中规定，碳素结构钢的牌号有 Q195、Q215A、Q215B、Q235A、Q235B、Q235C、Q235D、Q255A、Q255B、Q275A、Q275B、Q275C、Q275D。

碳素结构钢质量等级中，A 级对冲击韧性不做要求，冷弯性能只在需方有要求时才进行试验，B、C、D 级分别保证 20℃、0℃、−20℃时的冲击韧性满足要求，并且都要求冷弯性能合格。

《低合金高强度结构钢》（GB/T 1591—2018）规定，热轧型低合金高强度钢的牌号有 Q355、Q390、Q420、Q460。

低合金高强度结构钢的牌号也可用二位阿拉伯数字（平均含碳量，以万分之几）加合金元素符号及必要时加代表产品用途、特性和工艺方法的表示符号，按顺序表示。如碳含量为 0.15% ～ 0.26%，锰含量为 1.20% ～ 1.60% 的矿用钢牌号为 20MnK。

（2）钢产品的分类。

《钢产品分类》（GB/T 15574—2016）中将钢产品分为液态钢、钢锭和半成品、轧制成品和最终产品、其他产品四大类。建筑钢结构产品主要为第三类中的钢板、I 型钢（窄翼缘和中翼缘)、H 型钢（宽翼缘)、槽钢、角钢、冷弯型钢、压型钢板、钢管、钢丝绳等。

1）钢板。建筑钢结构使用的钢板（钢带）按轧制方法有冷轧板和热轧板之分。热轧钢板是建筑钢结构应用最多的钢材之一。《钢产品分类》规定，钢板按厚度可分为薄板（≤ 4mm)，中板（4 ～ 20mm)，厚板（20 ～ 60mm)，特厚板（60 ～ 600mm)。热轧钢板的表示方法为“厚度 × 宽度 × 长度”，单位为 mm。

2）I 型钢。横截面形状类似于字母 I，又称工字钢，翼缘宽度不大于公称高度的 0.66 倍，且小于 300mm 的型钢。按规格表示为“腰高 $h\times$ 腿宽 $b\times$ 腰厚 d”，单位为 mm。按型号表示为腰高（截面高度）的厘米数。对于 20 号以上的普通 I 型钢，根据腹板厚度和翼缘宽度不同，又分为 a、b、c 3 种，其中 a 类腹板最薄、最窄，b、c 类依次增厚、增宽。由于截面两个主轴的惯性矩相差较大，故仅能用于在其腹板平面内受弯的构件或将其组成格构式受力构件。

3）H 型钢。横截面形状类似于字母 H，翼缘宽度大于公称高度的 0.66 倍，且不小于 300mm 的型钢。依据《热轧 H 型钢和剖分 T 型钢》（GB/T11263 — 2017)，热轧 H 型钢分为宽翼缘 H 型钢、中翼缘 H 型钢、窄翼缘 H 型钢和薄壁 H 型钢，代号分别为 HW、HM、HN 和 HT。型号采用“高度 × 宽度”来表示，如 HW400 × 400、HM500 × 300、HN700 × 300、HT200 × 150。H 型钢的翼缘内外侧平行或接近于平行，翼缘端部呈直角，两个方向的惯性矩比 I 型钢接近，具有更广泛的适用性。

4）槽钢。槽钢的截面为凹槽形，由于斜度比 I 型钢平缓，因此紧固连接比较容易。槽钢分为热轧普通槽钢和轻型槽钢两种。按型号表示为“[符号 + 截面高度的厘米数”。从 [14 开始，有 a、b、c 规格之分，其不同点是腹板和翼缘的宽度。

5）角钢。角钢是两边互相垂直的长条钢材，分等边角钢和不等边角钢两类。按规格表示为“∟符号 + 长肢宽 × 短肢宽 × 肢厚的毫米数”。如 ∟100 × 80 × 8（不等边角钢)，∟100 × 10（等边角钢)。

6）冷弯型钢和压型钢板。冷弯型钢是具有开口或闭口横截面，且横截面形状多样的冷加工长材，常用 1.5 ～ 5mm 厚度的薄钢板或钢带经冷轧（弯）或模压而成，一般用途的冷弯型钢如 L、U、C、Z 型钢等。压型钢板是冷弯型钢的另一种形式，是用 0.4 ～ 2mm 厚度的钢板、镀锌钢板、彩色涂层钢板经冷轧（压）而成的各种波形板材，从横截面看，宽度明显大于高度，主要用于覆盖、铺设。

7）钢管。结构用钢管有热轧无缝钢管和焊接钢管两大类，用“外径 × 壁厚”表示，单位为 mm。焊接钢管由钢带卷焊而成，依据管径大小，又可分为直缝焊和螺旋焊两种。

8）钢丝绳。钢丝绳是将力学性能和几何尺寸符合要求的钢丝按照一定的规则捻制在一起的螺旋状钢丝束，由钢丝、绳芯及润滑脂组成。钢丝绳按其股的断面、股数和股外层钢丝的数目分类，如 34×7 表示钢丝绳中有 34 ～ 36 个圆股，每股外层丝可达 7 根。在建筑钢结构中主要用于吊运、拉运等需要高强度线绳的运输和吊装。

3. 焊接材料

（1）焊条。

根据《碳钢焊条》（GB/T 5117—1995）规定，常用焊条根据敷熔金属的力学性能、药皮类型、焊接位置和焊接电流种类划分，见表 1.1.1。

表 1.1.1　焊条型号划分（部分）

焊条型号	药皮类型	焊接位置	焊接电流种类
E43 系列——熔敷金属抗拉强度≥ 420MPa（43kgf/mm^2）			
E4303	钛钙型	平、立、仰、横	交流或直流正、反接
E4315	低氢钠型		直流反接
E4316	低氢钾型		交流或直流反接
E50 系列——熔敷金属抗拉强度≥ 490MPa（50kgf/mm^2）			
E5003	钛钙型	平、立、仰、横	交流成直流正、反接
E5015	低氢钠型		直流反接
E5016	低氢钾型		交流或直流反接
注：①焊接位置栏中文字含义：平——平焊、立——立焊、仰——仰焊、横——横焊。 ②焊接位置栏中“立”和“仰”系指适用于立焊和仰焊的直径不大于 4.0mm 的 EXX15、EXX16 型焊条及直径不大于 5.0mm 的其他型号焊条。			

焊条型号编制方法如下：字母“E”表示焊条；前两位数字表示熔敷金属抗拉强度的最小值；第三位数字表示焊条的焊接位置，“0”及“1”表示焊条适用于全位置焊接（平、立、仰、横），“2”表示焊条适用于平焊及平角焊，“4”表示焊条适用于向下立焊；第三位和第四位数字组合表示焊接电流种类及药皮类型。在第四位数字后附加“R”表示耐吸潮焊条；附加“M”表示耐吸潮和力学性能有特殊规定的焊条；附加“–1”表示冲击性能有特殊规定的焊条，如图 1.1.1 所示。

（2）焊丝和焊剂。

埋弧自动焊的焊丝和焊剂型号分类是根据焊丝 – 焊剂组合的熔敷金属力学性能、热处理状态进行划分的。

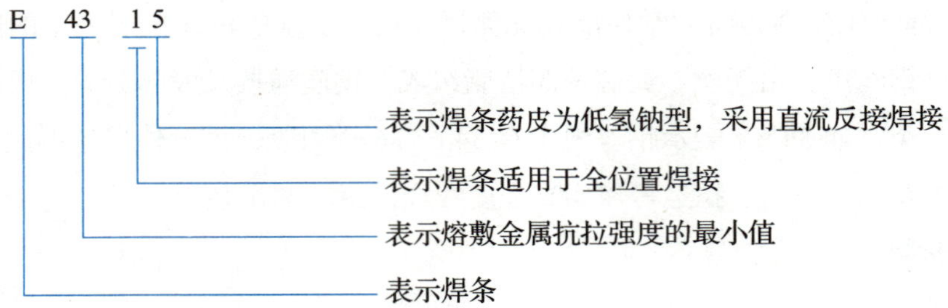

图 1.1.1　焊条型号表示示例

根据《埋弧焊用碳钢焊丝和焊剂》（GB/T 5293—1999）的规定，焊丝焊剂组合的型号编制方法如下：字母“F”表示焊剂；第一位数字表示焊丝–焊剂组合的熔敷金属抗拉强度的最小值；第二位字母表示试件的热处理状态，“A”表示焊态，“P”表示焊后热处理状态；第三位数字表示熔敷金属冲击吸收功不小于 27J 时的最低试验温度；“–”后面的字符表示焊丝的牌号。焊丝–焊剂型号示例如图 1.1.2 所示。

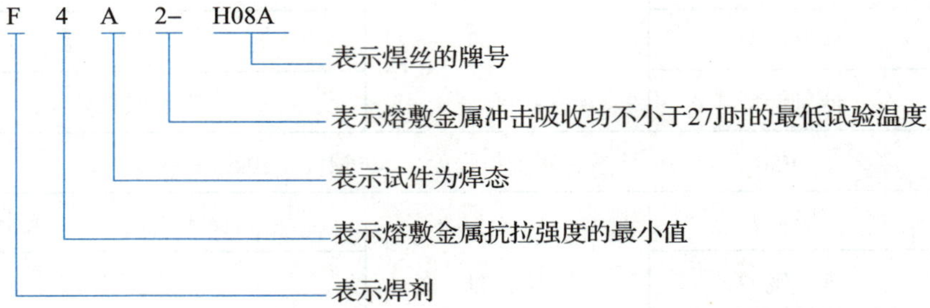

图 1.1.2　焊丝–焊剂型号示例

焊丝的牌号：根据《熔化焊用钢丝》（GB/T 14957—1994）的规定，焊丝牌号的第一个字母“H”表示焊丝，字母后面的两位数字表示焊丝中的平均碳含量，如含有其他化学成分，在数字的后面用元素符号表示；牌号最后的字母表示硫、磷杂质含量的等级，“A”表示优质品，“E”表示高级优质品。

气体保护焊焊丝和焊剂按《气体保护电弧焊用碳钢、低合金钢焊丝》（GB/T 8110—2008），焊丝按化学成分和采用熔化极气体保护电弧焊时熔敷金属的力学性能分类。

焊丝型号的表示方法为 ER××–×。字母 ER 表示焊丝，ER 后面的两位数字表示熔敷金属的最低抗拉强度，“–”后面的字母或数字表示焊丝化学成分分类代号。如还附加其他化学成分时，直接用元素符号表示，并以“–”与前面的数字分开。

4. 紧固件材料

（1）螺栓等级与分类。

钢结构紧固件是将两个或两个以上零件（或构件）紧固连接成为一件整体时采用的一

类机械零件的总称，按照性能等级划分，螺栓可分为 3.6、4.6、4.8、5.6、5.8、6.8、8.8、9.8、10.9、12.9 共 10 个等级，其中 8.8 级及以上螺栓材质为低碳合金钢或中碳钢并经热处理，通称为高强度螺栓，8.8 级以下通称普通螺栓。

螺栓性能等级标号由两部分数字组成，分别表示螺栓的公称抗拉强度和屈强比。例如性能等级为 4.6 级的螺栓，"4" 为螺栓材质公称抗拉强度的 1/100，"0.6" 为螺栓材质屈强比。

（2）螺栓的制作精度等级。

1）普通螺栓。

普通螺栓的制作精度等级分为 A、B、C 级。螺栓孔分为 I 类孔和 II 类孔，常用螺栓级别特点见表 1.1.2。

表 1.1.2　螺栓级别与应用特点

分类	钢材	强度等级	孔径 d_0 与栓径 d 之差（mm）	加工	受力特点	安装	应用
A 级 B 级 精制 螺栓	优质 碳素钢 45 号钢 35 号钢	5.6 8.8	0.3 ～ 0.5	精度高 尺寸准确 成本高	抗剪 抗拉 均好	精度要求高	钢结构建筑较少采用
C 级 粗制 螺栓	普通 碳素钢 Q235	4.6 4.8	1.0 ～ 1.5	粗糙 尺寸不准 成本低	抗剪差 抗拉好	方便	受拉连接 临时固定

2）高强度螺栓。

高强度螺栓按构造可分为高强度大六角头螺栓、扭剪型高强度螺栓、钢网架螺栓球节点用高强度螺栓等。

高强度螺栓按受力分类有摩擦型高强度螺栓和承压型高强度螺栓。前者在连接受力后，接触面产生的摩擦力阻止板件的相互滑移，以达到传递外力的目的。安装时，要先对构件连接端及连接板表面进行喷砂等特殊处理，形成粗糙面，再对高强度螺栓施加预拉力，可使紧固部位产生很大的摩擦阻力。承压型高强度螺栓连接的传力特征是剪力超过摩擦力时构件之间发生相对滑移，螺杆杆身与孔壁接触，使螺杆受剪和孔壁受压，破坏形式与普通螺栓相同。

1.1.3　钢材的性能要求及影响因素

1. 力学性能

钢材的性能主要分为力学性能和工艺性能，力学性能是材料在力的作用下表现出来的性能，包括强度、塑性、冲击韧性、硬度及钢材的疲劳强度等。

（1）强度。

强度是指材料在外力作用下，抵抗塑性变形和断裂的能力。说明钢材强度性能的指标有弹性模量、比例极限、屈服点和抗拉强度等。这些指标可以根据钢材标准试件一次单向拉伸试验确定，钢材在单向拉伸试验中的应力－应变曲线如图 1.1.3 所示。

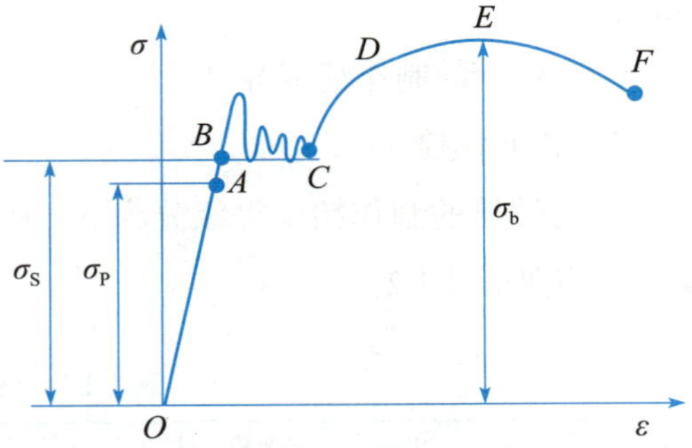

图 1.1.3　低碳钢单向拉伸应力－应变曲线

在单向拉伸力作用下，低碳钢的变形过程有 4 个阶段：

1）弹性阶段（*OA* 段）。应力 σ 与应变 ε 成比例，符合胡克定律，钢材处于弹性阶段，此时卸载拉伸变形可完全恢复。应力－应变曲线的斜率就是钢的弹性模量 *E*，对应的直线应力最大值为比例极限 σ_p。

2）弹塑性阶段（*AB* 段）。应力 σ 与应变 ε 呈非线性关系，存在残余变形。

3）屈服阶段（*BC* 段）。应力 σ 保持不变，应变 ε 持续增长，形成屈服平台 *BC* 段，这一阶段也称为塑性阶段。取屈服应力值为屈服强度 σ_s，对于没有明显的屈服点的高强度钢材，取对应于残余应变为 0.2% 时的应力作为钢材的屈服强度（有时用 $\sigma_{0.2}$ 表示）。

4）强化阶段（*DE* 段）。屈服平台之后，应力和应变均增加，曲线关系最高点材料在拉断前承受最大应力值称为抗拉强度 σ_b。在试件质量薄弱处截面出现局部横向收缩，塑性变形迅速增大，出现“颈缩”现象，随之破坏。

（2）塑性。

塑性即材料在外力作用下变形的能力。钢材的塑性为当应力超过屈服点后，能产生显著的残余变形（塑性变形）而不立即断裂的性质。塑性优劣可用伸长率 δ 和断面收缩率 ψ 衡量，二者通过静力拉伸试验得到。

$$\delta = \frac{l_1 - l_0}{l_0} \times 100\%$$

式中：l_1——试件拉断后标距间长度；

l_0——试件原长度。

$$\psi = \frac{A_0 - A_1}{A_1} \times 100\%$$

式中：A_0——试件原来的断面面积；

A_1——试件拉断后颈缩区的断面面积。

因断面测量误差较大，因此钢材的塑性指标往往只用伸长率而不用断面收缩率。

（3）冲击韧性。

冲击韧性是反映金属材料对外来冲击荷载的抵抗能力，是衡量钢材抵抗因低温、应力集中、冲击荷载等作用而导致的脆性断裂能力的一项机械性能。一般由冲击韧性值（a_k）和冲击功（A_k）表示。冲击韧性试验，因试验温度不同而分为常温、低温和高温冲击试验；若按试样缺口形状又可分为“V”形缺口和“U”形缺口冲击试验。冲击韧性试验原理如图 1.1.4 所示。

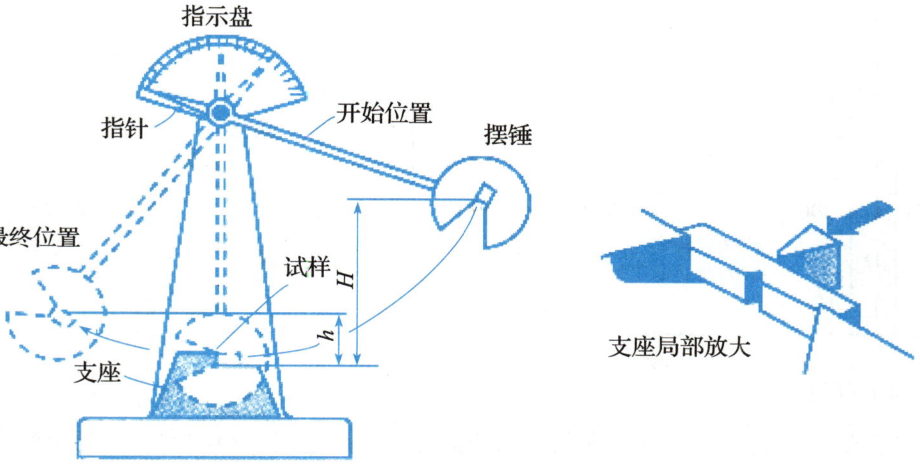

图 1.1.4　冲击韧性试验原理图

工程中常用的 Q235、Q345 和 Q390 等级的钢材力学性能见表 1.1.3 和表 1.1.4。

表 1.1.3　Q235 钢的力学性能

<table>
<tr><th rowspan="3">钢材厚度或直径（mm）</th><th colspan="3">拉伸试验</th><th colspan="2" rowspan="2">180° 冷弯试验
$b=2a$</th><th colspan="3">冲击韧性</th></tr>
<tr><th>f_y（N/mm²）</th><th rowspan="2">f_w（N/mm²）</th><th>δ_s（%）</th><th rowspan="2">质量等级</th><th rowspan="2">温度（℃）</th><th>冲击功 A_{kv}（J）</th></tr>
<tr><th>≥</th><th>≥</th><th>纵向</th><th>横向</th><th>≥</th></tr>
<tr><td>≤ 16</td><td>235</td><td rowspan="6">375 ～ 460</td><td>26</td><td rowspan="3">$d=a$</td><td rowspan="3">$d=1.5a$</td><td>A</td><td>—</td><td>—</td></tr>
<tr><td>> 16 ～ 40</td><td>225</td><td>25</td><td rowspan="2">B</td><td rowspan="2">20</td><td rowspan="2">27</td></tr>
<tr><td>> 40 ～ 60</td><td>215</td><td>24</td></tr>
<tr><td>> 60 ～ 100</td><td>205</td><td>23</td><td>$d=2a$</td><td>$d=2.5a$</td><td>C</td><td>0</td><td>27</td></tr>
<tr><td>> 100 ～ 150</td><td>195</td><td>22</td><td rowspan="2">$d=2.5a$</td><td rowspan="2">$d=3a$</td><td rowspan="2">D</td><td rowspan="2">−20</td><td rowspan="2">27</td></tr>
<tr><td>> 150</td><td>185</td><td>21</td></tr>
</table>

表 1.1.4　Q345 及 Q390 钢的力学性能

钢号	质量等级	屈服点 f_y（N/mm²） 厚度（直径、边长）(mm) ≤ 16	> 16 ~ 35	> 35 ~ 50	> 50 ~ 100	抗拉强度 f_w（N/mm²）	伸长率 δ_s（%）	冲击功（纵向） 温度（℃）	A_{kv}（J）	180° 弯曲试验 d = 弯心直径 a = 试件厚度（直径） 钢材厚度（直径）(mm) ≤ 16	> 16 ~ 100
		≥					≥				
Q345	A	345	325	295	275	470 ~ 630	21	—	—	$d = 2a$	$d = 3a$
	B							+20	34		
	C						22	0			
	D							−20			
	E							−40	27		
Q390	A	390	370	350	330	490 ~ 650	19	—	—	$d = 2a$	$d = 3a$
	B							+20	34		
	C						20	0			
	D							−20			
	E							−40	27		

（4）硬度。

硬度表示材料抵抗硬物压入其表面的能力。它是金属材料的重要性能指标之一。一般硬度越高，耐磨性越好。常用的硬度指标有布氏硬度、洛氏硬度和维氏硬度。

（5）钢材的疲劳。

钢材在连续反复的动力荷载作用下，裂纹生成、扩展以致脆性断裂的现象称为疲劳。疲劳破坏时，截面上的应力低于钢材的抗拉强度甚至低于屈服强度，破坏前没有征兆，属于脆性破坏，应尽量避免。

2. 工艺性能

工艺性能是材料在冷、热加工中表现出来的性能，包括冷弯性能、焊接性能等。

（1）冷弯性能。

钢材的冷弯性能是衡量钢材在常温下弯曲加工产生塑性变形时抵抗裂纹产生能力的一项指标，由冷弯试验确定。

试验时，根据钢材的牌号和板厚，按国家相关标准规定的弯心直径，在试验机上把试件弯曲 180°，以试件表面和侧面不出现裂纹和分层为合格，冷弯试验不仅能检验材料承受规定的弯曲变形能力的大小，还能显示其内部的冶金缺陷，因此是判断钢材塑性变形能力和冶金质量的综合指标，冷弯试验示意图如图 1.1.5 所示。

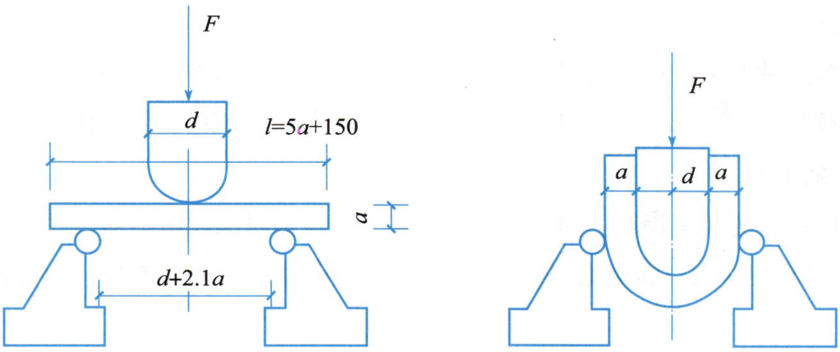

（a）试验前　　（b）试验后

图 1.1.5　冷弯试验示意图

（2）焊接性能。

钢材的焊接性能是指在一定的焊接工艺条件下，能否获得性能良好的焊接接头。可焊性分为施工上的可焊性和使用性能上的可焊性。施工上的可焊性指对产生裂纹的敏感性，使用性能上的可焊性是指焊接构件在焊接后的力学性能是否低于母材。

3. 性能影响因素

（1）化学成分。

钢是以铁和碳为主要成分的合金，碳及其他元素虽占比不大，但对钢材性能却有重要影响，常见化学成分及其影响见表 1.1.5。

表 1.1.5　钢材常见化学成分及其影响

成分	影响
碳	碳是钢的重要组成元素之一，在碳素结构钢中是除铁以外最主要的元素。随着含碳量的提高，钢的强度逐渐增高，而塑性和韧性下降，冷弯性能、焊接性能和抗锈蚀性能等也变差
硅	属于有益元素。有强脱氧作用，常与锰共同除氧。适量时可细化晶粒，提高钢的强度，同时对钢的塑性、韧性、冷弯性能和焊接性能没有显著不良影响
锰	属于有益元素。能显著提高钢材强度，同时又不过多降低其塑性和冲击韧性。有脱氧作用，可消除硫对钢的热脆影响，改善钢的冷脆倾向。但会降低可焊性，应视情况适当控制
硫	属于有害元素。当热加工及焊接温度达到 800 ～ 1000℃时，使钢材变脆，出现裂纹，这种现象称为“热脆”。还会降低钢材的冲击韧性、疲劳强度、抗锈蚀性能和焊接性能
磷	属于有害元素。虽可提高强度和抗锈性能，但严重降低塑性、韧性、冷弯性能和焊接性能，尤其低温时易发生冷脆
氧、氮	属于有害元素。氧能使钢热脆，作用比硫剧烈。氮能使钢冷脆，与磷类似

（2）生产过程。

1）冶炼炉种的影响：主要有三种冶炼方法，形成电炉钢、平炉钢和氧气转炉钢。电炉钢质量最好，但成本高，一般不采用；平炉钢和氧气转炉钢的质量大体相当，此时无必要强调炉种的影响。

2）浇铸过程的脱氧程度：钢液中残留的氧气会使钢材晶粒粗细不匀并导致热脆，所以铸锭过程中需要脱氧。按脱氧程度的不同，可分为沸腾钢、半镇静钢、镇静钢和特殊镇静钢。

3）轧制和热处理：采用高温加压方式进行钢材轧制，使钢材组织密实，减少冶金缺陷。热处理则是先对钢材淬火，再高温回火，以提高钢材的强度，同时保持良好的塑性和韧性。

（3）冷作硬化和时效硬化。

钢材在冷加工过程中由于产生塑性变形，从而提高钢材强度，同时降低塑性和韧性的现象称为冷作硬化。

随着时间的增长，纯铁体中残留的碳、氧固溶物质逐步析出，形成自由的碳化物或氧化物微粒，约束纯铁体的塑性变形，从而使钢材的强度提高，塑性和韧性下降，这种现象称为时效硬化。时效硬化过程一般较长，但在振动荷载、反复荷载及温度变化等情况下，会加速发展。

（4）残余应力。

残余应力为钢材在冶炼、轧制、焊接、冷加工等过程中，由于不均匀冷却、组织构造变化而在钢材内部产生的不均匀的应力。残余应力在构件内部自相平衡，结构受荷后，残余应力与荷载作用下的应力相叠加，将使构件某些部位提前屈服，降低构件的刚度和稳定性，降低构件抗冲击断裂和抗疲劳破坏的能力。

（5）应力集中。

钢结构构件中存在的孔洞、槽口、凹角、裂纹、厚度变化、形状变化、内部缺陷等使一些区域产生局部高峰应力，此谓应力集中现象。应力集中越严重，钢材塑性越差。

（6）温度。

钢材性能受温度影响十分明显，如图 1.1.6 所示为低碳钢在不同温度下的单向拉伸试验结果。由图可看出总体趋势是温度升高，钢材强度降低、应变增大。当温度低于常温时，随着温度的降低，钢材的强度提高而塑性和韧性降低，逐渐变脆，称为低温冷脆。

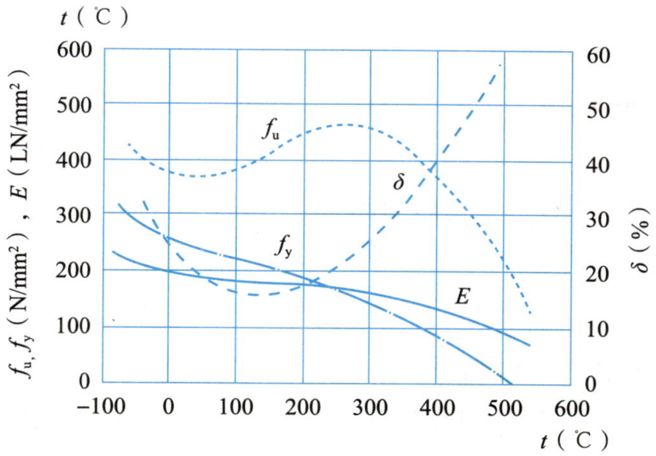

图 1.1.6　低碳钢在不同温度下的单向拉伸试验结果

（7）应力状态。

钢材在单向应力作用下，当应力达到屈服点 f_y 时，钢材屈服而进入塑性状态。当钢材处于双向或三向同号应力状态，并且各应力数值接近时，材料不易屈服，处于脆性状态。

任务 2　钢结构图纸识读

任务目标

- 熟悉钢结构施工图纸的基本组成和内容。
- 掌握钢结构图纸识读技巧。

1.2.1　钢结构施工图的表示方法

1. 钢结构连接类型及特点

钢结构中所用连接方法有焊接连接、铆接连接和螺栓连接，如图 1.2.1 所示。

（1）焊接连接。

现代钢结构中最主要的连接方式。优点是可连接任何形状结构，构造简单，省钢省工，能实现自动化；但焊缝质量易受材料、操作影响，对钢材性能要求高。

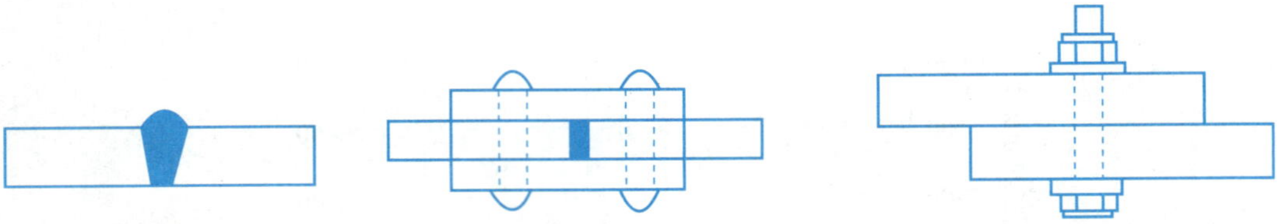

（a）焊接连接　（b）铆接连接　（c）螺栓连接

图 1.2.1　连接方法

（2）铆接连接。

需先在构件上开孔，孔比钉直径大 1mm，将钉加热至 900 ～ 1000℃，并用铆钉枪铆接。其连接刚度大，传力可靠，韧性和塑性较好，对经常受动力荷载作用、荷载较大和跨度较大的结构较为适宜。但铆接连接施工技术要求高，劳动强度大，效率低。

（3）螺栓连接。

分普通螺栓连接和高强度螺栓连接。

除上述 3 种连接方式外，在薄壁轻钢结构中还常用射钉、自攻螺钉和焊钉等连接方式。

2. 焊接连接图示方法

（1）连接形式。

焊接连接方式按被连接钢材的相互位置可分为对接、搭接、T 形连接和角部连接 4 种，如图 1.2.2 所示。

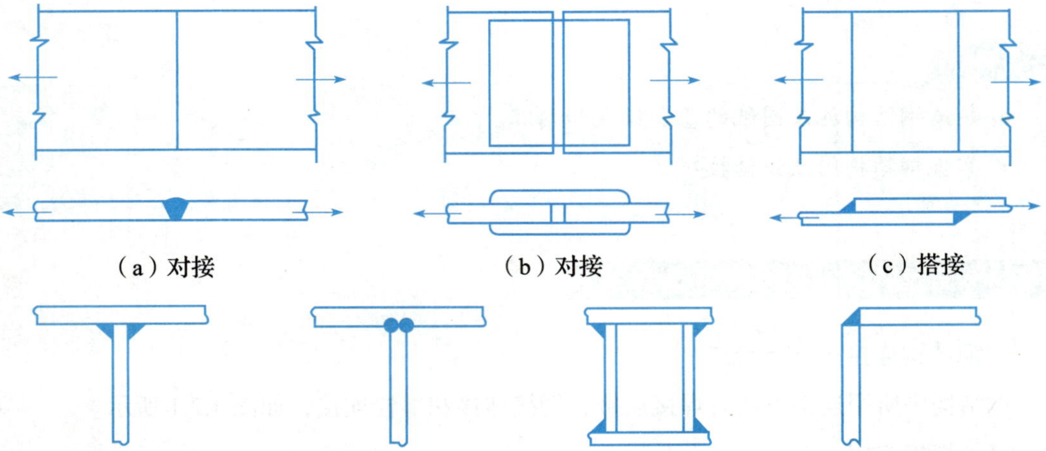

（a）对接　（b）对接　（c）搭接　（d）T形连接　（e）T形连接　（f）角部连接　（g）角部连接

图 1.2.2　焊接连接方式示意图

焊缝按施焊位置分为平焊、横焊、仰焊及立焊 4 种，如图 1.2.3 所示。

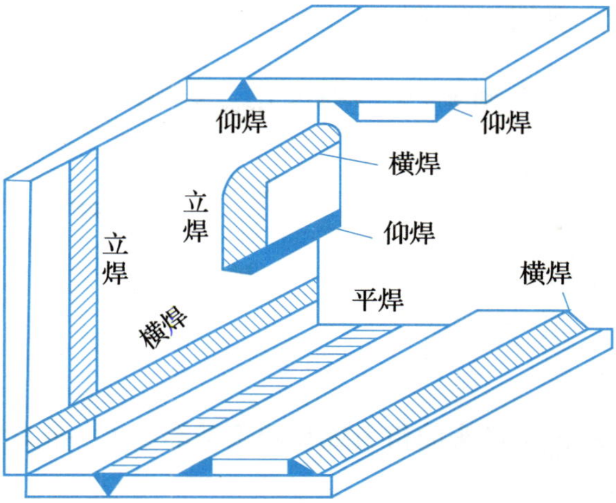

图 1.2.3　焊缝施焊位置

（2）焊缝构造。

对接焊缝用料经济，传力平顺，没有明显的应力集中，承受动力荷载作用时采用对接焊缝最为有利。但焊件较厚时，常需做坡口，坡口形式与焊件厚度有关，常见坡口形式如图 1.2.4 所示。

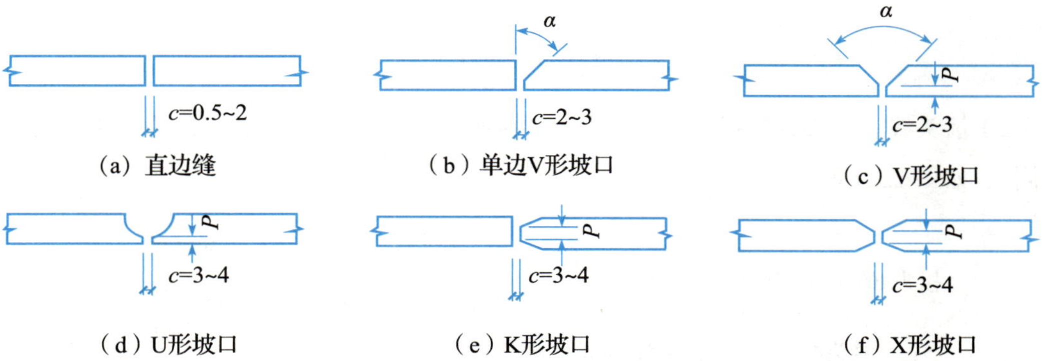

图 1.2.4　对接焊缝的坡口形式

角焊缝按其与作用力的关系可分为正面角焊缝、侧面角焊缝和斜焊缝。正面角焊缝的焊缝与作用力垂直；侧面角焊缝的焊缝长度方向与作用力平行；斜焊缝的焊缝长度方向与作用力倾斜。

（3）焊缝图示方法。

钢结构图纸中，焊缝符号用于标注焊缝形式、尺寸和辅助要求。符合《房屋建筑制图统一标准》（GB/T 50001—2017）、《建筑结构制图标准》（GB/T 50105—2010）、《焊缝符号表示法》（GB/T 324—2008）和《钢结构设计制图深度和表示方法》（03G102）等标准的相关要求。施工图上焊缝符号主要由基本符号和指引线组成，必要时可以加上辅助符号、补充符号和焊缝尺寸符号，如图 1.2.5 所示。

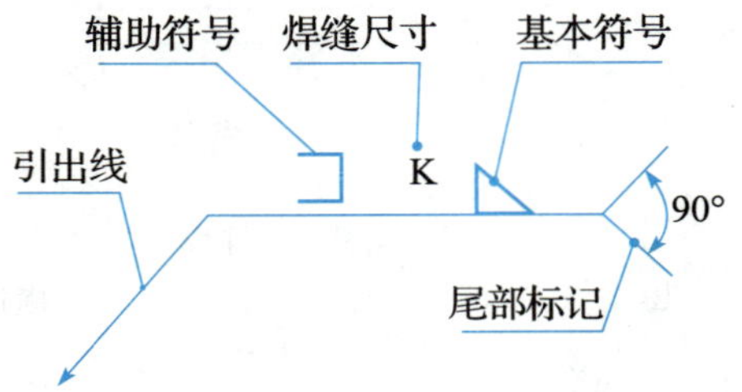

图 1.2.5　焊缝表示方法

1）指引线。指引线由带箭头的指引线和两条基准线（一条为实线，另一条为虚线）组成，如图 1.2.6 所示。

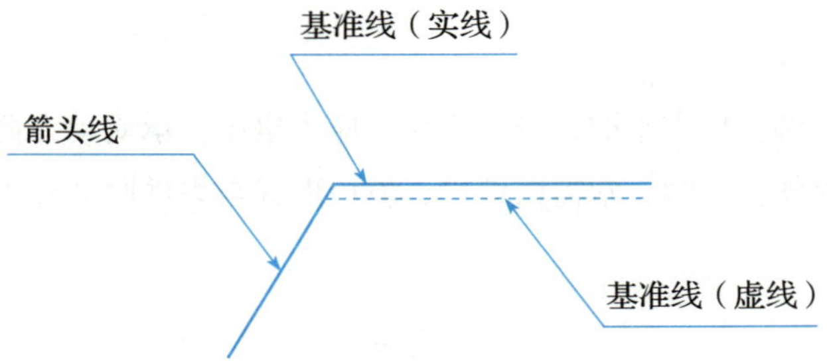

图 1.2.6　指引线

2）箭头线。箭头直接指向的接头侧为“接头的箭头侧”，与之相对的为“接头的非箭头侧”，如图 1.2.7 所示。

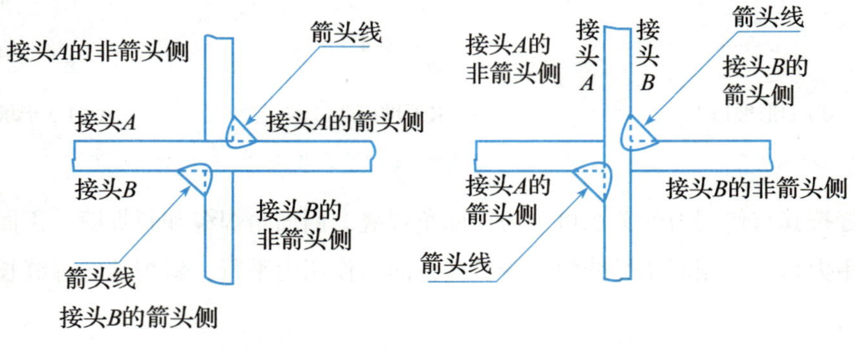

图 1.2.7　箭头的“箭头侧”和“非箭头侧”示例

3）基准线。基准线一般应与图纸的底边平行，必要时也可与底边垂直。基准线的虚线可以画在基准线实线的上侧或下侧。

4）标注规则。尺寸的标注方法如图 1.2.8 所示。横向尺寸标注在基本符号的左侧；纵向尺寸标注在基本符号的右侧；坡口角度、坡口面角度、根部间隙标注在基本符号的上侧或下侧；相同焊缝数量标注在尾部；尺寸较多不易分辨时，可在尺寸数据前标注相应的尺寸符号。当箭头线方向改变时，上述规则不变。

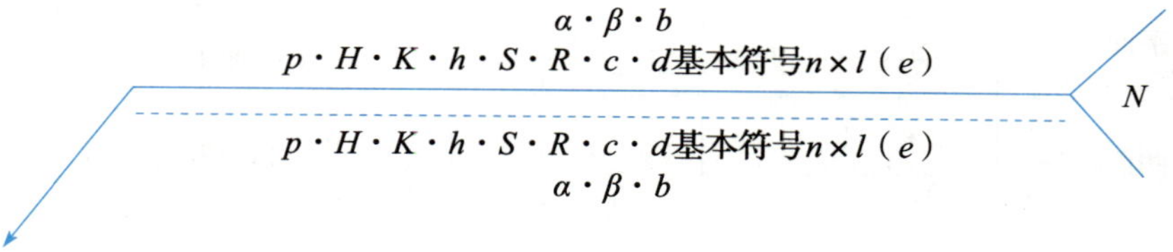

图 1.2.8　尺寸的标注方法

其他类型常用焊接相关符号见表 1.2.1 ～表 1.2.5。

表 1.2.1　焊缝基本符号

序号	名称	示意图	符号
1	I 形焊缝		
2	V 形焊缝		
3	单边 V 形焊缝		
4	带钝边 V 形焊缝		
5	带钝边 U 形焊缝		
6	封底焊缝		
7	角焊缝	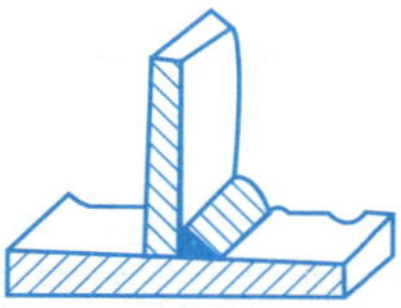	
8	塞焊缝或槽焊缝	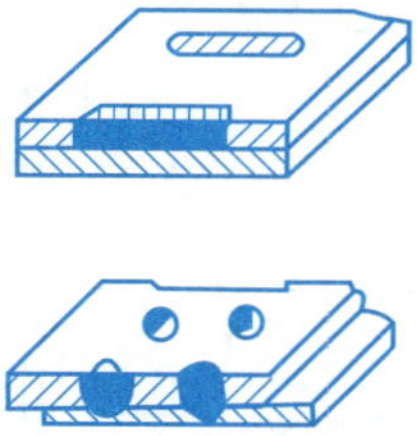	

表 1.2.2 焊缝辅助符号

序号	名称	示意图	符号	标注位置	说明
1	平面符号		—		焊缝表面齐平（一般通过打磨或加工）
2	凹面符号		⌣		焊缝表面凹陷
3	凸面符号		⌢		焊缝表面凸起

表 1.2.3 焊缝补充符号

序号	名称	符号	说明
1	平面	—	焊缝表面通常经过加工后达到平整
2	凹面	⌣	焊缝表面凹陷
3	凸面	⌢	焊缝表面凸起
4	圆滑过渡		焊趾处过渡圆滑
5	永久衬垫	M	衬垫永久保留
6	临时衬垫	MR	衬垫在焊接完成后拆除
7	三面焊缝	⊏	三面带有焊缝
8	周围焊缝	○	沿着工件周边施焊的焊缝 标注位置为基准线与箭头线的交点处
9	现场焊缝		在现场焊接的焊缝
10	尾部	<	可以表示所需的信息

表 1.2.4 焊缝尺寸符号

符号	名称	示意图	符号	名称	示意图
δ	工件厚度		β	坡口面角度	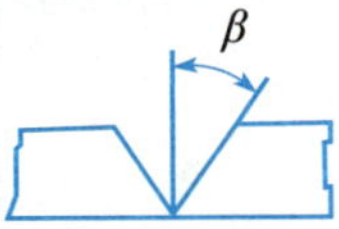
α	坡口角度	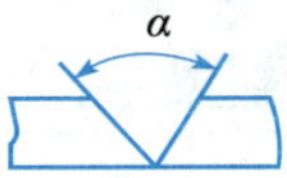	b	根部间隙	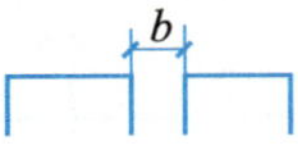

续表

符号	名称	示意图	符号	名称	示意图
p	钝边		d	点焊：熔核直径 塞焊：孔径	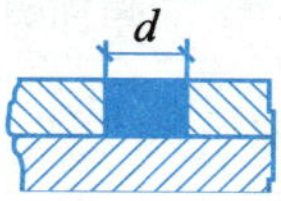
R	根部半径	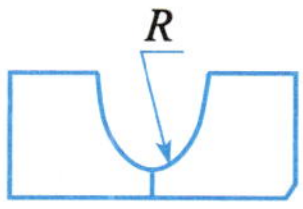	n	焊缝段数	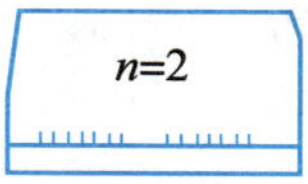
H	坡口深度		l	焊缝长度	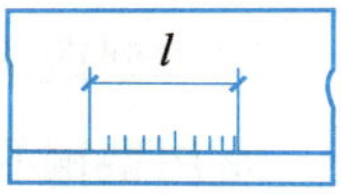
S	焊缝有效厚度	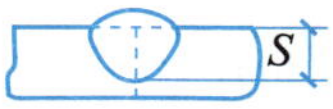	e	焊缝间距	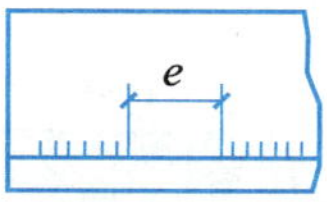
C	焊缝宽度	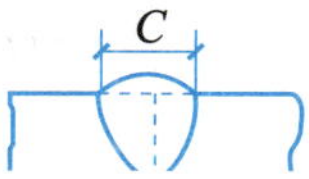	N	相同焊缝数量	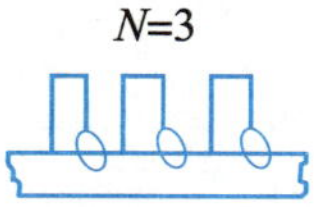
K	焊脚尺寸	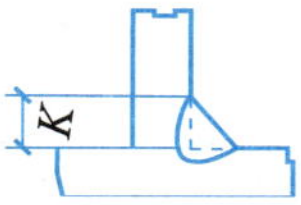	h	余高	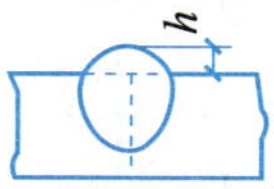

表 1.2.5　焊缝形式符号

内容	对接焊缝			三面围焊	周围焊缝
	I 形坡口	V 形坡口	T 形接头（不焊透）		
焊缝形式	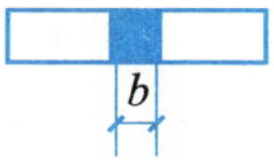	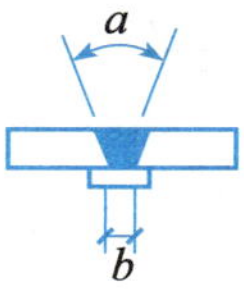	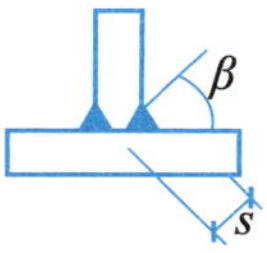	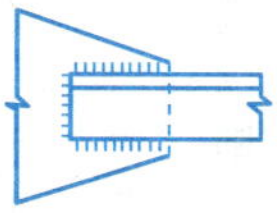	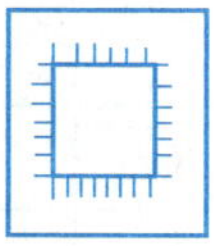
标注方法	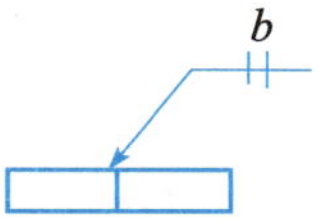	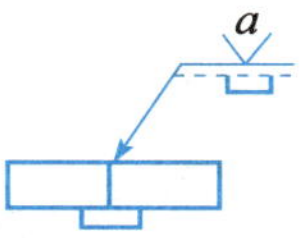	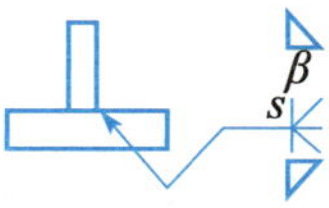	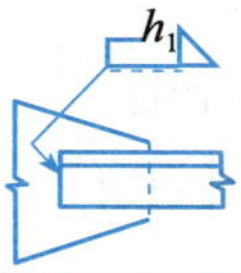	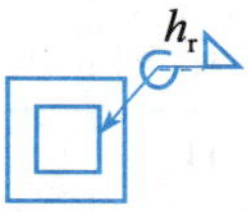

内容	角焊缝					塞焊缝
	单面焊缝	双面焊缝	搭接接头	安装焊缝	双梯形接头	
焊缝形式						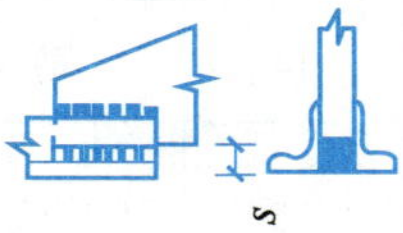

续表

内容	角焊缝					塞焊缝
	单面焊缝	双面焊缝	搭接接头	安装焊缝	双梯形接头	
标注方法	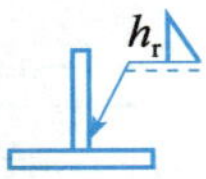	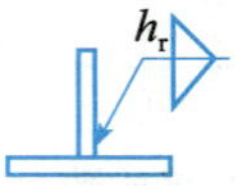	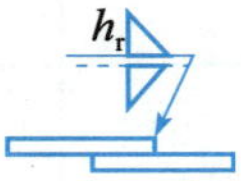	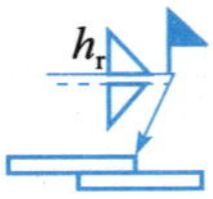	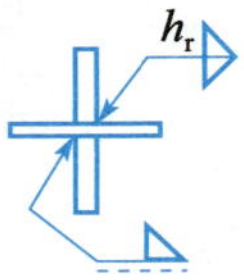	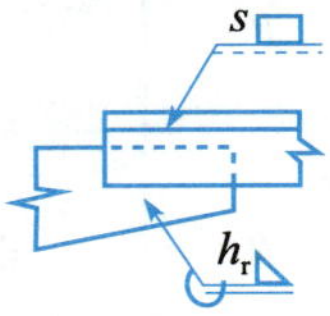

（4）型钢标注方法。

常用型钢的标注方法见表 1.2.6。

表 1.2.6　常用型钢的标注方法

序号	名称	截面	标注	说明
1	等边角钢		∟ $b\times t$	b 为肢宽 t 为肢厚
2	不等边角钢	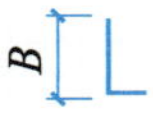	∟ $B\times b\times t$	B 为长肢宽 b 为短肢宽 t 为肢厚
3	I 型钢		I N　Q I N	轻型 I 型钢加注 Q 字 N 为 I 型钢和槽钢的型号
4	槽钢		[N　Q [N	轻型槽钢加注 Q 字 N 为工字钢和槽钢的型号
5	方钢		□ b	—
6	扁钢	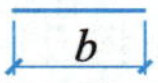	— $b\times t$	—
7	钢板		$-\frac{-b\times t}{L}$	$\frac{宽\times厚}{板长}$
8	圆钢		ϕd	d 为直径
9	钢管		$\phi d\times t$	d 为外径 t 为壁厚
10	薄壁方钢管		B □ $b\times t$	薄壁型钢加注 B 字 t 为壁厚
11	薄壁等肢角钢		B ∟ $b\times t$	
12	薄壁等肢卷边角钢		∟ $b\times a\times t$	
13	薄壁槽钢		B [$h\times b\times t$	
14	薄壁卷边槽钢		B [$h\times b\times a\times t$	
15	薄壁卷边 Z 型钢	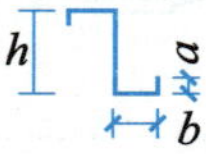	B ⁊ $h\times b\times a\times t$	

续表

序号	名称	截面	标注	说明
16	T 型钢		TW× × TM× × TN× ×	TW　为宽翼缘 T 型钢 TM　为中翼缘 T 型钢 TN　为窄翼缘 T 型钢
17	H 型钢		HW× × HM× × HN× ×	HW　为宽翼 H 型钢 HM　为中翼 H 型钢 HN　为窄翼 H 型钢
18	起重机钢轨		⊥ QU××	详细说明产品规格型号
19	轻轨及钢轨		 ××kg/m钢轨	

鉴于型钢断面形式的多样性带来的图纸识读难度的增加，表 1.2.7 汇总了常见型钢视图，供查阅。

表 1.2.7　常见型钢各投影方向图示方法

型钢名称	型钢横断面	型钢左视图	型钢右视图	型钢俯视图
角钢	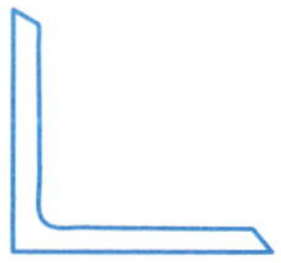	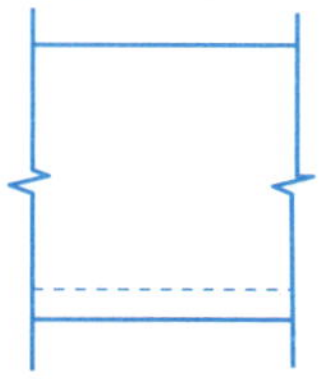	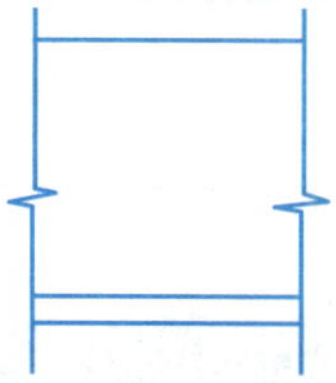	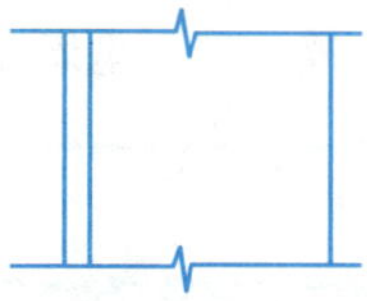
槽钢		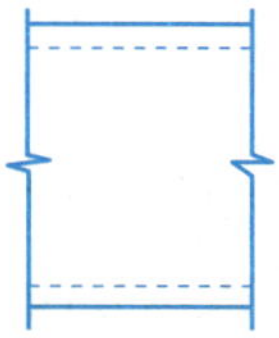	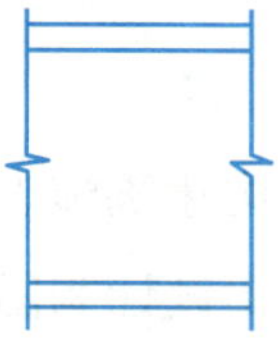	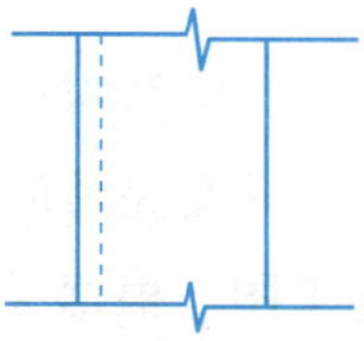
I 型钢		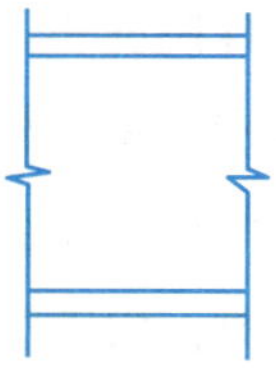	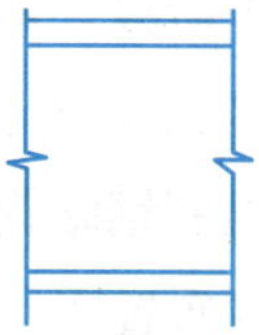	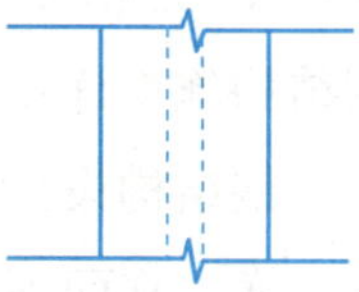
H 型钢		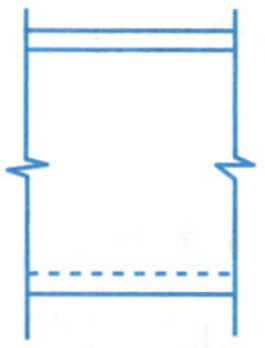	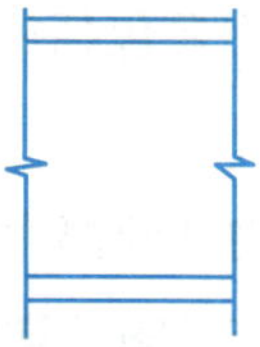	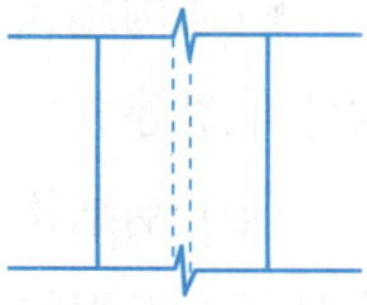

（5）螺栓、孔、电焊铆钉图示方法。

螺栓、孔、电焊铆钉图示方法见表 1.2.8。

表 1.2.8　螺栓、孔、电焊铆钉图示方法

序号	名称	图例	说明
1	永久螺栓	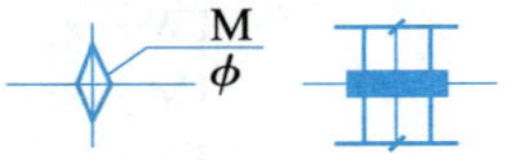	1. 细“+”线表示定位线； 2. M 表示螺栓型号； 3. ϕ 表示螺栓孔直径； 4. d 表示膨胀螺栓、电焊铆钉直径； 5. 采用引出线标注螺栓时，横线上标注螺栓规格，横线下标注螺栓孔直径
2	高强螺栓	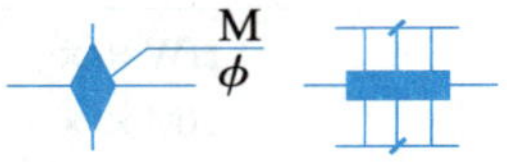	
3	安装螺栓	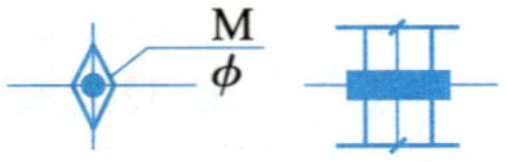	
4	膨胀螺栓		
5	圆形螺栓孔	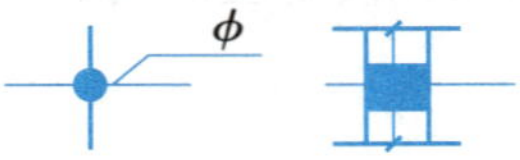	
6	长圆形螺栓孔	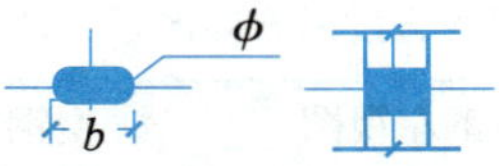	
7	电焊铆钉	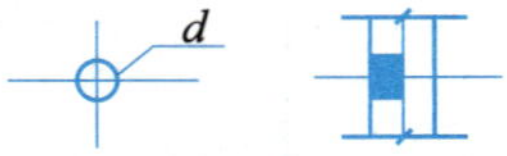	

1.2.2　钢结构施工图的识读

1. 钢结构图纸的内容

一套完整的钢结构建筑施工图一般包括设计说明、建筑施工图、结构施工图和设备施工图。根据《钢结构设计制图深度和表示方法》（03G102）的要求，钢结构设计分为设计图和施工详图两个阶段。钢结构设计图应由具有相应设计资质级别的设计单位完成；钢结构施工详图由具有相应设计资质级别的钢结构加工制造企业或委托设计单位完成。

钢结构设计图是编制钢结构施工详图的重要依据，其内容主要包括柱脚锚栓布置图，纵、横、立面图，构件布置图，节点详图，构件图，钢材及高强度螺栓估算表等。

钢结构施工详图主要包括施工详图总说明、锚栓布置图、构件布置图、安装节点图、构件详图等。

由于钢结构建筑物基础都为钢筋混凝土基础，因此其基础平面布置图及基础详图与钢筋混凝土工程的基础布置图及详图十分相似，其差别主要在于柱脚与基础的连接。

2. 钢结构图纸的识读步骤

首先，识读建筑施工图，了解设计师意图，清楚建筑功能及空间的划分，掌握结构

的关键尺寸。其次，仔细研究结构施工图，掌握其结构体系组成，明确其主要构件的类型和特征，清楚各构件之间的连接做法，以及主要的结构尺寸。最后，识读设备施工图，明确设备安装的位置和方法，注意结构施工时应为后续设备安装做好准备工作。在整套图的识读过程中，往往还需要将两个专业或多个专业的同一部位的施工图放在一起对照识读。

（1）结构施工图识读步骤。

仔细阅读结构设计说明，弄清结构的基本概况，明确各种结构构件的选材，尤其要注意一些特殊的构造做法，这里表达的信息往往是后面图纸中一些共性的内容。在识读基础平面布置图时，首先应明确该建筑物的基础类型，再从图中找出该基础的主要构件，然后对主要构件的类型进行归类汇总，最后按照汇总后的构件类型找到其详图，明确构件的尺寸和构造做法。

（2）结构平面布置图识读。

结构平面布置图一般情况下是按层划分的，识读时首先应明确该图中结构体系的种类及其布置方案，再从图中找出各主要承重构件的布置位置、构件之间的连接方法、构件的截面选取，然后对每一种类的构件按截面不同进行种类细分，并统计出每类构件的数量。

（3）结构详图识读。

从构件详图中明确各种构件的具体制作方法，以及构件与构件的连接节点的详细制作方法，对于复杂的构件往往还需要查阅一些板件的制作详图。

项目实训　识读图纸并填写图纸识读记录单

实训主题

本实训对象为单层门式刚架轻钢厂房，此钢结构厂房位于湖南省某市，工地面积约 30000m^2，长约 280m，宽约 100m。为单层双坡轻钢山形门式刚架结构。厂房规格（长 × 宽 × 高）为 144.54m×72.78m×10.0m。主要用材为 Q345 钢，钢柱钢梁采用焊接 H 型钢，檩条采用冷薄壁型钢，屋面为轻钢结构屋面，墙面设砖墙 1.2m，1.2m 以上为单层轻钢彩板墙面。每跨设 5t 单梁地控吊车两台。屋面采用 760 型彩色压型钢板，墙面采用 900 型彩色压型钢板。屋面排水采用有组织内排水，沿厂房长每根柱旁设置一根 D150 落水管（间隔 6m）。请识读图纸内容，按图号分张填写图纸识读记录单。具体图纸如下：

某某镀锌构件有限公司

—新建厂房钢结构工程

钢结构部分图纸

1∶250

序号	图纸名称	图号	规格
0	图纸目录	M	A3
1	厂房平面图	01	A1
2	屋面平面图	02	A1
3	立面图	03	A1
4	1-1 剖面图、门窗表、门窗大样	04	A2
5	彩板大样图	05	A2
6	收边包角详图	06	A2
7	钢结构设计说明	07	A2
8	锚栓定位图	08	A1
9	钢柱及吊车梁布置平面图	09	A1
10	屋面钢结构布置平面图	10	A1
11	屋面檩条布置平面图	11	A1
12	纵向刚架布置立面图	12	A1
13	横向刚架布置立面图	13	A2
14	6000型气楼大样	14	A2
15	吊车梁详图	15	A2
16	节点详图一	16	A2
17	节点详图二	17	A2
18	节点详图三	18	A2

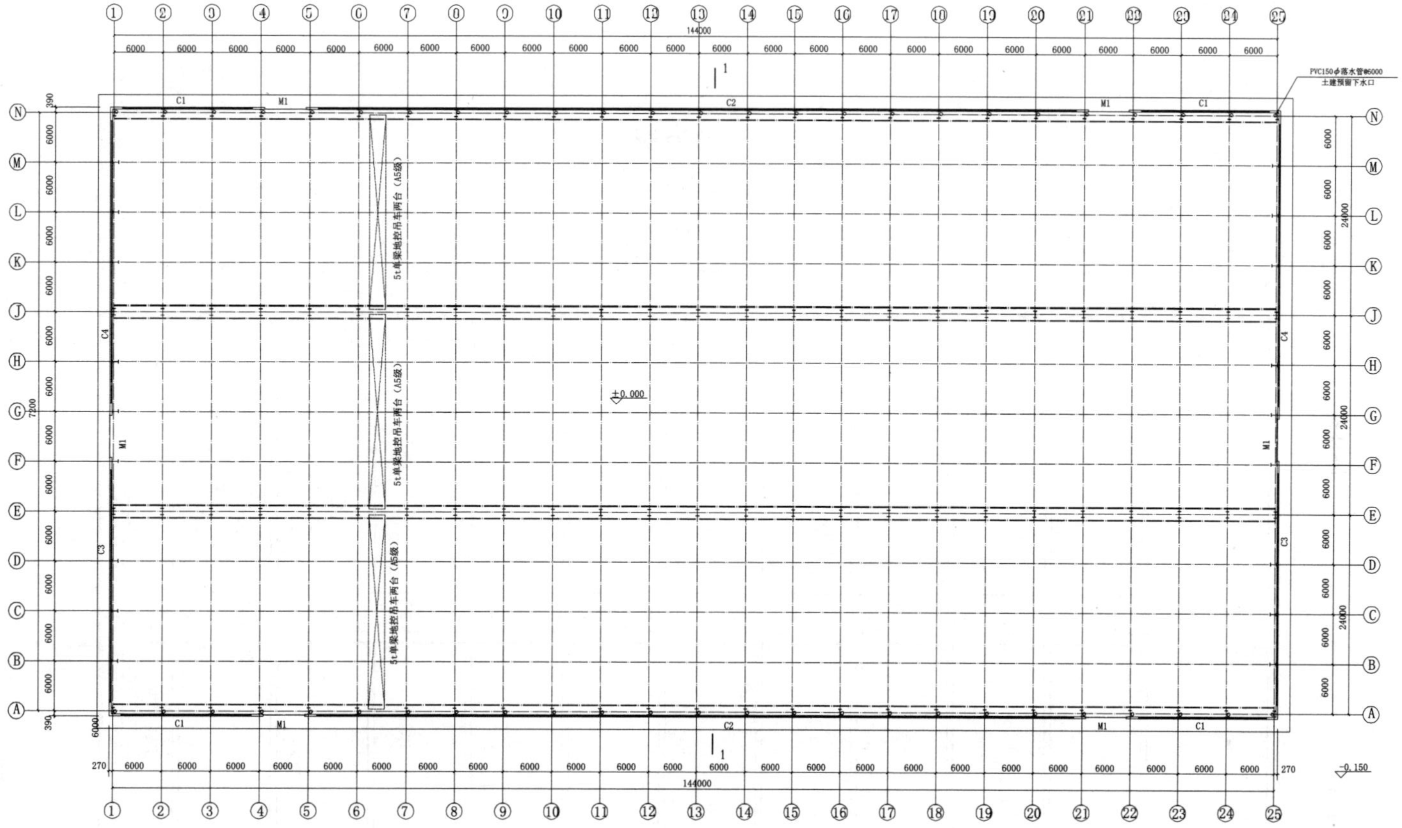

厂房平面图

说明：1.所有门窗均居中于定位轴线布置。
2.四周砖墙1.2m，1.2m以上为单层轻钢彩板墙面。

某某钢结构工程有限公司						兴建单位	某某镀特构件有限公司		
						设计阶段		版本号	第一版
审 定		校 订		工程名称	新建厂房			图别	
审 核		设 计						比例	
工种负责		制 图		图纸内容	厂房平面图			日期	
工程负责		描 图						图号	01

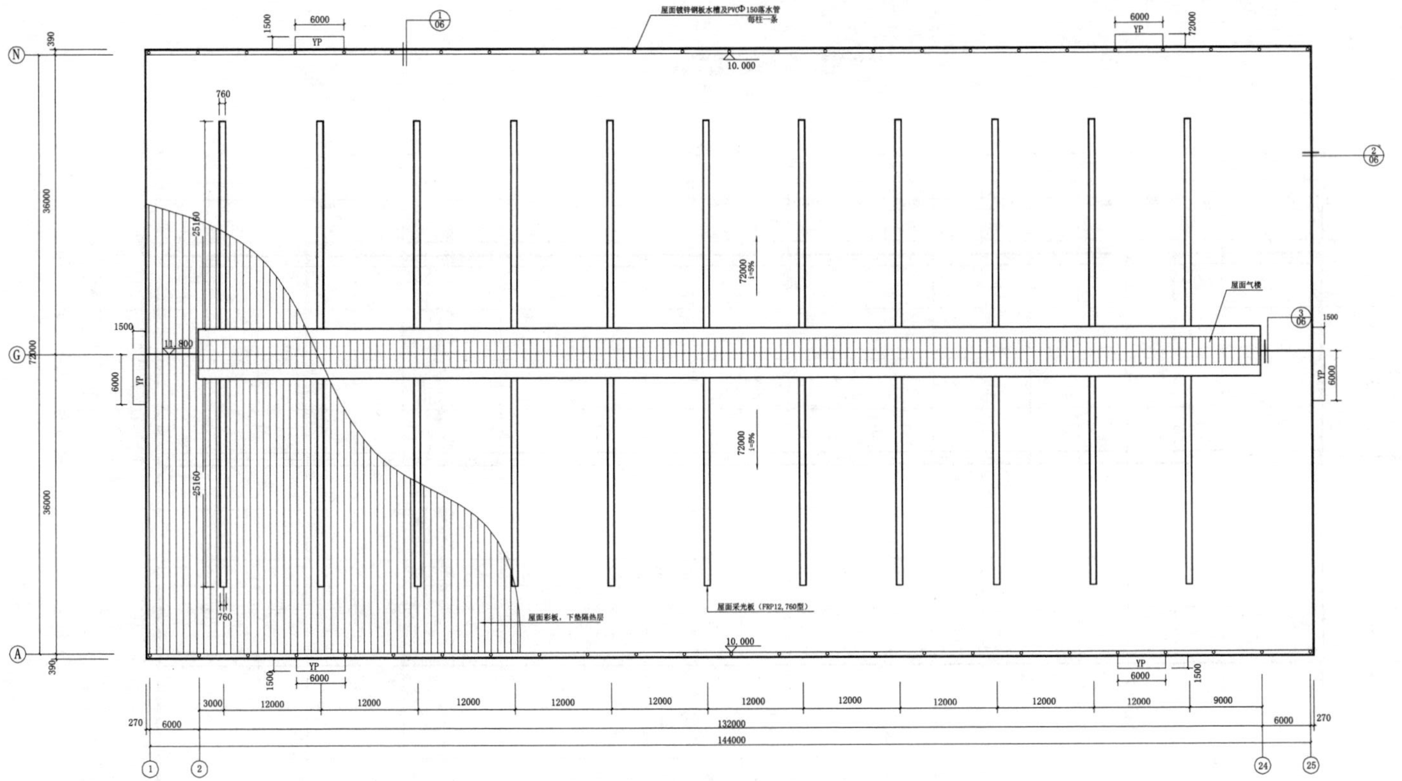

屋面平面图1：250

说明：雨篷均居中于对应的门布置。

某某钢结构工程有限公司				兴建单位	某某镀锌构件有限公司		
				设计阶段		版本号	第一版
审　定		校　订		工程名称	新建厂房	图别	
审　核		设　计				比例	
工种负责		制　图		图纸内容	屋面平面图	日期	
工程负责		描　图				图号	02

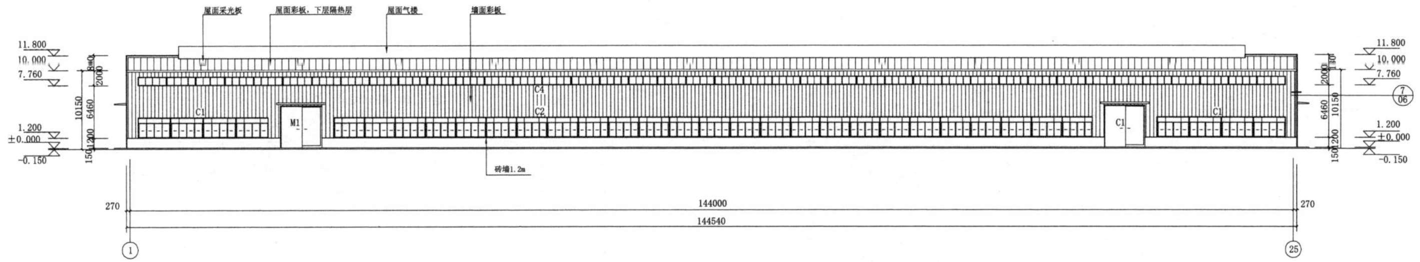

正立面图 1:250

墙面彩板

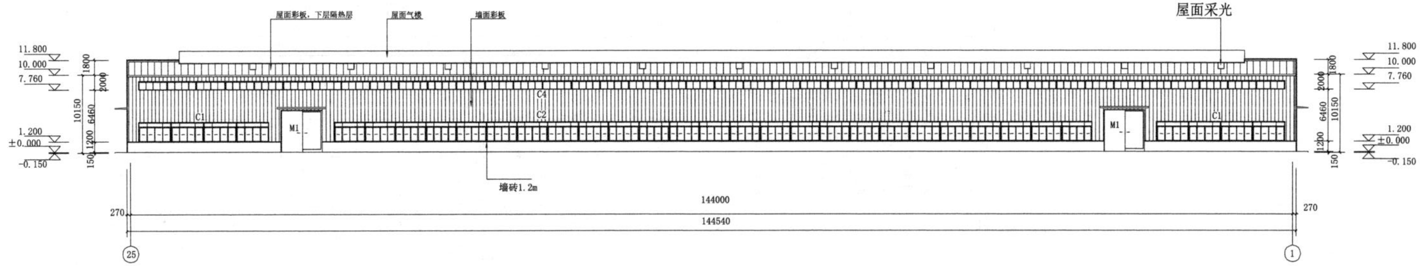

背立面图 1:250

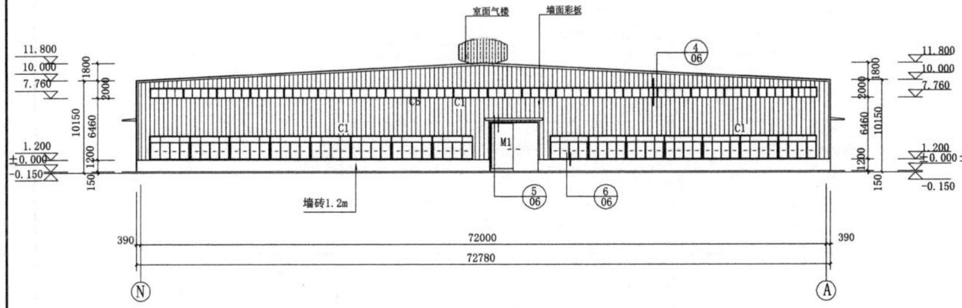

左侧立面图 1：250

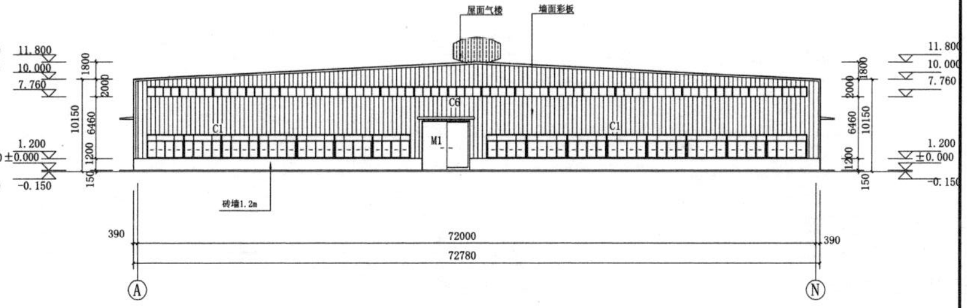

右侧立面图 1：250

某某钢结构工程有限公司				兴建单位	某某镀锌构件有限公司		
				设计阶段		版本号	第一版
审　定		校 订		工程名称	新建厂房	图别	
审　核		设 计				比例	
工种负责		制 图		图纸内容	立面图	日期	
工程负责		描 图				图号	03

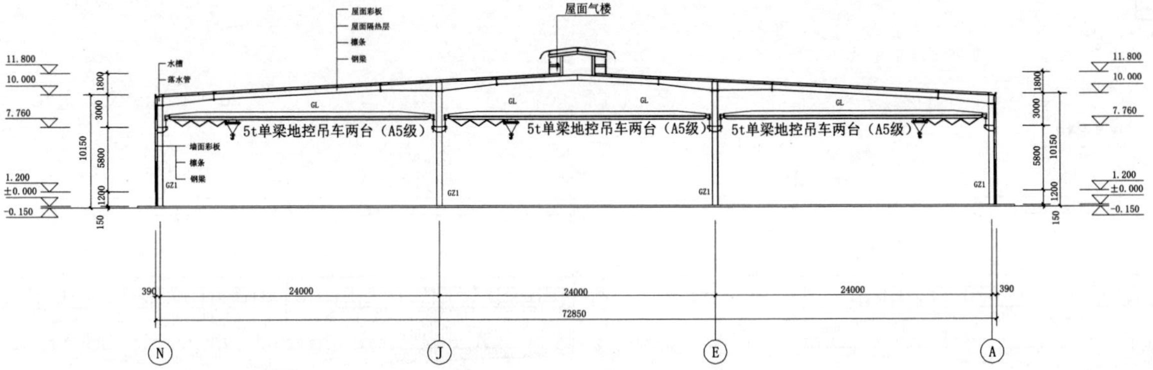

1-1 1：250

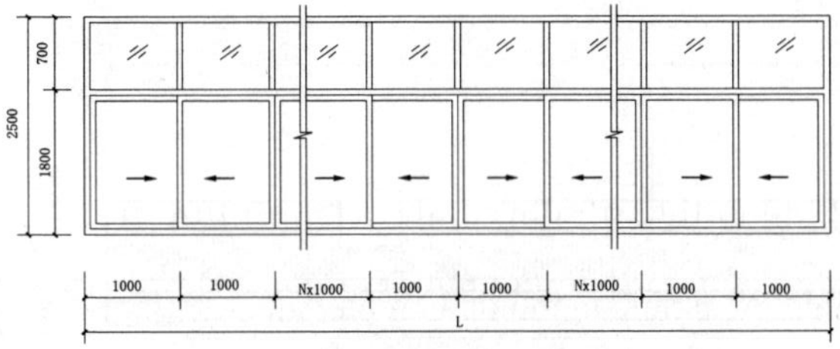

90系列塑钢推拉窗详图

白色塑钢2.0，淡绿色玻璃5.0

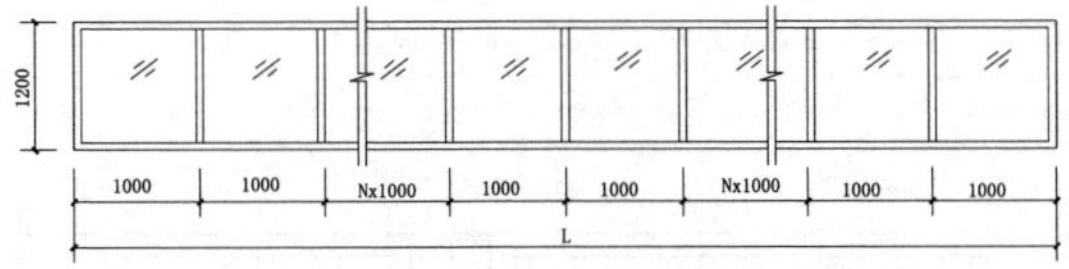

90系列塑钢推拉窗详图

白色塑钢2.0，淡绿色玻璃5.0

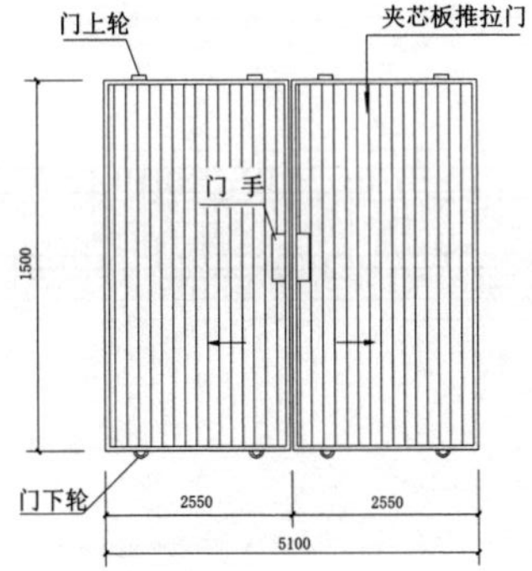

M1详图

门窗表

类型	设计编号	洞口尺寸（mm）	数量	备注
门	M1	5000×5000	6	
窗	C1	16000×2500	4	塑钢推拉窗，90系列
	C2	94000×2500	2	
	C3	28000×2500	2	
	C4	34000×2500	2	
	C5	142000×2500	2	塑钢固定窗，90系列
	C6	70000×1200	2	

某某钢结构工程有限公司				兴建单位	某某镀锌构件有限公司		
				设计阶段		版本号	第一版
审 定		校 订		工程名称	新建厂房	图别	
审 核		设 计				比例	
工种负责		制 图		图纸内容	1-1门窗表 门窗大样剖面图	日期	
工程负责		描 图				图号	04

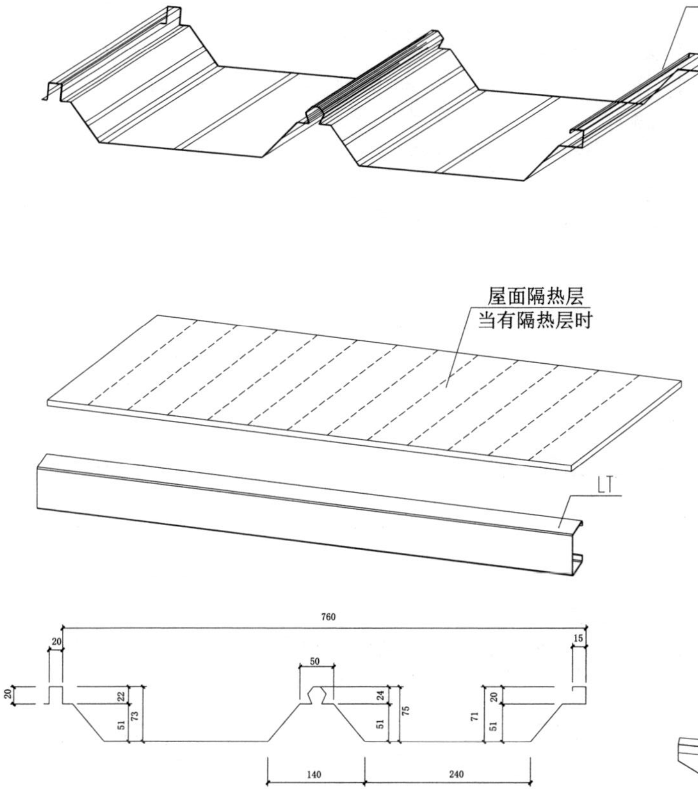

760型彩色压型钢板大样

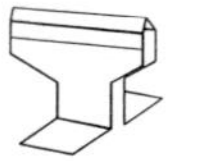

中扣

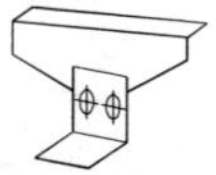

边扣

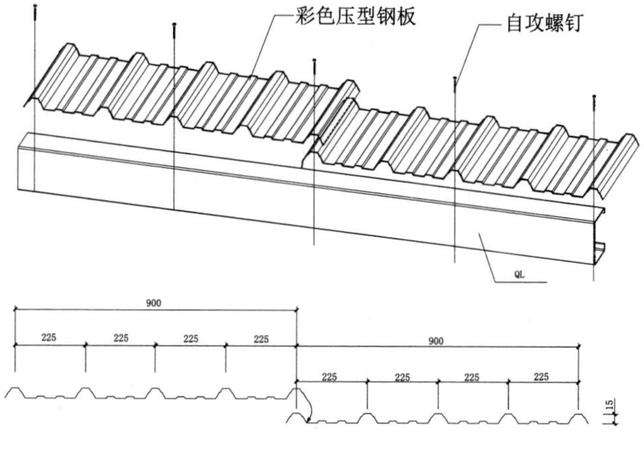

900型彩色压型钢板大样

某某钢结构工程有限公司					兴建单位	某某镀锌构件有限公司	
					设计阶段	版本号	第一版
审　定		校　订		工程名称	新建厂房	图别	
审　核		设　计				比例	
工种负责		制　图		图纸内容	彩板大样图	日期	
工程负责		描　图				图号	05

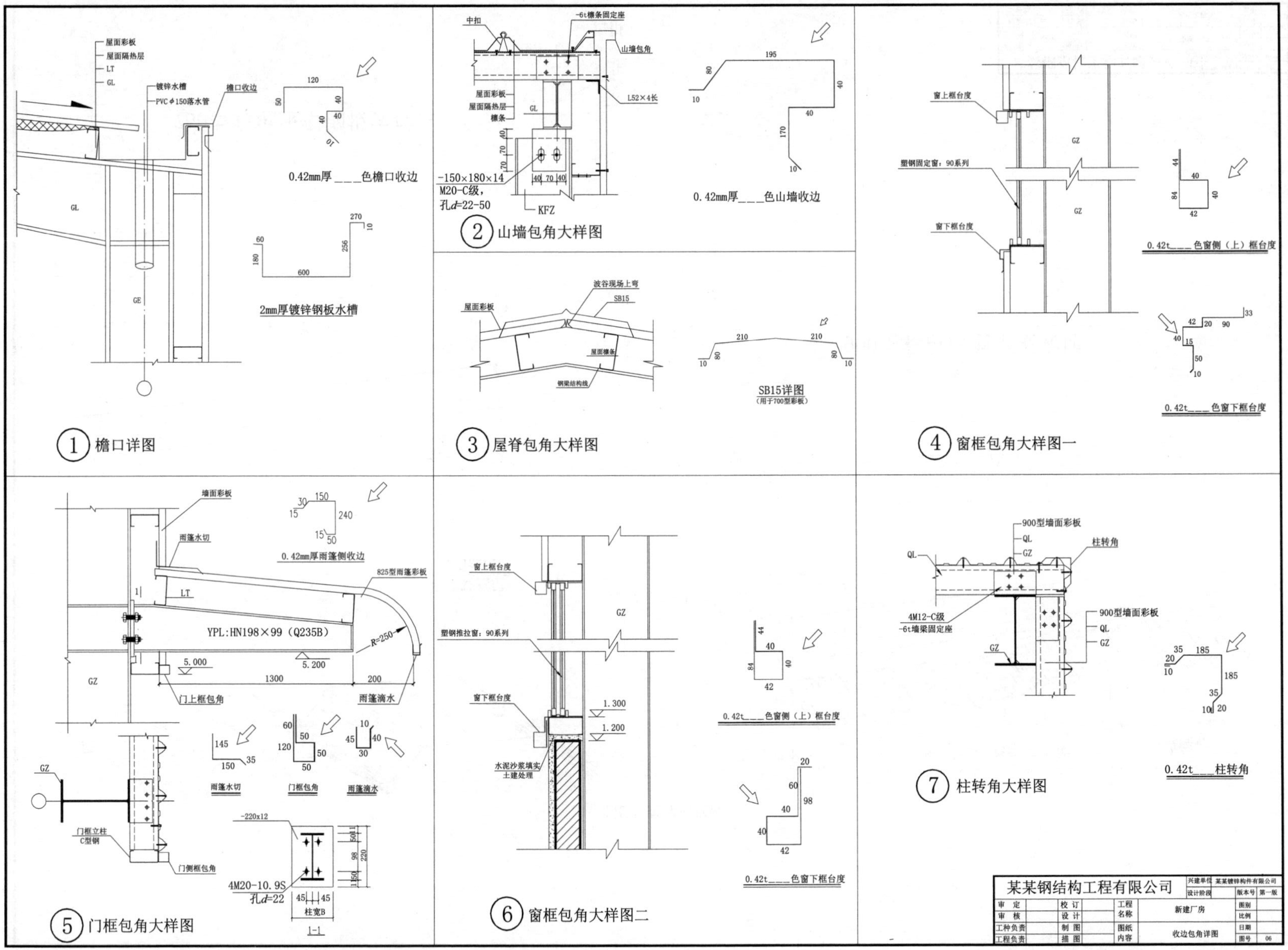
屋面彩板
屋面隔热层
LT
GL
镀锌水槽
PVC φ150落水管
檐口收边
GE
0.42mm厚____色檐口收边
2mm厚镀锌钢板水槽
① 檐口详图
中扣
-6t檩条固定座
山墙包角
屋面彩板
屋面隔热层
檩条
L52×4长
-150×180×14
M20-C级，
孔d=22-50
KFZ
0.42mm厚____色山墙收边
② 山墙包角大样图
波谷现场上弯
SB15
屋面彩板
屋面檩条
钢梁结构线
SB15详图
(用于700型彩板)
③ 屋脊包角大样图
窗上框台度
塑钢固定窗：90系列
窗下框台度
GZ
0.42t____色窗侧（上）框台度
0.42t____色窗下框台度
④ 窗框包角大样图一
墙面彩板
雨篷水切
LT
YPL:HN198×99（Q235B）
825型雨篷彩板
R=250
5.000
5.200
1300
200
门上框包角
雨篷滴水
0.42mm厚雨篷侧收边
雨篷水切
门框包角
雨篷滴水
门框立柱
C型钢
门侧框包角
-220x12
4M20-10.9S
孔d=22
柱宽B
1-1
⑤ 门框包角大样图
窗上框台度
塑钢推拉窗：90系列
窗下框台度
1.300
1.200
水泥沙浆填实
土建处理
0.42t____色窗侧（上）框台度
0.42t____色窗下框台度
⑥ 窗框包角大样图二
900型墙面彩板
QL
GZ
柱转角
4M12-C级
-6t墙梁固定座
0.42t____柱转角
⑦ 柱转角大样图
某某钢结构工程有限公司
兴建单位 某某镀锌构件有限公司
设计阶段
版本号 第一版
审定
审核
工种负责
工程负责
校订
设计
制图
描图
工程名称 新建厂房
图纸内容 收边包角详图
图别
比例
日期
图号 06

钢结构设计说明

一、设计依据：

1. 本设计系根据甲方提供的工艺及建筑等专业条件进行设计。

二、设计遵循的规范规程：

1. 《建筑结构荷载规范》（GB 5009—2001）
2. 《建筑抗震设计规范》（GB 50011—2001）
3. 《门式刚架轻型房屋钢结构技术规程》（CECS 102：2002）
4. 《冷弯薄壁型钢结构设计规范》（GB 50018—2002）
5. 《钢结构设计规范》（GB 50017—2003）
6. 《建筑钢结构焊接技术规程》（JGJ 81—2002）

三、基本设计参数：

1. 本工程结构设计基准期为 五十 年。
2. 本工程抗震设防类别： 丙类 ；场地土类别： Ⅲ类 ；设防烈度： 6度 ：基本地震加速度：0.05 g ；设计地震分组： 第一组
3. 设计荷载：

√ 3.1屋面恒载（含彩板、支撑、檩条等）　0.15KN/m²

√ 3.2屋面活载　0.30kN/m²（对受荷面积少于60m 的构件为0.50KN/m²）

√ 3.3基本风压（B类地面）　0.35KN/m²

√ 3.4基本雪压（准永久系数分区为Ⅲ区）　0.45KN/m²

√ 3.5刚架自重　STS软件自动生成

√ 3.6吊车荷载　内设5t电动单梁吊车。工作级别：A5，布置详平面图。

3.7平台荷载　恒载：＿＿＿＿，活载：＿＿＿＿

施工或使用过程中不得随意改变结构的使用功能、使用环境及使用荷载。

四、结构材料

1. 对采用Q345钢材的结构构件，其材质应符合现行国家标准GB/T 1591《低合金高强度结构钢》中的规定；对焊接结构，尚应有碳当量的合格保证。
2. 对采用Q235钢材的结构构件，其材质应符合现行国家标准GB/T 700《碳素结构钢》中的规定；对焊接结构用钢，尚应具有碳当量的合格保证。
3. 屋面板采用单层彩色压型钢板，下垫50mm厚12K玻璃棉隔热。
   墙面设砖墙1.2m，1.2m以上为单层轻钢彩板墙面。
   收边包角为0.42mm彩板压成。
4. 螺栓：

   4.1高强度螺栓应符合现行国家标准《钢结构用高强度大六角头螺栓》GB/T 1228、《钢结构用高强度大六角螺母》GB/T 1229、《钢结构用高强度垫圈》GB/T 1230、《钢结构用高强度大六角头螺栓、大六角螺母、垫圈技术条件》GB/T 1231或《钢结构用扭剪型高强度螺栓连接副》GB/T 3632、《钢结构用扭剪型高强度螺栓连接副技术条件》GB/T 3633的规定。

   4.2普通螺栓应符合现行国家标准《六角头螺栓C级》GB/T 5780和《六角头螺栓》GB/T 5782的规定。

   4.3锚栓采用现行国家标准GB/T 700《碳素结构钢》中规定的Q235钢。
5. 圆柱头焊钉（栓钉）连接件的材料应符合现行国家标准电弧螺栓焊用《圆柱头焊钉》GB/T 10433的规定。
6. 焊接材料：

   6.1手工焊接采用的焊条型号应与主体金属力学性能相适应，应符合现行国家标准《碳钢焊条》GB/T 5117或《低合金钢焊条》GB/T 5118的规定。

   6.2自动焊接或半自动焊接以及气体保护焊接采用的焊丝和相应的焊剂应与主体金属的力学性能相适应，并应符合现行国家标准的规定。
7. 若需材料代用，必需经设计部门批准。

五、钢结构制作：

1. 钢结构的制作应符合《门式刚架轻型房屋钢结构技术规程》（CES 102：2002）的规定，其未作规定者，应符合现行国家标准《钢结构工程施工质量验收规范》的规定。
2. 所有钢构件在制作前应按1：1比例做大样，复核无误后方可下料；钢材加工前应进行校正，使之平整，以免影响制作精度。
3. 焊接时应选择合理的焊接顺序，以减少构件中因焊接产生的残余应力和变形。柱底板及梁端板与梁柱之间的连接焊缝为全熔坡口焊，质量等级为二级；其他为三级。焊缝长度除图中注明外，均为满焊；焊缝高度，除注明外，按图一取值，且hf≥5mm。
4. Q235钢与Q235钢，Q235钢与Q345钢之间的焊接连接采用E43xx型焊条，Q345钢与Q345钢之间的焊接连接采用E50xx型焊条。
5. 除檩条及墙梁外，所有钢构件之螺栓孔应采用钻成孔，所有孔径除地脚螺栓（锚栓）外，均比螺栓直径大2mm；若现场需扩孔，应采用扩孔器或大号钻头进行扩孔，孔壁需光滑；若现场需制孔，应优先采用钻孔，当钻孔有困难时，可用火焰割小孔后再扩孔至设计要求，孔壁需光滑。
6. 檩条及墙梁除图中特别注明外，打孔尺寸一律为15mm，并与M12普通螺栓配合使用固定于檩条（墙梁）固定座上，固定座见图二。
7. 高强度螺栓摩擦型连接节点接触面采用喷砂处理，其摩擦系数：
   对Q235钢为0.45，对Q345钢0.50。
8. 在对接焊缝的拼接处：当焊件的宽度不同或厚度在一侧相差4mm以上时，应分别在宽度方向或厚度方向从一侧或两侧做成坡度不大于1：2.5的斜角（当直接承受动力荷载时为1：4）；当厚度不同时，焊缝坡口形式应根据较薄焊件按有关规定要求取用（图四）。

六、涂装：

1. 钢构件涂装前应在制作质量经检验合格后进行。
2. 钢构件涂装前应对构件表面进行喷砂处理，以彻底清除脏物及油污，严格除锈；除锈等级应达到《涂装前钢材表面锈蚀等级和除锈等级》（GB 8923）中规定的Sa2级。
3. 钢构件经除锈后应立即喷涂底漆一度，保养后再喷涂两度面漆（需喷涂防火喷料之构件除外）；高强螺栓结合面、插入式固接柱脚其埋入砼的钢构件表面及需现场焊接的全熔焊50mm范围内等部位不得涂漆。
4. 对喷防火涂料的构件，所采用的防火涂料应符合现行国家相关规范的规定；防火涂料应在安装完成后涂装，且应将所选用的防火涂料与底漆进行相容试验，合格后方可使用。

七、构件的运输、堆放及安装：

1. 在构件的运输、堆放及安装过程中，应采取有效措施，防止构件发生变形及损坏。
2. 结构构件安装前，应对构件进行全面检查：如构件的数量、长度、垂直度、安装接头处螺栓孔位等尺寸是否符合设计要求，合格后方可安装。
3. 在基础验收合格及其混凝土强度达到设计要求的75%、锚栓尺寸经检验无误后方可进行钢柱的安装，安装时应采用合理的安装顺序和可靠的安全措施，以防构件出现永久变形、失稳及安全事故，以确保安装质量和安全。
4. 安装高强度栓前应清除表面使之干净，安装时表面应保持干燥，严禁在雨中作业，紧固时应按现行施工规程进行施工。
5. 严禁在吊车梁的下翼缘和腹板上焊接悬挂物或卡具，严禁将吊车梁下翼缘与柱牛腿焊接。
6. 安装完成后，应详细检查运输、安装过程中涂层的擦伤，并补刷油漆，对所有的连接螺栓应逐一检查，以防漏拧或松动。

八、其他：

1. 本工程标高以米计，其他尺寸以毫米计。
2. 本工程钢结构部分应根据建筑要求进行防火处理；由专业消防公司施工。
   防火涂料的性能、涂层厚度及质量要求应符合现行国家标准《钢结构防火涂料》和《钢结构防火涂料应用技术规范》的规定。
3. 施工中发现图纸有矛盾之处，应书面通知设计部门解决。
4. 其他未尽事宜，按现行国家相关规范及规程执行。

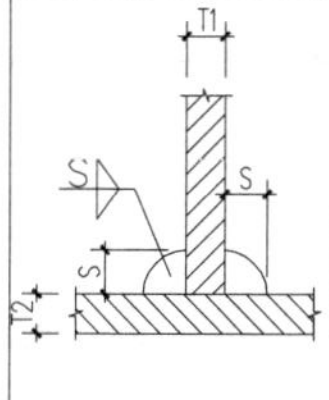

T1≤T2							
T1	5	6	8	10	12	16	18
S	5	6	6	8	10	12	12

图一：焊接接头的基本形式与尺寸

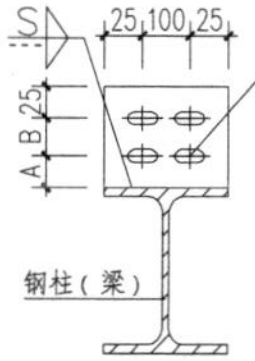

檩条规格	A	B	檩条规格	A	B
C100	35	40	C160	45	80
C120	35	80	C180	55	80
C140	45	80	C200	65	80
C150	50	80	C250	90	80

图二：檩条及墙梁固定座大样

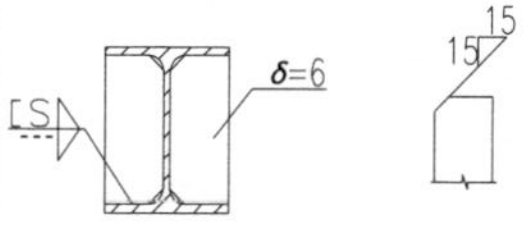

图三：缺省时加劲的切角及板厚

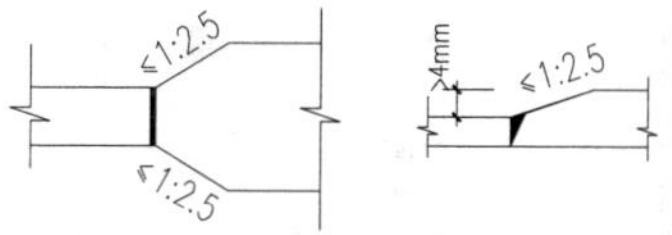

图四：不同宽度或厚度钢板的拼接

普通螺栓孔　　高强度螺栓孔　　安装螺栓孔

某某钢结构工程有限公司				兴建单位	某某镀锌构件有限公司
				设计阶段	版本号 第一版
审定		校订		工程名称	新建厂房	图别
审核		设计				比例
工种负责		制图		图纸内容	钢结构设计说明	日期
工程负责		描图				07

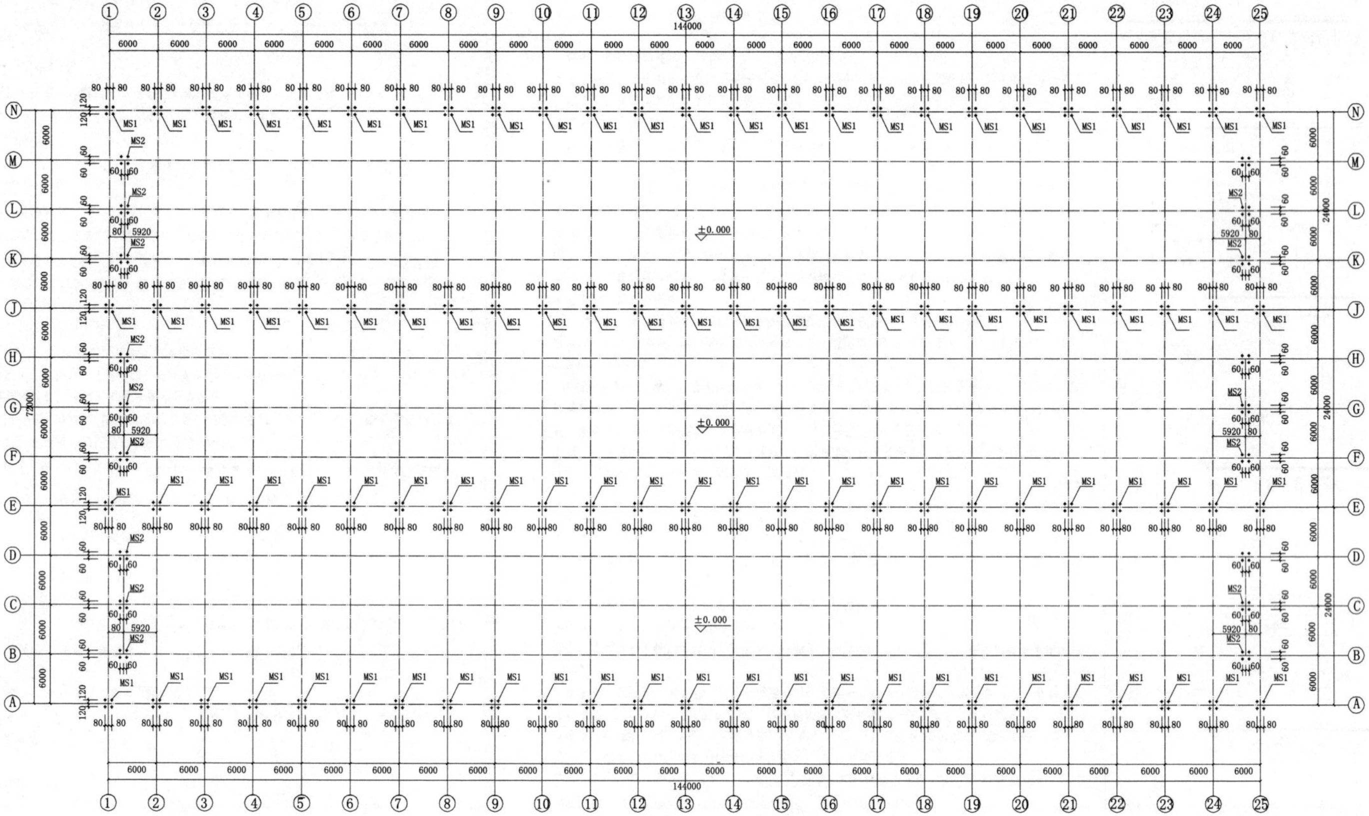

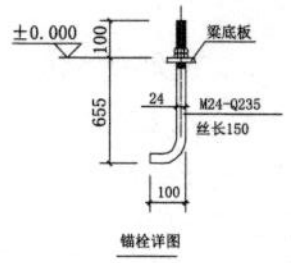

锚栓详图

待钢柱就位并固定后，土建用C15素混凝土包裹钢柱柱脚。

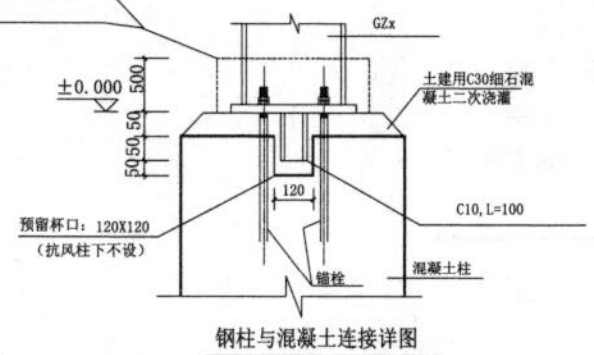

钢柱与混凝土连接详图

构件表			
构件编号	构件规格	材质	标高
MS1	4M24	Q235A	±0.000
MS2	4M24	Q235A	±0.000

锚栓定位图　1：250

说明：

1. 图中除标高以米计外，其余数字均以毫米计。
2. 钢柱以混凝土连接均为铰链接
3. 土建施工队在扎好混凝土柱钢筋至柱顶标高处时，应及时通知钢构施工队进行锚栓预埋，预埋好后，方可进行混凝土柱的浇注
4. 锚栓埋设时，应采取可靠设施，以保证锚栓各向尺寸满足设计要求
5. 未注明的锚栓群中心线与定位轴线重合

某某钢结构工程有限公司						兴建单位	某某镀锌构件有限公司
						设计阶段	版本号 第一版
审　定		校　订		工程名称	新建厂房	图别	
审　核		设　计				比例	
工种负责		制　图		图纸内容	锚栓定位图	日期	
工程负责		描　图				图号	08

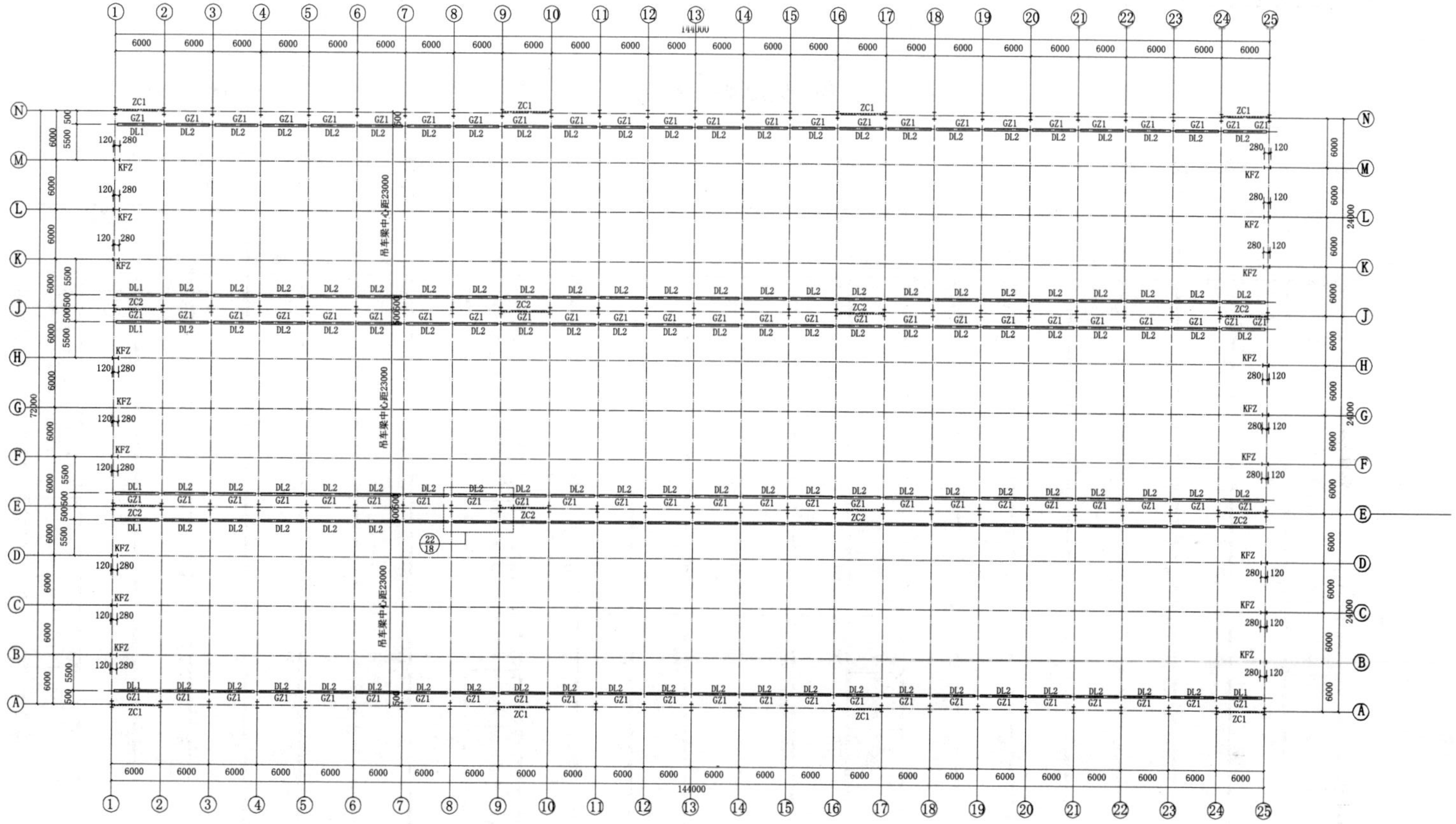

钢柱及吊车梁布置平面图

1:250

构件表			
构件编号	构件规格		材质
GZ1	牛腿以下	BH480×240×6×10	Q345A
	牛腿以上	BH480×200×6×10	Q345A
KFZ	BH400×150×6×6		Q345A
DCL1	BH450×250(180)×6×10(8)		Q345A
DCL2	BH450×250(180)×6×10(8)		Q345A
ZC1	Q89×3		Q235A
ZC2	Q89×3		Q235A

说明：表中○内的数字用于DCL下翼缘

吊车数据：

吊车类型	额定起重量	最大轮压	最小轮压	小车重	大车轮距B	大车宽度Bk	台数	示意图
电动单梁地控A5	5t	3.95t	1.10t	0.75t	3000mm	3500mm	每跨二台，共六台	250 300 250

某某钢结构工程有限公司				兴建单位	某某镀锌构件有限公司
				设计阶段	版本号 第一版
审定	校订	工程名称	新建厂房	图别	
审核	设计			比例	
工种负责	制图	图纸内容	钢柱及吊车梁布置平面图	日期	
工程负责	描图			图号	09

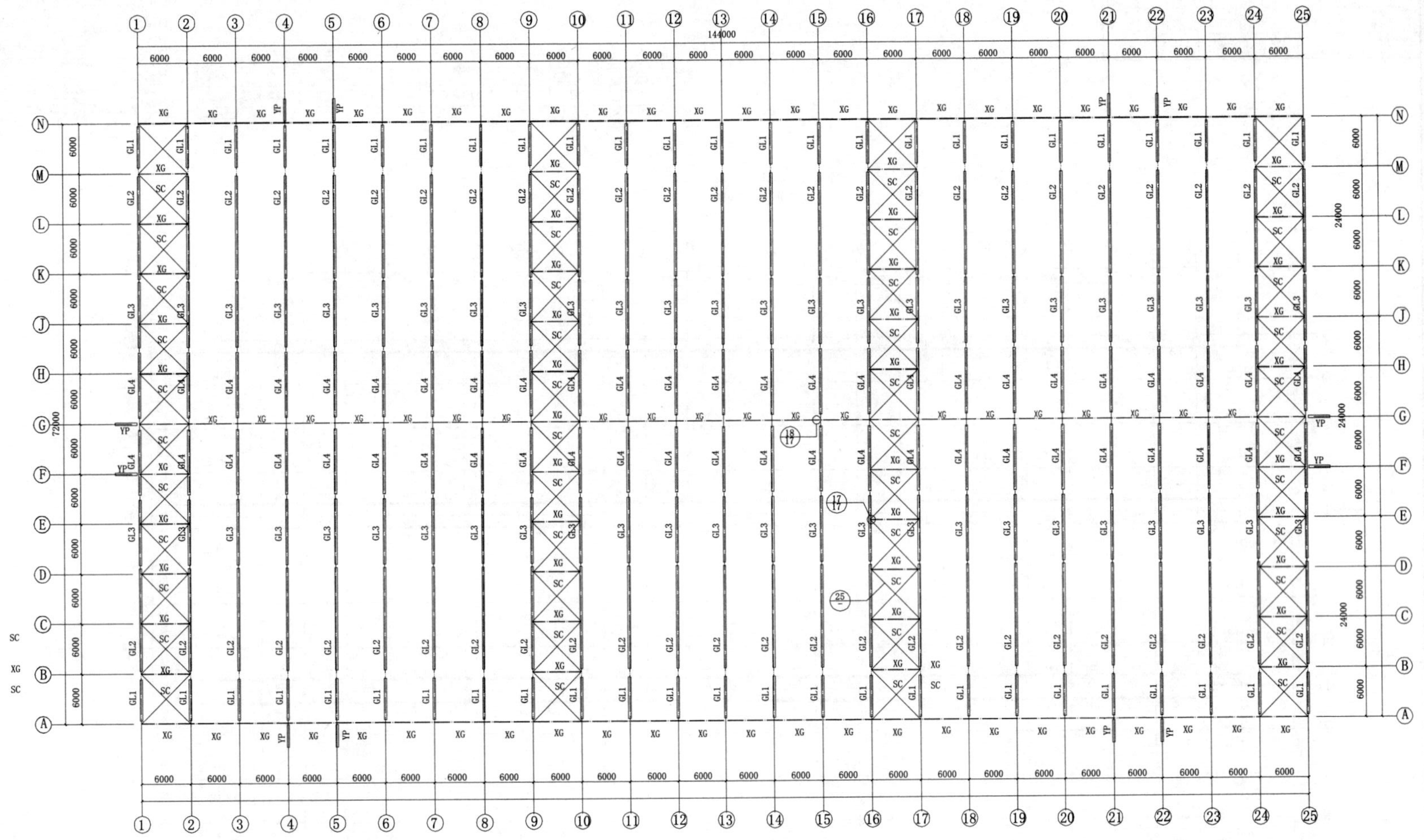

屋面钢结构布置平面图1:250

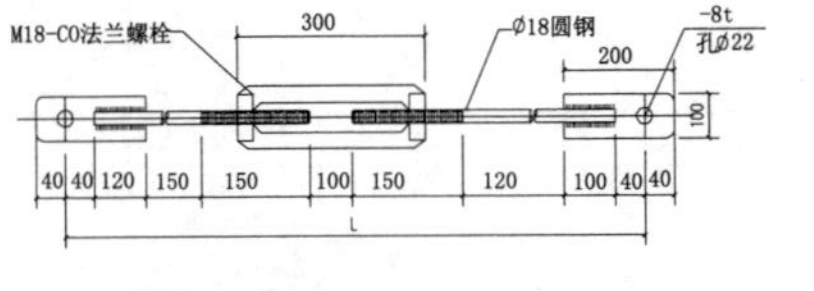

㉕ SC\ZC3详图

构件表

构件编号	构件规格	材质
GL1	BH750-480x15x6x6	Q345A
GL2	BH480x150x6x8	Q345A
GL3	BH480-750-480x200x6x8	Q345A
GL4	BH480x150x6x8	Q345A
YPL	HN198x99x4.5x7	Q235A
XG	89x3	Q235A
SC	ϕ18	Q235A
ZC3	ϕ18	Q235A

某某钢结构工程有限公司						兴建单位	某某镀锌构件有限公司
						设计阶段	
审　定		校　订		工程名称	新建厂房	版本号	第一版
审　核		设　计				图别	
工种负责		制　图		图纸内容	屋面钢结构布置平面图	比例	
工程负责		描　图				日期	
						图号	10

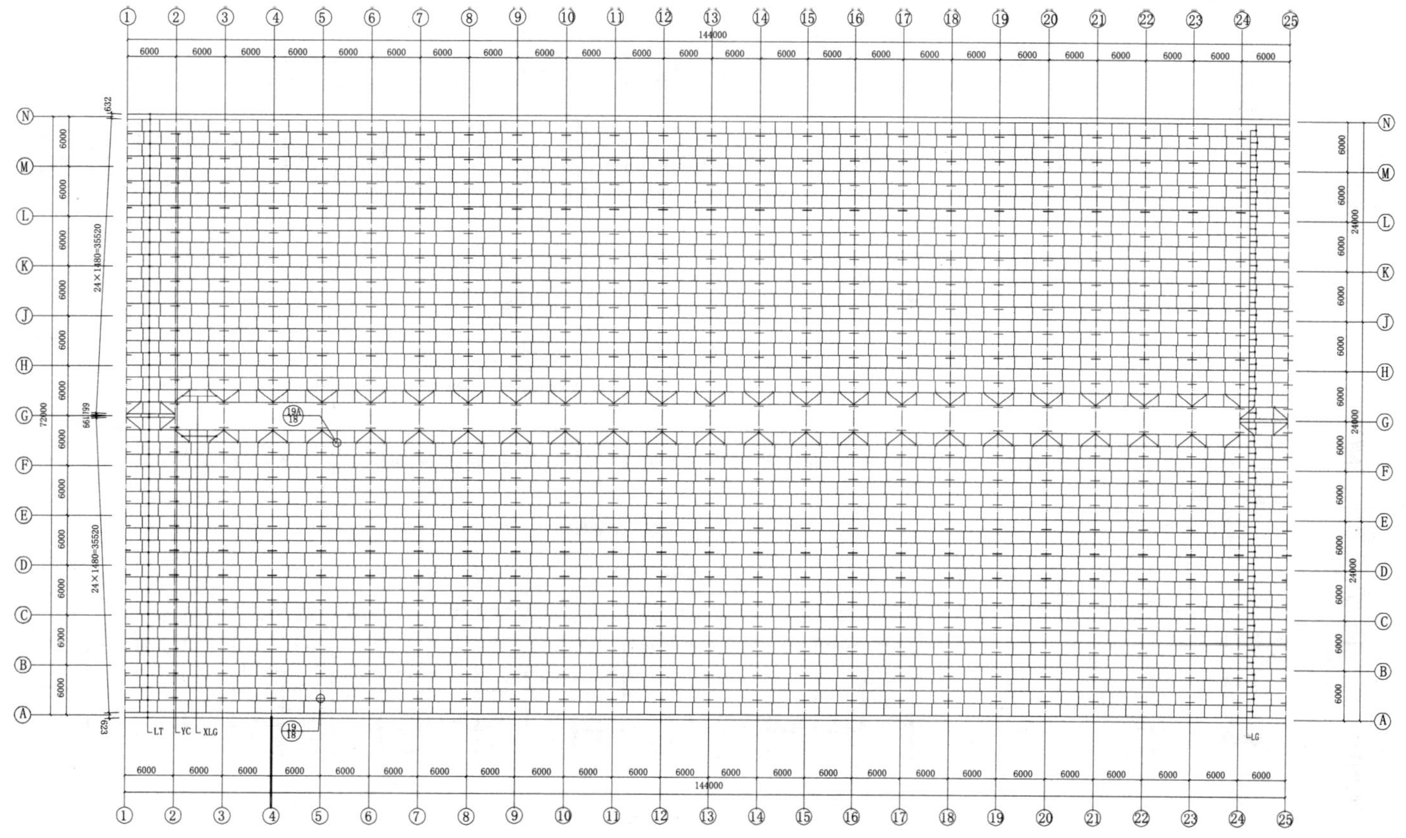

屋面檩条布置平面图 1:250

构件表		
构件编号	构件规格	材质
LT	C180×65×20×1.8	Q235A
YC	L50×4	Q235A
LG	ϕ12	Q235A
×LG	ϕ12	Q235A
拉杆（LG）在设有斜拉杆（×LG）处外套 ϕ32×2圆钢管		

某某钢结构工程有限公司				兴建单位	某某镀锌构件有限公司		
				设计阶段		版本号	第一版
审　定		校　订		工程名称	新建厂房	图别	
审　核		设　计				比例	
工种负责		制　图		图纸内容	屋面檩条布置平面图	日期	
工程负责		描　图				图号	11

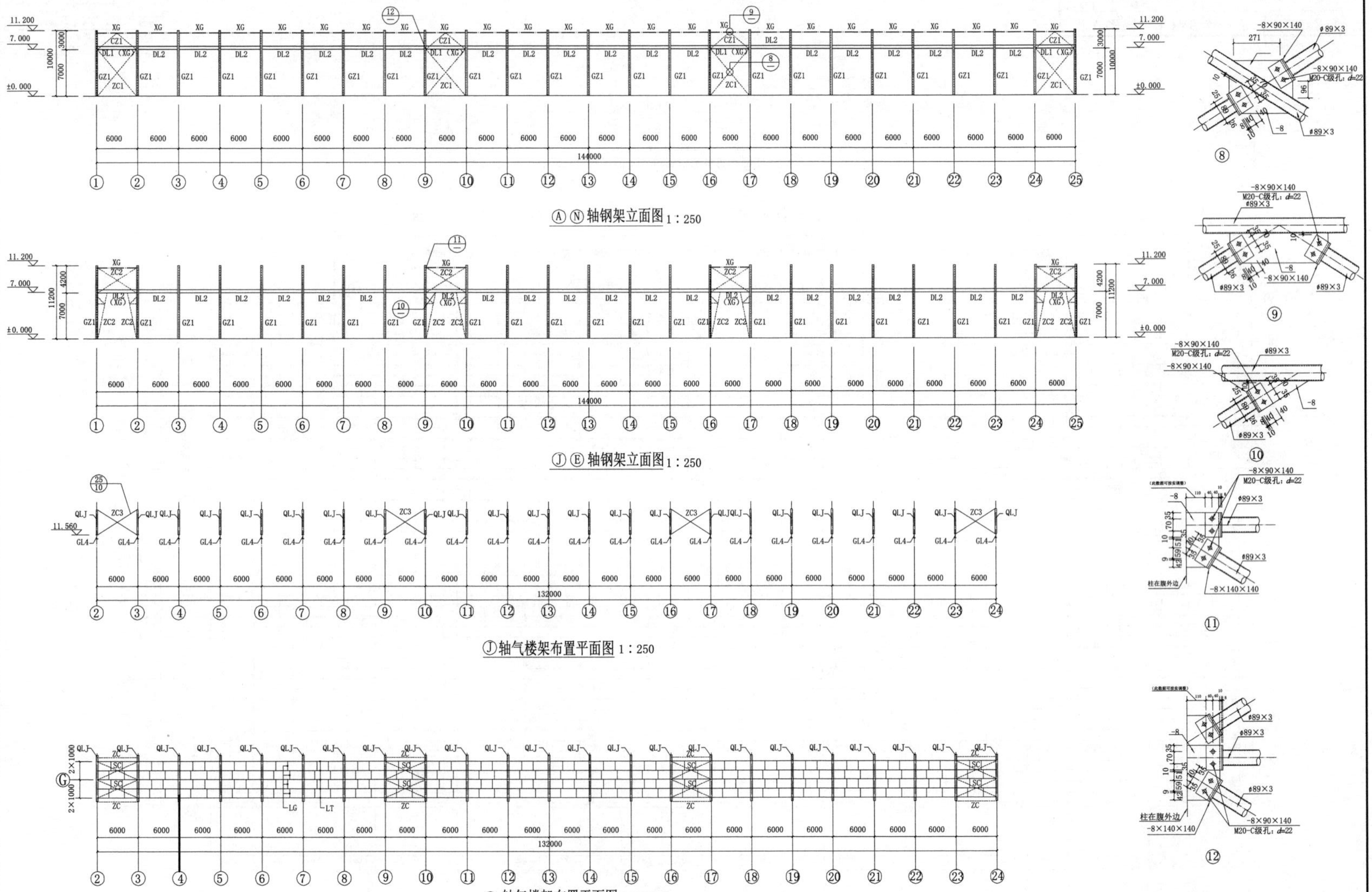

Ⓐ Ⓝ轴钢架立面图 1：250

Ⓙ Ⓔ轴钢架立面图 1：250

Ⓙ轴气楼架布置平面图 1：250

Ⓙ轴气楼架布置平面图 1：250

⑧ ⑨ ⑩ ⑪ ⑫

某某钢结构工程有限公司				兴建单位	某某镀锌构件有限公司
				设计阶段	版本号 第一版
审 定	校 订	工程名称	新建厂房	图别	
审 核	设 计			比例	
工种负责	制 图	图纸内容	纵向刚架布置立面图	日期	
工程负责	描 图			图号	12

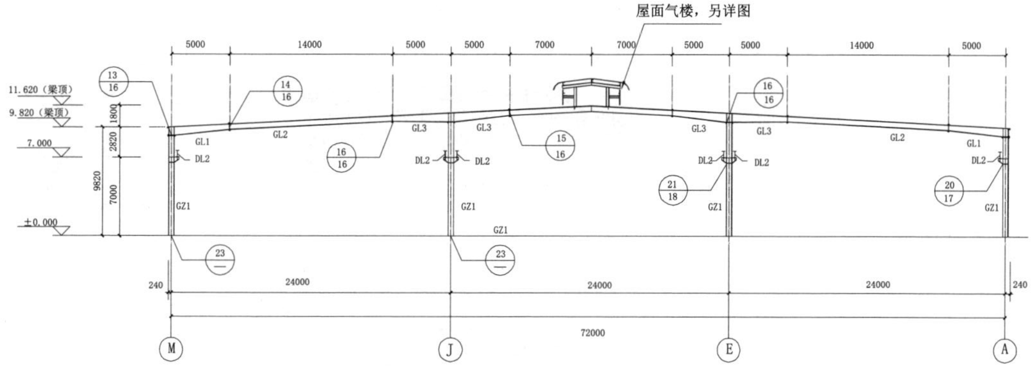

②—㉒ 轴钢架立面图 1:250

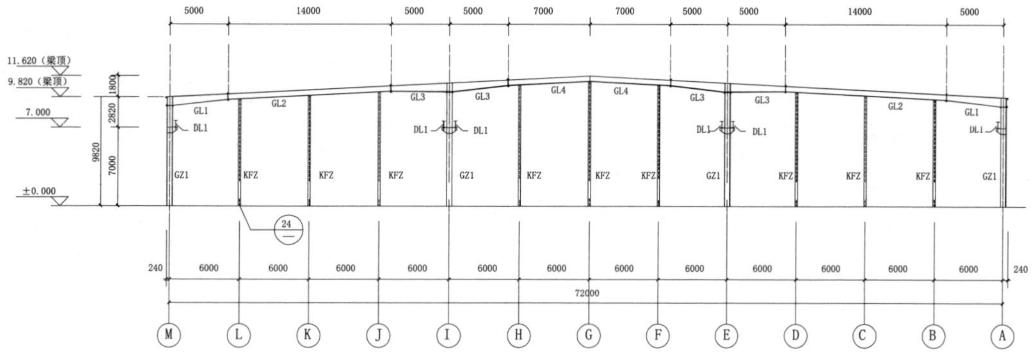

①、㉓ 轴钢架立面图 1:250

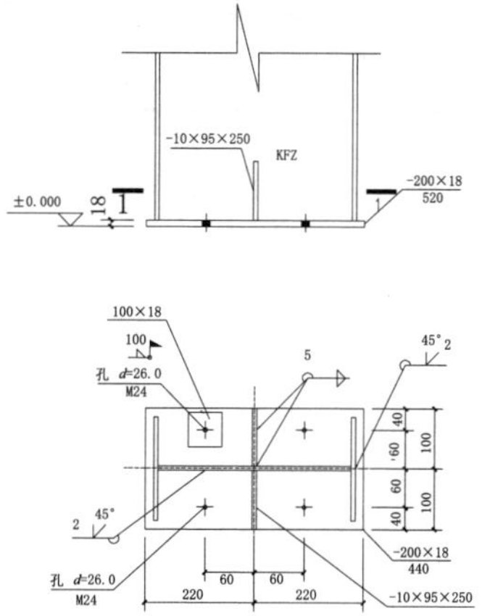

1—1

㉔

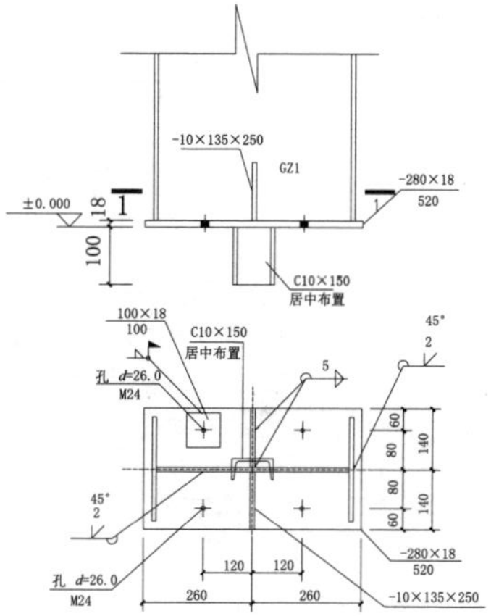

㉓ 1—1

某某钢结构工程有限公司						兴建单位	某某镀锌构件有限公司
						设计阶段		版本号	第一版
审 定		校 订		工程名称	新建厂房	图别	
审 核		设 计				比例	
工种负责		制 图		图纸内容	横向刚架布置立面图	日期	
工程负责		描 图				图号	13

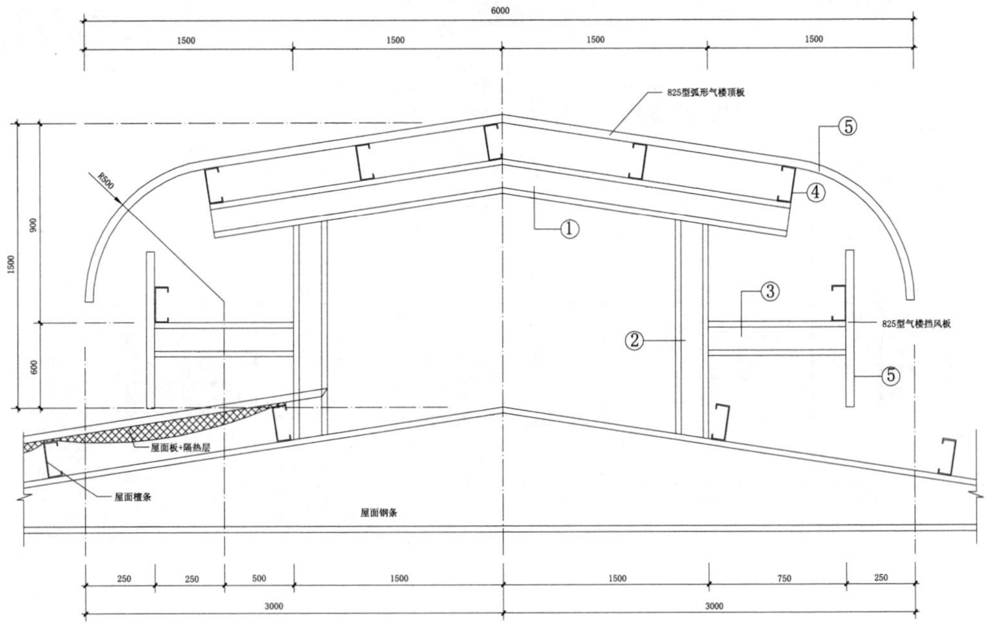

6000型气楼大样

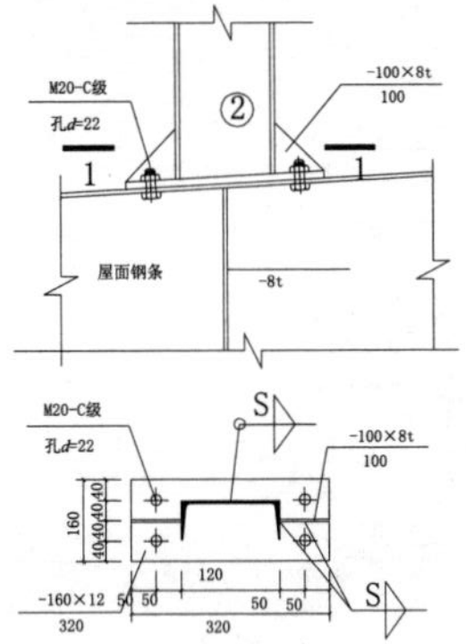

1—1

气楼与梁连接大样

气楼架- 材料表					
编号	规格	数量		材料	备注
		正	反		
①	C12	1	1	Q235	
②	C12	1	1	Q235	
③	C12	1	1	Q235	
④	C180×65×20×1.8	4	3	Q235	
⑤	825型气楼彩板	2	2	Q235	

注意：
1. 气楼布置于2～24轴屋脊处，共23榀
2. 图中未注明之处的焊脚尺寸为5mm且满焊
3. 图中未注明之节点板为8mm厚钢板

某某钢结构工程有限公司					兴建单位	某某镀锌构件有限公司	
					设计阶段	版本号	第一版
审 定		校 订		工程名称	新建厂房	图别	
审 核		设 计				比例	
工种负责		制 图		图纸内容	6000型气楼大样	日期	
工程负责		描 图				图号	14

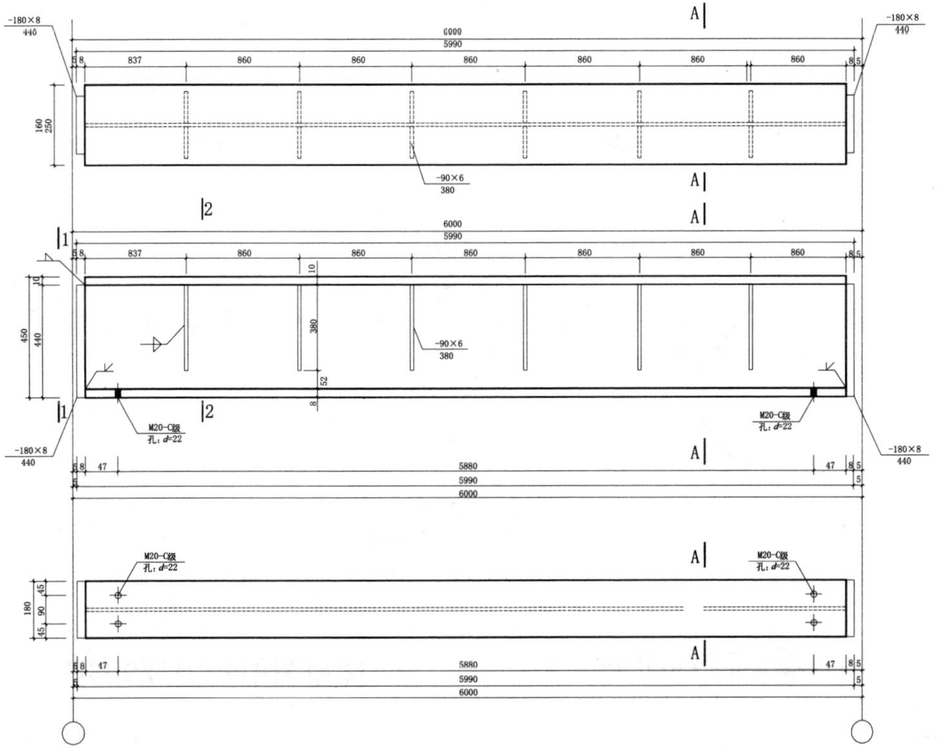

DCL2详图

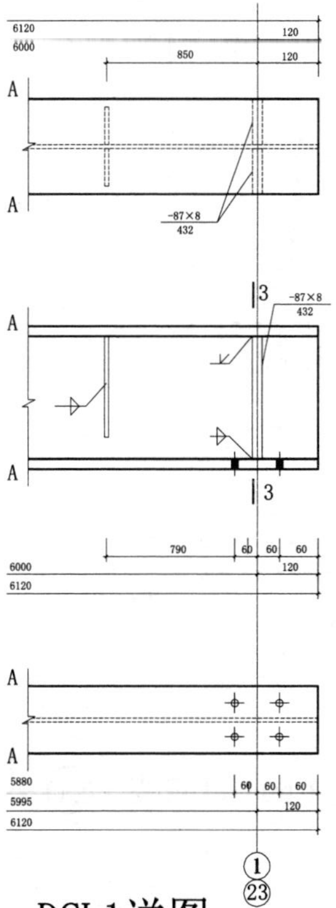

DCL1详图

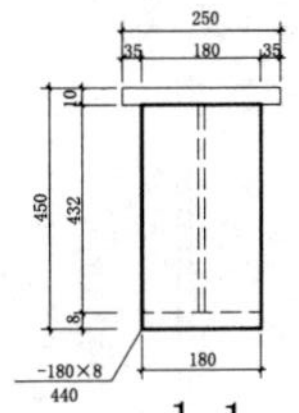

1-1

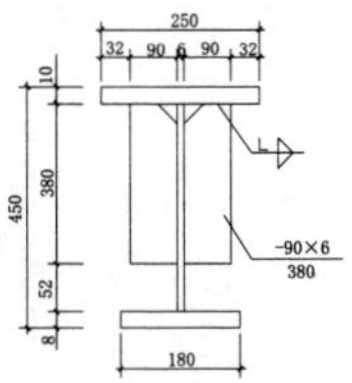

2-2

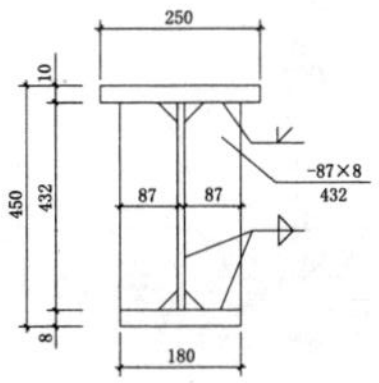

3-3

说明：吊车车挡及吊车工检修梯由吊车公司设计及施工

某某钢结构工程有限公司				兴建单位	某某镀锌构件有限公司		
				设计阶段		版本号	第一版
审　定		校　订		工程名称	新建厂房	图别	
审　核		设　计				比例	
工种负责		制　图		图纸内容	吊车梁详图	日期	
工程负责		描　图				图号	15

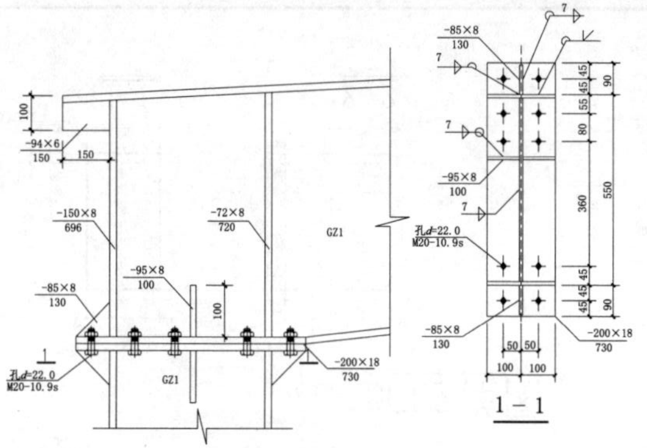

⑬ GZ1&GL1连接详图

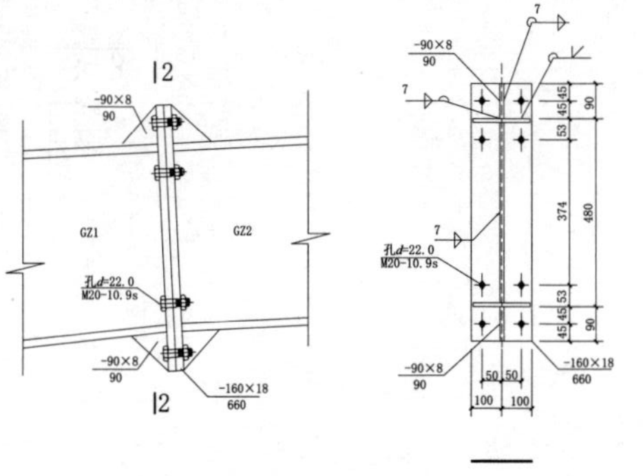

⑭ GL2&GL1连接详图

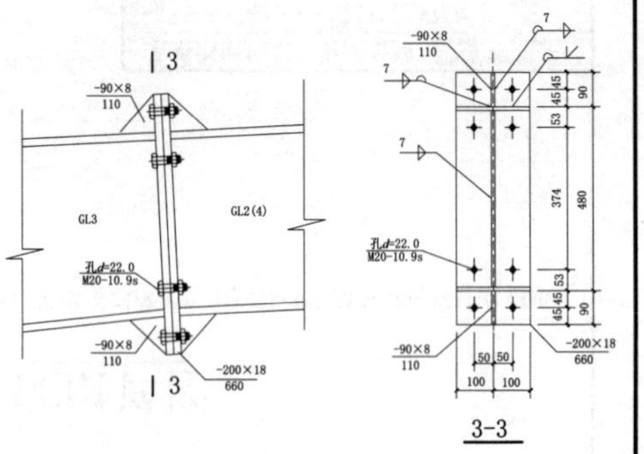

⑮ GZ3&GL2（4）连接详图

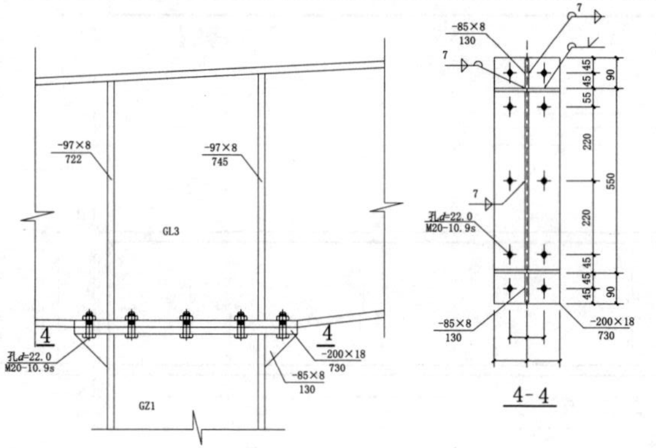

⑯ GZ1&GL3连接详图

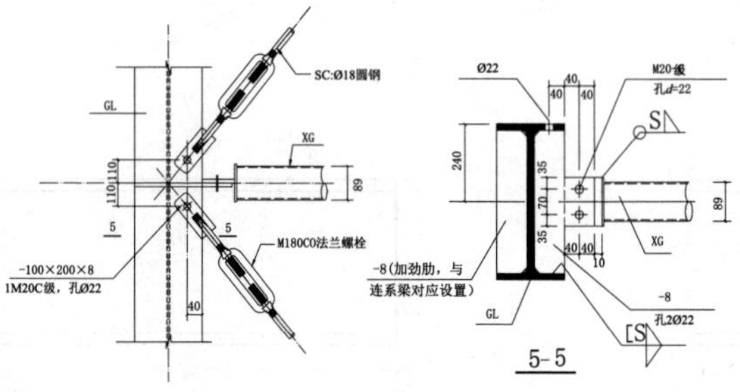

⑰ SC&XG&GL连接详图

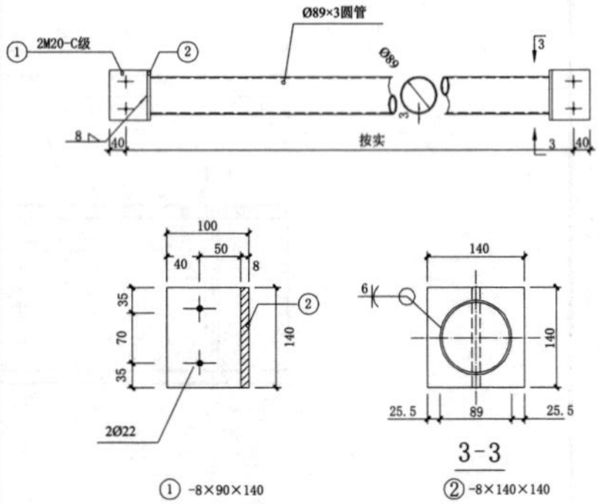

⑱ XG(ZC)详图

某某钢结构工程有限公司						兴建单位	某某镀锌构件有限公司
						设计阶段	版本号 第一版
审 定		校 订		工程名称	新建厂房	图别	
审 核		设 计				比例	
工种负责		制 图		图纸内容	节点详图一	日期	
工程负责		描 图				图号	16

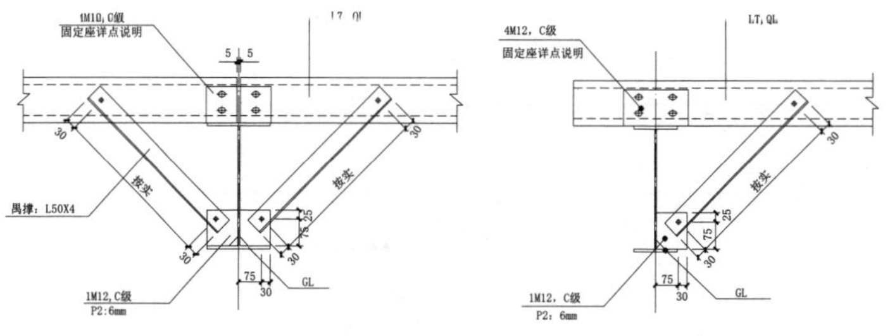

(19) YC&LT（QL），YC&GL（GZ）连接详图

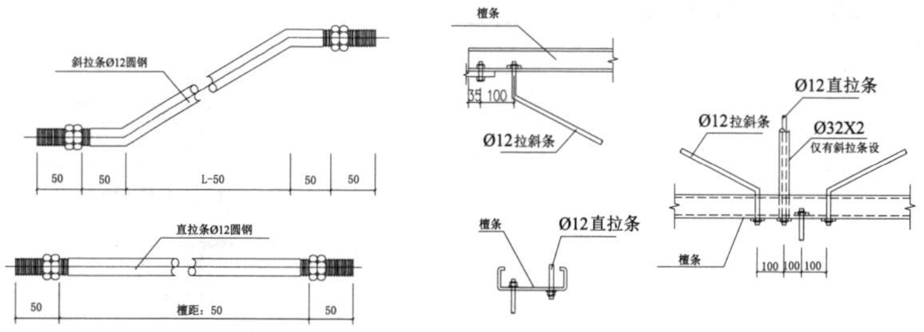

(19A) LG，XLG详图

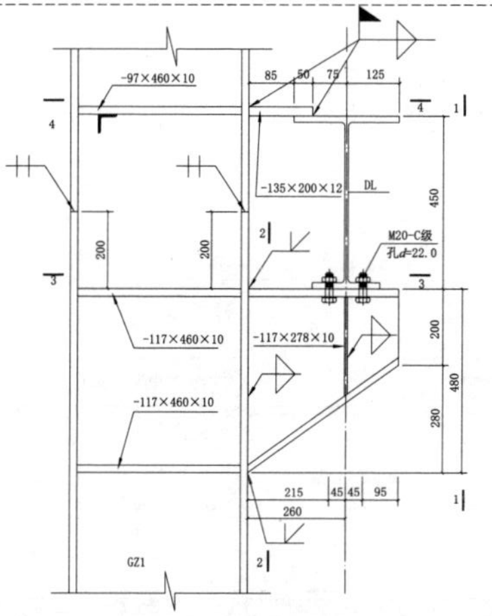

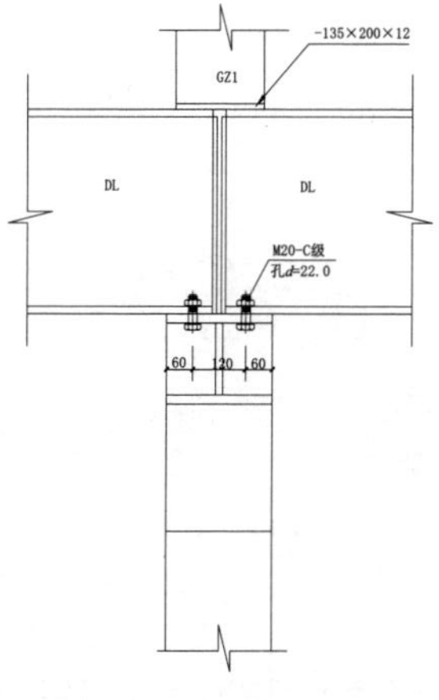

1 - 1

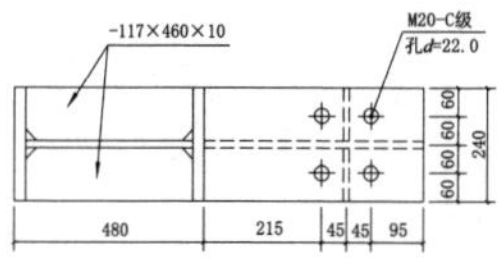

3 - 3

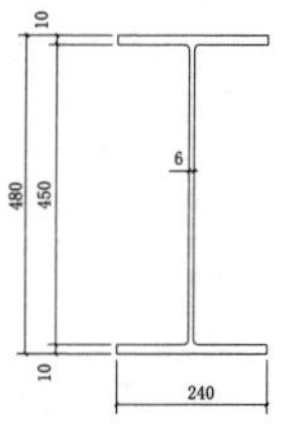

2 - 2

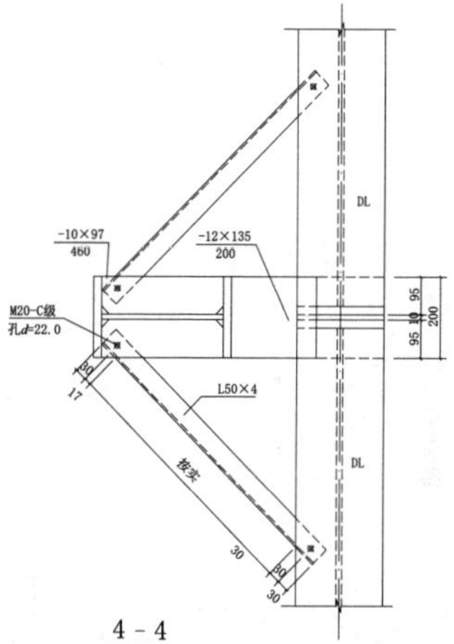

4 - 4

(20) NT\DL&GZ1连接详图一

某某钢结构工程有限公司						兴建单位	某某镀锌构件有限公司
						设计阶段	版本号	第一版
审定		校订		工程名称	新建厂房	图别	
审核		设计				比例	
工种负责		制图		图纸内容	节点详图二	日期	
工程负责		描图				图号	17

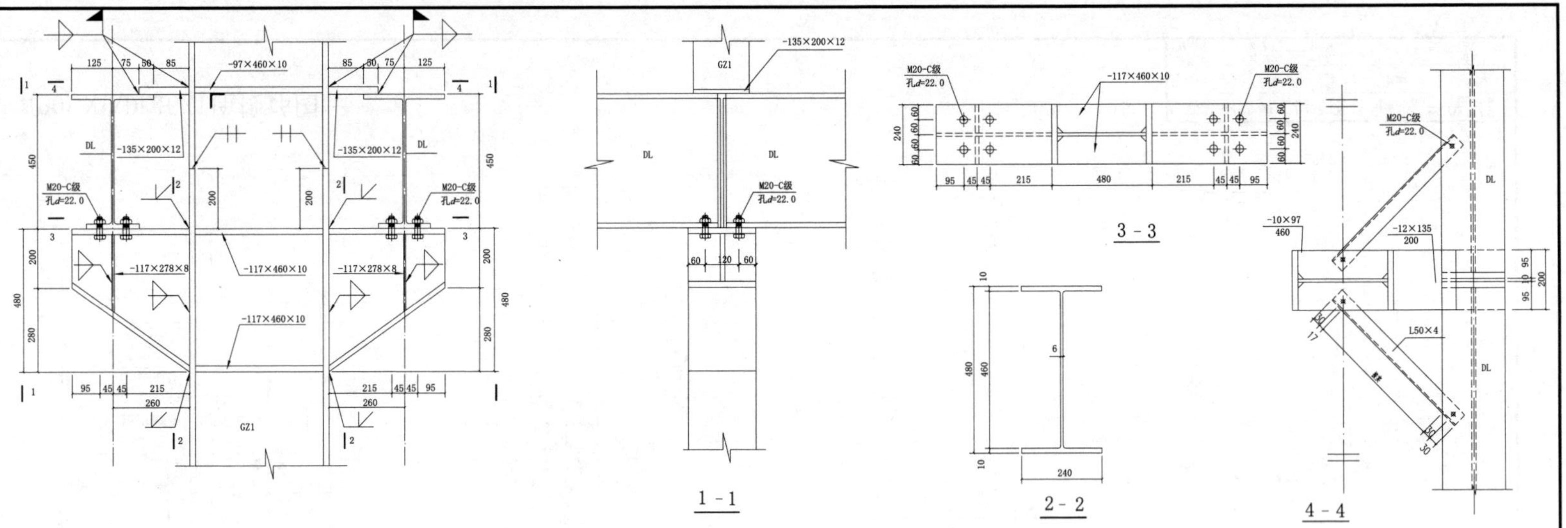

(21)NT\DL&GZ1连接详图二

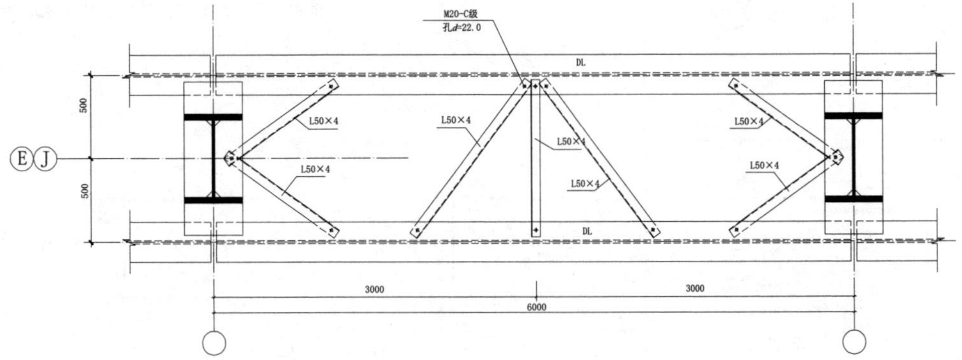

(22) DL&DL连接详图

某某钢结构工程有限公司				兴建单位	某某镀锌构件有限公司
				设计阶段	版本号 第一版
审 定	校 订	工程名称	新建厂房	图别	
审 核	设 计			比例	
工种负责	制 图	图纸内容	节点详图三	日期	
工程负责	描 图			图号	18

实训分析

完成此任务，首先应掌握图纸识读的方法和步骤，掌握图纸中出现的各种连接符号的含义，再根据三视图投影关系、钢结构构件空间位置关系及相应规范采用简洁规范的术语进行编制。

实训内容

参照如下内容和模式完成图纸识读记录单的填写。

图纸识读记录单 1

图纸序号	0	图纸图号	M—图纸目录
内容： 1. 由封面及目录可知，该套图纸对应内容为某某镀锌构件有限公司的新建厂房钢结构部分图纸。 2. 图纸目录显示本套图纸共计 19 张，包括厂房平面图、屋面平面图、立面图等。			

图纸识读记录单 2

图纸序号	1	图纸图号	01—厂房平面图
内容： 1. 由标题栏和图名可知本张图纸内容为厂房平面图，绘图比例为 1 : 250。 2. 由图纸显示可知该厂房平面整体呈矩形，厂房纵向轴线长度为 144m，横向轴线宽度为 72m。 3. 厂房横向划分为 3 等跨，每跨跨度 24m，每跨间各设 2 台 5t 单梁地控吊车（A5 级）。 4. 轴线间距显示厂房纵向柱距为 6m，布置断面为 H 型刚架柱，厂房横向柱距也为 6m，布置断面为 H 型抗风柱。 5. 室内地面相对标高为 ±0.000m，室外地坪相对标高为 -0.150m，由此可知该地区降雨量较少。 6. 平面图上显示纵向立面上分别开设 2 扇推拉门 M1，横向各开设 1 扇推拉门 M1。 7. 共有 4 种类型的窗户。 8. 图纸右上角索引说明本结构屋面采用内排水方式，沿厂房纵向 2 个外立面每隔 6m 间距在刚架柱旁侧布置直径为 150mm 的 PVC 材料落水管，土建施工时应预留下水口。 9. 根据图纸说明了解到门窗均居中于定位轴线布置，结构 1.2m 标高以下为砖砌墙体，以上为单层轻钢彩板墙面。 10. 通过观察图纸可知 01 ～ 06 号图纸为建筑图纸，07 ～ 18 号图纸为结构图纸。			

图纸识读记录单 3

图纸序号	2	图纸图号	02—屋面平面图
内容： 1. 由标题栏和图名可知本张图纸内容为屋面平面图，绘图比例为 1 : 250。 2. 屋面为双坡结构形式，排水坡度为 5%，坡向檐口。			

续表

<table>
<tr><td>图纸序号</td><td>2</td><td>图纸图号</td><td>02—屋面平面图</td></tr>
<tr><td colspan="4">3. 由图纸显示屋面上每隔 12m 间距布置条带状采光板（FRP1.2，760 型），采光板宽度为 760mm，延伸长度为 25160mm。
4. ②～㉔轴线间设屋面气楼，用于结构通风。
5. 结构主体屋脊位置标高为 11.8m，檐口位置标高为 10m。
6. 图纸显示结构有 6 处雨篷，与厂方平面图对照可知分别设于各扇 M1 门正上方，尺寸标注显示雨篷外伸宽度为 1.5m，长度为 6m。
7. 纵向轴线端部尺寸标注显示轴线外侧墙体厚度为 270mm，横向轴线端部尺寸标注显示轴线外侧墙体厚度为 390mm。
8. 图纸上共有 3 处剖切索引编号，分别是 1/06、2/06、3/06。
根据索引符号含义，1/06 的详图在本套图纸的 06 号图上，我们找到图名为①的图样，了解到此剖切位置为檐口位置，表示檐口详图内容，此详图显示刚架柱和钢梁均为 H 型断面形式；节点位置为钢柱翼缘板通长设置，钢梁上翼缘居于钢柱顶端，屋面结构层次从上至下依次为屋面彩板、屋面隔热层、檩条和钢梁，檐口位置处采用 2mm 厚镀锌水槽，尺寸详见右侧线条图样；中间开孔设直径 150mmPVC 落水管，钢柱外侧采用 C 型钢墙梁连接外墙压型钢板，墙板最高处与镀锌水槽连接位置采用 0.42mm 厚彩板进行收边处理，防止雨水侵蚀，并在镀锌水槽两侧加设 C 型钢以提高强度。
2/06 的详图在本套图纸的 06 号图上，我们找到图名为②的图样，了解到此剖切位置为山墙位置，表示山墙包角详图内容，此详图显示山墙位置处抗风柱、钢梁、屋面结构、墙面结构之间的连接关系；KFZ 通过 14mm 厚的 150mm × 180mm 的连接钢板与钢梁下翼缘焊接连接，由于连接板与 KFZ 通过长圆形螺栓孔连接，因此允许一定的垂直位移产生，即钢梁与 KFZ 的连接为弹性连接；KFZ 与外墙压型钢板通过 C 型墙梁螺栓连接，钢梁上翼缘通过 6mm 厚檩条固定座与檩条螺栓连接，为提高强度，在屋面与墙面连接处加设肢宽 50mm 的等边角钢，为防止雨水侵蚀，采用包角处理，包角板材断面详见右侧线条图。
3/06 的详图在本套图纸 06 号图上，我们找到图名为③的图样，了解到此剖切位置为屋脊位置，表示屋脊包角详图内容，此详图显示屋脊位置处包角采用 SB15 板材；波谷现场上弯做法施工，包角板材断面详见右侧线条图。
9. 根据图样说明了解到雨篷均居中于对应门布置。</td></tr>
</table>

图纸识读记录单 4

<table>
<tr><td>图纸序号</td><td>3</td><td>图纸图号</td><td>03—立面图</td></tr>
<tr><td colspan="4">内容：
1. 由标题栏和图名可知本张图纸内容为立面图，绘图比例为 1∶250，完整显示结构 4 个方向的立面内容。
2. 各立面图均显示厂房结构沿高度方向布置两层窗户，与 01– 厂房平面图对照可知平面图中显示的窗户为底层窗户，结构体系窗户类型为 6 种，底层窗户均为推拉窗，上层窗户均为固定窗。
3. 由旁侧标高标注可知室外地坪标高为 –0.150m，室内地面标高为 ± 0.000m，底层窗户下沿标高为 1.2m，上层窗户下沿标高为 7.76m，檐口标高为 10m，屋脊位置标高为 11.8m，数据与前面图纸中一致。</td></tr>
</table>

续表

图纸序号	3	图纸图号	03—立面图
4. 尺寸标注显示厂房总长为 144540mm，总宽为 72780mm。 5. 注释显示屋面彩板下设隔热层，墙面彩板从 1.2m 标高处向上延伸，1.2m 以下为砖墙。 6. 图样上共有 4 处剖切索引编号，分别是(4/06)、(5/06)、(6/06)、(7/06)。 根据索引符号含义，(4/06)的详图在本套图纸的 06 号图上，我们找到图名为④的图样，了解到此剖切位置为上层固定窗窗框包角位置，此详图显示上层窗户与外墙连接关系；上层窗户为 90 系列塑钢固定窗，窗框上下位置处均加设 C 型钢墙梁，上框位置处 C 型钢开口向上，下框位置处 C 型钢开口向下；窗上、下框位置处均设台度（墙裙）加以保护，台度尺寸详见右侧线条图样。 (5/06)的详图在本套图纸的 06 号图上，我们找到图名为⑤的图样，了解到此剖切位置为门框位置，表示门框包角详图内容；主图样显示门上雨篷为 Q235 钢，变截面形式，雨篷梁底标高为 5.2m，变截面外伸长度为 1.3m，上设 2 根 C 型钢檩，檩条上铺 825 型雨篷彩板，向外悬挑 200mm，端部设雨篷滴水，雨篷与钢柱采用螺栓连接，连接位置处为钢柱侧向翼缘，并在支托位置处加设连接钢板，雨篷与外墙连接位置处加设雨篷水切防止进水，雨篷梁下的门上框设包角。 通过主图样下的 1–1 断面图可以了解到雨篷梁与钢柱连接板及螺栓设置的具体位置和型号，连接板宽度同柱宽，高度为 220mm，分别于雨篷梁腹板两侧设高强螺栓，共计 4 个，型号为 M20 型。 左下侧图样显示钢柱与外墙面通过 C 型钢墙梁连接，C 型钢墙梁与钢柱翼缘的连接板通过焊接实现连接。 门侧框包角、门上框包角、雨篷滴水、雨篷侧收边尺寸见线条图。 (6/06)的详图在本套图纸的 06 号图上，我们找到图名为⑥的图样，了解到此剖切位置为下层推拉窗位置，表示窗框包角详图内容，此详图显示下层窗户与外墙连接关系；下层窗户为 90 系列塑钢窗，窗框上下位置处均加设 C 型钢墙梁，上框位置处 C 型钢开口向上，下框位置处 C 型钢开口向下；窗上、下框位置处均设台度（墙裙）加以保护，台度尺寸详见右侧线条图样；窗框下沿标高为 1.3m，1.2m 以下为砖砌墙体，砖墙外用水泥砂浆填实。 (7/06)的详图在本套图纸的 06 号图上，我们找到图名为⑦的图样，了解到此剖切位置为钢柱转角位置，此详图显示转角处钢柱与外墙连接关系；图示中可以看出一侧压型钢板外墙通过开口向下的 C 型墙梁与钢柱翼缘相连，另一侧压型钢板外墙通过开口向下的 C 型墙梁与钢柱腹板方向相连，C 型钢墙梁通过焊接于钢柱上的连接板以螺栓方式与钢柱实现连接；外墙均采用 900 型墙面彩板，柱转角位置的墙体采用 0.42mm 厚板材压边处理，防止进水。			

图纸识读记录单 5

图纸序号	4	图纸图号	04—1–1 剖面图、门窗表、门窗大样
内容： 1. 由标题栏和图名可知本张图纸内容包括 1–1 剖面图、门窗表和门窗大样等内容。 2. 1–1 剖面图剖切位置可以从 01 图号的厂房平面图了解，显示厂房内部高度方向的结构布置情况，由轴线编号从左至右为Ⓝ～Ⓐ可知剖切后的绘图方向。 3. 跨度方向尺寸标注显示厂房总宽度为 72850mm，与 03 图号中侧立面图中宽度总长 72780mm 不一致，经核算厂房总宽应为 72780mm，此处 72850 的尺寸数字有误。			

续表

图纸序号	4	图纸图号	04—1-1 剖面图、门窗表、门窗大样
4. 厂房宽度方向划分为 24m 等跨的 3 跨结构，厂房屋面从宽度正中处屋脊位置分为双坡结构，并于屋脊位置两侧对称布置屋面气楼。 5. 左右两侧标高分别显示室外地坪标高为 −0.15m，室内地面标高为 ±0.000m，底层窗户下沿标高为 1.2m，牛腿顶面标高为 7.000m，檐口位置标高为 10.000m，屋脊位置标高为 11.8m。 6. 由于结构体系的对称性，屋面双坡结构从中跨中心从左向右将钢梁划分为 4 段，钢梁截面形状从左至右分别为变截面钢梁、等截面钢梁、变截面钢梁、等截面钢梁，右侧与此对称。 7. 门窗表显示此单层工业厂房门的类型仅有 M1 一种，为夹芯板推拉门，洞口尺寸为 5m × 5m，共计 6 个，窗户类型有 6 种，均为 90 系列塑钢窗，分为推拉式和固定式。 8. 90 系列推拉窗单扇窗户宽度为 1000mm，下部推拉部分高位 1800mm，亮子高为 700mm，采用 2.0mm 厚白色塑钢材料，5.0mm 厚淡绿色玻璃。 9. 90 系列固定窗单扇窗户宽度为 1000mm，高为 1200mm，采用 2.0mm 厚白色塑钢材料，5.0mm 厚淡绿色玻璃。 10. M1 详图图样显示门外形尺寸为 5.1m × 5.1m，双扇，分别推向左右两侧，每扇门上下均设 2 个轮子，并在高度中部设有门手。			

图纸识读记录单 6

图纸序号	5	图纸图号	05—彩板大样图
内容： 1. 由标题栏和图名可知本张图纸内容为彩板大样图。 2. 为使识读者易于了解，采用轴测绘图方式展示彩板外形及与其连接的构件情况，采用线框图方式显示彩板断面外形尺寸。 3. 结构采用 760 型彩色压型钢板作为屋面彩板，下设隔热层和 C 型钢檩条，760 型彩板具体断面情况见线框图。 4. 结构采用 900 型彩色压型钢板作为墙面彩板，通过自攻螺钉与 C 型钢墙梁连接，900 型彩板具体断面情况见线框图。			

图纸识读记录单 7

图纸序号	6	图纸图号	06—收边包角详图
内容： 本张图样内容为 01 ～ 05 号图纸中出现的索引详图，前面已经完成识读，不再重述。			

图纸识读记录单 8

图纸序号	7	图纸图号	07—钢结构设计说明
内容： 本张图纸主要内容为钢结构工业厂房的整体结构形式和结构构造特点，包括 8 个方面内容，分别为：设计依据，设计遵循的规范规程，基本设计参数，结构材料，钢结构制作，涂装，构件的运输、堆放及安装和其他。 图纸内容说明了结构材料选用了 Q235 和 Q345 两种级别，屋、墙面采用彩色压型钢板，屋面隔热采用玻璃棉材料，结构构件的制作、施工等要求详见第五项的第 5 ～ 8 点。			

图纸识读记录单 9

图纸序号	8	图纸图号	08—锚栓定位图

内容：
1. 由标题栏和图名可知本张图纸内容为锚栓定位图。
2. 该厂房对应刚架柱和抗风柱分别设置独立的柱脚锚栓，共有 100 个对应刚架柱的柱脚锚栓，18 个对应抗风柱的柱脚锚栓，有 MS1 和 MS2 两种柱脚锚栓形式，MS1 锚栓群在纵向和横向轴线上均居中布置，MS2 锚栓群在纵向轴线上居中布置，在横向轴线上偏移布置。
3. 锚栓群中心间距均为 6m，锚栓群锚栓双向间距详见图纸标注。
4. 构件表显示 MS1 由 4 个直径 24mm、材料 Q235A 的锚栓组成，出现在 ±0.000m 处；MS2 由 4 个直径 24mm、材料 Q235A 的锚栓组成，出现在 ±0.000m 处；MS2 与 MS1 锚栓材料等级、标高位置一致，仅间距不同。
5. 锚栓详图显示柱脚底板标高为 ±0.000m，锚栓直径 24mm，长度 755mm（655+100），下部弯折 90°，长度为 100mm。
6. 钢柱与混凝土柱连接详图显示钢柱下设混凝土独立基础，锚栓锚固长度均是从二次浇灌层底面以下 605mm（655−50）计算；柱脚底板标高为 ±0.000m，二次浇灌层厚度为 50mm，采用 C30 细石混凝土施工；柱与基础的连接采用柱底板下一个螺母，柱底板上两个螺母的固定方式；钢柱就位并固定后，采用 C15 素混凝土包裹钢柱柱脚加以保护；对于刚架柱，混凝土独立基础设平面尺寸 120mm×120mm、深为 100mm 的预留杯口，目的是将柱脚底板上的刚架柱的抗剪键置入；对于抗风柱，因没有下部抗剪键，所以不设此预留杯口。
7. 图中说明了钢柱与混凝土柱的连接为铰接形式；并提示了锚栓施工注意事项。

图纸识读记录单 10

图纸序号	9	图纸图号	09—钢柱及吊车梁布置平面图

内容：
1. 由标题栏和图名可知本张图纸内容为钢柱及吊车梁布置平面图。
2. 主体刚架柱形式均为 GZ1，均对称于横向和纵向轴线布置；抗风柱形式均为 KFZ，纵向上对称于轴线布置，横向上与定位轴线一侧偏移 120mm，另一侧偏移 280mm。
3. 吊车梁端部形式为 DCL1，中间形式均为 DCL2（本图纸采用 DL 符号表示吊车梁，但经查看构件表和后面的图纸内容，吊车梁应采用 DCL 符号表示。
4. 3 处吊车梁中心距均为 23m。
5. ①～②、⑨～⑩、⑯～⑰、㉔～㉕轴线间设柱间支撑，边跨位置柱间支撑形式为 ZC1，中跨位置柱间支撑形式为 ZC2，通过观察可以发现布置柱间支撑的位置结构上对称。
6. 图样中 $\frac{22}{18}$ 详图在图号为 18 的图纸上；22 号详图图样表示中跨位置 DCL 与 DCL 的连接构造，中跨两侧的吊车梁采用肢宽 50mm、肢厚 4mm 的等边角钢通过 M12 的粗制螺栓在吊车梁上翼缘处相连（靠近钢柱两侧缀条一端与钢柱上的加劲板相连），具体连接位置见图纸。
7. 图中构件表显示 GZ1、KFZ、DCL1、DCL2 均为 H 型断面；GZ1 为变截面形式，牛腿上下宽度有改变；DCL1 和 DCL2 上、下翼缘板厚度和宽度不等；柱间支撑有 ZC1 和 ZC2 两种形式，采用空心钢管断面。
8. 图中还附有吊车数据，借此可了解吊车相应参数。

图纸识读记录单 11

图纸序号	10	图纸图号	10—屋面钢结构布置平面图

内容：
1. 由标题栏和图名可知本张图纸内容为屋面钢结构布置平面图。

续表

<table>
<tr><td>图纸序号</td><td>10</td><td>图纸图号</td><td>10—屋面钢结构布置平面图</td></tr>
<tr><td colspan="4">
2. 此厂房屋面支撑体系包括屋面水平支撑（SC），布置在①～②、⑨～⑩、⑯～⑰、㉔～㉕间带；系杆（XG）沿Ⓐ、Ⓖ、Ⓝ轴线通长设置，并在①～②、⑨～⑩、⑯～⑰、㉔～㉕间带钢梁分段处间断布置。
3. 钢梁沿Ⓖ轴对称布置，Ⓐ～Ⓖ轴间钢梁分为 GL1 ～ GL4 四段。
4. 图样中$\frac{17}{17}$详图在图号为 16 的图纸上，经查阅为水平支撑、系杆和钢梁连接详图；SC 与 GL 上翼缘顶面通过 –100mm × 200mm × 8mm 连接板上的 M20 螺栓相连，GL 与 XG 相连时先在钢梁上焊接加劲肋板，XG 端头焊接钢板并转接焊接另一连接板，此连接板与钢梁加劲肋板通过 M20 螺栓相连，各位置焊脚尺寸详见图纸。
5. 图样中$\frac{18}{17}$详图在图号为 16 的图纸上，经查阅为系杆和柱间支撑详图，XG 和 ZC 构件本身为直径 89mm、壁厚 3mm 圆管杆件；图样显示 XG 和 ZC 构件端部焊接 140mm × 140mm × 8mm 端板，端板中心再焊接 140mm × 90mm × 8mm 连接板，上设 2 个螺栓孔，通过螺栓与其他构件相连接。
6. 图样中$\frac{25}{—}$详图在本张图纸上，为水平支撑（SC）和柱间支撑（ZC3）详图，采用直径 18mm 圆钢通过法兰螺栓连接，端部焊接到 200mm × 100mm × 8mm 的连接板上，连接板两头有直径 22mm 孔供今后与其他构件连接。
7. 图中构件表显示 GZ1、GZ2、GZ3、GZ4 均为 H 型断面，采用 Q345A 等级钢材，雨篷梁（YPL）采用窄翼缘 H 型断面 Q235A 钢材，XG 为直径 89mm、壁厚 3mm 圆管，水平支撑 SC 和柱间支撑 ZC3 为直径 18mm 圆钢。
</td></tr>
</table>

图纸识读记录单 12

<table>
<tr><td>图纸序号</td><td>11</td><td>图纸图号</td><td>11—屋面檩条布置平面图</td></tr>
<tr><td colspan="4">
内容：
1. 由标题栏和图名可知本张图纸内容为屋面檩条布置平面图。
2. 檩条 LT 沿厂房纵向通长布置，边跨位置加密布置，屋面气楼位置不布置。
3. 两根檩条之间设置错位布置拉杆，屋面气楼位置布置加密的斜拉杆（XLG）。
4. 每榀钢梁上间隔布置隅撑。
5. 左侧线框线条显示屋面钢梁斜向尺寸。
6. 图样中$\frac{19}{18}$详图在图号为 17 的图纸上，为隅撑（YC）和檩条（LT）或墙梁（QL）、隅撑（YC）和钢梁（GL）或钢柱（GZ）连接详图，连接方式均采用肢宽 50mm、肢厚 4mm 的等边角钢缀条通过 M12 的粗制螺栓相连，具体连接位置见图纸。
7. 图样中$\frac{19A}{18}$详图在图号为 17 的图纸上，为拉杆（LG）和斜拉杆（XLG）构件详图，拉杆采用 12mm 圆钢通过螺栓方式在 C 型钢檩条主面双向对称连接，斜拉杆也为 12mm 圆钢，一端连接于 C 型钢檩条弯折面，一端连接于另一根檩条弯折面，具体尺寸详见图纸。
</td></tr>
</table>

图纸识读记录单 13

图纸序号	12	图纸图号	12—纵向刚架布置立面图

内容：

1. 由标题栏和图名可知本张图纸内容为纵向刚架布置立面图。

2. ⒶⓃ轴钢架立面图反映边柱框架结构立面布置情况，长度区间为①～㉕轴线。该厂房牛腿位置标高为 7.000m，檐口位置标高为 10.000m。端部吊车梁型号为 DCL1，中间部位吊车梁型号为 DCL2，搁置于牛腿上。①～②、⑨～⑩、⑯～⑰、㉔～㉕间带布置柱间支撑（ZC1，下柱为剪刀撑，上柱为连接撑）和系杆（7.000m、10.000m）。

图样中$\left(\frac{8}{-}\right)$详图在本张图纸上，为 ZC1 节点位置处连接详图，节点位置表示 ZC1 的一根圆管通长设置，另一根在节点位置断开，断开处采用在圆管端部焊接钢板并在转接钢板后与节点位钢板通过螺栓连接，具体尺寸详见图纸（$\left(\frac{9}{-}\right)$、$\left(\frac{12}{-}\right)$等图样中诸多节点位置连接关系与此相同，不再一一详解）。

图样中$\left(\frac{9}{-}\right)$详图在本张图纸上，为 ZC1 上柱杆件与 XG 节点位置处连接详图。

图样中$\left(\frac{12}{-}\right)$详图在本张图纸上，为 ZC1 上、下柱杆件与 XG 节点位置处连接详图。

3. ⒿⒺ轴刚架立面图反映中柱框架结构立面布置情况，长度区间为①～㉕轴线。该厂房牛腿位置标高为 7.000m，屋脊位置标高为 11.200m。端部吊车梁型号为 DCL1，中间部位吊车梁型号为 DCL2，搁置于牛腿上。①～②、⑨～⑩、⑯～⑰、㉔～㉕间带布置柱间支撑（ZC2，下柱支撑不相连，上柱为剪刀撑）和系杆（7.000m、11.200m）。

图样中$\left(\frac{10}{-}\right)$详图在本张图纸上，为 XG 与 ZC2 下柱单侧杆件节点位置处连接详图。

图样中$\left(\frac{11}{-}\right)$详图在本张图纸上，为 ZC2 上柱杆件与 XG 及钢柱节点位置处连接详图。

4. Ⓙ轴气楼架布置立面图长度区间为②～㉔轴线。图样显示 GL4 顶面标高，即气楼架底面标高为 11.560m，②～③、⑨～⑩、⑯～⑰、㉓～㉔间带布置气楼架竖向支撑（ZC3，剪刀撑形式）。图样中$\left(\frac{25}{10}\right)$详图在 10 号图纸上，为 ZC3 构件自身详图，前面已经描述，这里不再赘述。

5. Ⓙ轴气楼架布置平面图长度区间为②～㉔轴线。图样显示气楼架平面宽度方向共布置 4 根通长檩条，间距 500mm，②～③、⑨～⑩、⑯～⑰、㉓～㉔间带布置气楼架水平支撑（SC）。

图纸识读记录单 14

图纸序号	13	图纸图号	13—横向刚架布置立面图

内容：

1. 由标题栏和图名可知本张图纸内容为横向刚架布置立面图。
2. 该厂房为单层结构，分为 3 等跨，每跨跨度为 24m，双坡屋面，屋脊位置处设气楼。
3. 牛腿位置标高 7.000m，最低钢梁顶面标高为 9.820m，最高钢梁顶面标高为 11.620m。
4. 该刚架由 8 段实腹钢梁（GL1、GL2、GL3、GL4）组成，结构对称。
5. 山墙位置处刚架立面显示结构单侧山墙上设置 9 根抗风柱，间距均为 6m。
6. 连接节点部位为焊、栓结合的连接方式。
7. 图样中$\left(\frac{13}{16}\right)$详图为 GZ1 与 GL1 连接详图，表示由两块 10 个孔的连接板相互连接，具体尺寸和做法详见图纸。

续表

图纸序号	13	图纸图号	13—横向刚架布置立面图

8. 图样中$\frac{14}{16}$详图为 GL2 与 GL1 连接详图，表示由两块 8 个孔的连接板相互连接，具体尺寸和做法详见图纸。

9. 图样中$\frac{15}{16}$详图为 GL3 与 GL2 或 GL3 与 GL4 连接详图，表示由两块 8 个孔的连接板相互连接，具体尺寸和做法详见图纸。

10. 图样中$\frac{16}{16}$详图为 GZ1 与 GL3 连接详图，表示由两块 10 个孔的连接板相互连接，具体尺寸和做法详见图纸。

11. 图样中$\frac{20}{17}$详图为 NT（牛腿）、DCL 与 GZ1 连接详图（边柱位置）。

DCL 为焊接 H 型钢，上、下翼缘宽度不等，吊车梁上翼缘与 GZ 连接时采用对称角焊缝现场施焊，连接到钢柱翼缘板上的加劲肋板上，吊车梁下翼缘与牛腿顶面采用位于腹板两侧的 2 个 M20 螺栓连接。
1–1 断面图显示两个吊车梁端部有 120mm 缝隙。
2–2 断面图表示变截面牛腿根部与柱连接位置断面尺寸（见图号 17）。
3–3 断面图表示吊车梁下翼缘采用 4 个螺栓与牛腿顶面连接（见图号 17）。
4–4 断面图表示吊车梁上翼缘板底面有对称设置的与钢柱加劲肋板螺栓相连的角钢材料隅撑（见图号 17）。

12. 图样中出现的符号含义如下：

表示钢柱高度方向接长连接时采用开 I 型坡口焊接连接。

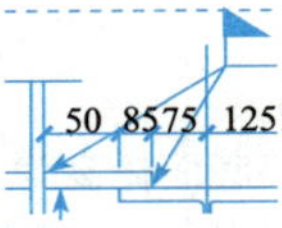

表示钢柱上连接板与吊车梁上翼缘和钢柱连接板采用现场施焊方式施工。

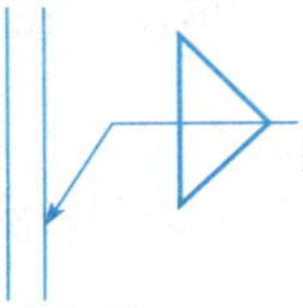
表示箭头所指位置板材间采用对称角焊缝连接施工。

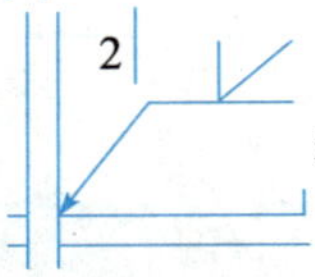

表示箭头所指位置板材间采用单面角焊缝连接施工。

13. 图样中$\frac{21}{18}$详图为 NT（牛腿）、DCL 与 GZ1 连接详图（中柱位置）。连接方式和做法与边柱位置相同，仅尺寸有改变，不再详述。

14. 图样中$\frac{23}{—}$详图为钢柱 GZ1 柱脚节点详图。

该柱脚节点共需直径为 24mm 的螺栓 4 个，每个螺栓下需 1 块垫板，垫板居中开 1 个孔，孔径为 26mm。可见采用的螺栓公差等级比较大，属 C 级螺栓。

柱翼缘板和腹板需开 V 形 45° 坡口，与底板间拼焊时留 2mm 拼接缝，图中用符号
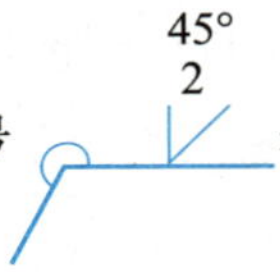

表示，圆弧为相同焊缝符号（表示此图中所指示位置截面构造相同时均采用此种焊缝）。

续表

图纸序号	13	图纸图号	13—横向刚架布置立面图

加劲肋板与腹板和柱底板的角焊缝采用对称角焊缝，焊缝尺寸均为 5mm，图中用符号 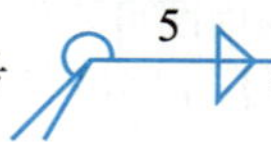

表示。

柱上螺栓用垫板采用单面现场围焊，图中用符号  表示。圆是围焊符号，小旗子表示现场焊接符号，未标注焊缝尺寸的焊缝以图纸说明为准，若图纸说明中也没有，按构造选择焊缝尺寸。

由立面图可知钢柱下槽钢抗剪键居中于柱底板布置，其他具体尺寸详见图纸。

15. 图样中 $\frac{24}{—}$ 详图为抗风柱 KFZ 柱脚节点详图。其构造特点与符号含义类似于钢柱柱脚节点，不再详述。

图纸识读记录单 15

图纸序号	14	图纸图号	14-6000 型气楼大样

内容：

1. 由标题栏和图名可知本张图纸内容为 6000 型气楼大样。
2. 气楼架布置于②～㉔轴屋脊处，共 23 榀，采用槽钢钢柱、槽钢钢梁、C 型钢檩条和 825 型弧形气楼顶板组成结构。
3. 根据气楼与梁连接大样可知气楼钢柱底板与屋面钢梁上翼缘通过 4 个 M20 的 C 级螺栓相连，槽钢钢柱与底板相连处采用对称角焊缝满焊，加劲肋板与底板相连处也采用对称角焊缝施焊，具体尺寸详见图纸。

图纸识读记录单 16

图纸序号	15	图纸图号	15—吊车梁详图

内容：

1. 由标题栏和图名可知本张图纸内容为吊车梁详图。
2. 左侧 3 个大图样从上至下分别为 DCL2 的俯视平面图、立面图和仰视图。

DCL2 上翼缘宽度为 250mm，下翼缘宽度为 180mm，总高度为 450mm。

根据断面图可知加劲肋板不通高设置（防止因吊车行驶震动对下翼缘造成疲劳破坏），加劲肋板间距端部位置处为 837mm，中间位置处为 860mm。

中间部位加劲肋板与腹板采用对称角焊缝，图中用符号 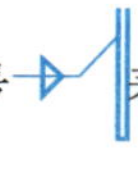 表示，尺寸如符号 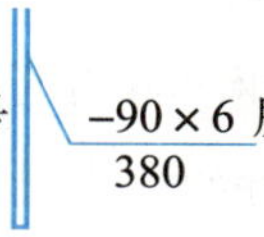

所示。

吊车梁端部节点板与腹板采用单面角焊缝，图中用符号 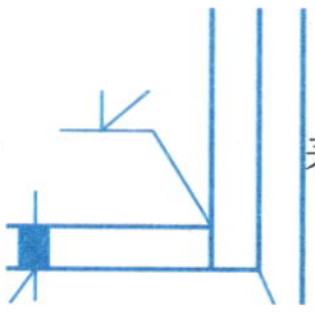 表示，尺寸如符号 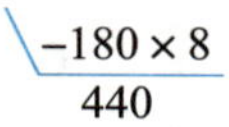

所示。

由断面详图可知 DCL2 腹板与翼缘连接处采用对称角焊缝施焊。

由仰视图可看出 DCL2 下翼缘距端部 47mm 处腹板两侧有 4 个直径为 22mm 的螺栓孔，结合 21 号详图可知此螺栓位置是吊车梁与牛腿上顶面连接位置。

3. 右侧 3 个大图样从上至下分别为 DCL1 的俯视平面图、立面图和仰视图。

DCL1 上翼缘宽度为 250mm，下翼缘宽度为 180mm，总高度为 450mm。

续表

图纸序号	15	图纸图号	15—吊车梁详图
根据断面图可知设置了两种类型加劲肋板，支座位置处加劲肋板通高设置，中间部位加劲肋板不通高设置（防止因吊车行驶震动对下翼缘造成疲劳破坏）。 中间部位加劲肋板与腹板采用对称角焊缝，图中用符号表示。 支座位置处加劲肋板与腹板采用对称角焊缝，图中用符号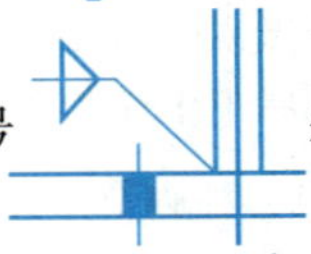表示，尺寸如符号$\frac{-87\times 8}{432}$所示。 支座位置处加劲肋板与翼缘采用单面角焊缝，图中用符号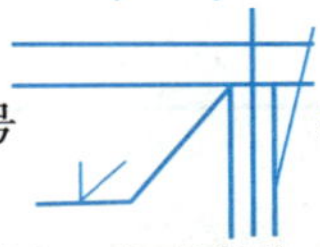表示。 由仰视图可看出 DCL1 下翼缘距端部 120mm 处腹板两侧有 4 个直径为 22mm 的螺栓孔，结合 21 号详图可知此螺栓位置是吊车梁与牛腿上顶面连接位置。			

图纸识读记录单 17

图纸序号	16、17、18	图纸图号	16—节点详图一 17—节点详图二 18—节点详图三
内容： 这 3 张图纸均为节点详图，前述图纸中已经识读过相应部位节点，这里不再重述。			

技能检测

一、选择题

1. 钢结构最大的优点在于（　　）。

A. 塑性和韧性好　　B. 接近匀质等向体

C. 钢材具有可焊性　　D. 钢材强度高、自重轻

2. 钢材的性能因温度而变化，在负温范围内钢材的塑性和韧性（　　）。

A. 不变　　B. 降低

C. 升高　　D. 稍有提高，但变化不大

3. 钢中主要的有害元素是（　　）。

A. 硫、磷、碳、锰　　B. 硫、磷、硅、锰

C. 硫、磷、氮、氧　　D. 硫、磷、硅、碳

4. 在目前的结构工程中，钢材的塑性指标主要用（　　）表示。

A. 流幅　　B. 冲击韧性　　C. 可焊性　　D. 伸长率

5. 钢材经历了应变硬化之后（　　）。

A. 强度提高　B. 塑性提高　C. 冷弯性能提高　D. 可焊性提高

6. 钢结构连接中所使用的焊条应与被连接构件的强度相匹配，通常在被连接构件选用Q345时，焊条选用（　　）。

A. E55　B. E50　C. E43　D. 前三种均可

7. 在碳素结构钢中，除纯铁以外的最主要的元素是（　　）。

A. 碳　B. 锰　C. 硅　D. 硫

8. 钢材的冷弯性能试验能（　　）。

A. 定量判定钢材的塑性性能和质量好坏

B. 定性判定钢材的塑性性能和质量好坏

C. 定量判定钢材的塑性性能

D. 定性判定钢材的塑性性能

9. 结构钢药皮焊条按药皮性质分为（　　）焊条和（　　）焊条两大类。

A. 碳素结构钢、低合金钢　B. 高碳钢、低碳钢

C. 酸性、碱性　D. 阴极、阳极

10. 钢板按厚度分组的原因是：不同厚度的钢板，其（　　）。

A. 承载力大小不同，厚钢板承载力大　B. 承载力大小不同，薄钢板承载力大

C. 强度大小不同，厚钢板强度大　D. 强度大小不同，薄钢板强度大

二、简答题

1. 钢材的选用原则是什么？

2. 钢结构的特点是什么？

3. 影响钢结构疲劳的主要因素有哪些？

4. 焊接钢结构有哪些限制？

5. 在常温和静荷载作用下，焊接残余应力对哪些方面有影响？

项目 2 钢结构构件加工制作

项目导读

本项目主要讲解钢结构构件加工制作涉及的设备、制作工艺、拼装方式，以及构件成品的包装、存储与运输。通过本项目的学习，同学们能够明确钢结构材料特点、结构形式分类及其力学特征；能够理解钢结构图纸中各项符号的含义，正确识读施工图纸；能够熟悉钢结构加工设备的性能特点和加工制作工艺要求，从而在未来的工作岗位中开展工程量统计、设备选型及加工方案的编制和实施等工作。

项目重点

1. 钢结构构件加工制作工序及基本流程。
2. 钢结构加工制作各工序工艺规范要求。
3. 钢结构焊接方法的特点及适用范围。

素养提升

通过介绍钢结构建筑施工的现场实现过程，以及技术性前沿知识，对学生进行不断探索、刻苦钻研、勇于创新、与时俱进等方面的思政教育，培养学生的工匠精神和自觉遵守职业规范要求的职业精神，理解技术型人才应承担的职业责任及社会责任。

任务 1 加工准备及加工工艺

任务目标

- 掌握钢结构主体构件的加工制作流程和工艺要求。
- 熟悉加工制作设备的性能特点。
- 能编制构件加工制作方案并开展过程监控和验收。

2.1.1 构件加工准备工作

1. 材料准备

（1）钢结构使用的钢材、焊接材料、涂装材料和紧固件等应具有质量证书，必须符合设计要求和现行标准的规定。

（2）进场的原材料，除必须有生产厂的出厂质量证明书外，还应按合同要求和有关现行标准在甲方、监理的见证下，进行现场见证取样、送样、检验和验收，做好检查记录。并向甲方和监理提供检验报告。

结构用钢的力学性能中，屈服强度、抗拉强度、伸长率、冷弯试验、低温冲击韧性试验值等指标应符合规范的要求。

钢结构用螺栓、焊条、焊剂、焊丝等，均应对其化学成分、力学性能及外观进行检验，并应符合国家有关标准。

（3）如对钢材质量有疑义，应按国家现行有关标准的规定进行抽样检验。

（4）检验合格的钢材应按品种、牌号、规格分类堆放，底部垫平、垫高，防止积水。焊接材料、涂料应集中管理，建立专用仓库，库内要干燥，通风良好。螺栓应在干燥通风的室内存放。

（5）材料代用应由制造单位事先提出附有材料证明书的申请书，并向甲方和监理报审，经设计单位确认后方可代用。

2. 技术准备

（1）施工图审查。

为满足加工制作要求，确保设计的安全性、合理性、经济性满足施工图的要求，应进行全面的施工图纸的审查。

（2）施工详图设计。

图纸审查合格后需进行详图设计，为更好地结合工厂加工条件，一般由加工单位负责。

（3）工艺规程设计。

遵循技术先进、经济合理、安全可靠的原则，按照施工图的要求编制出完整的制作工艺规程，其内容包括：

1）成品技术要求。

2）关键零件加工方法、精度要求、检查方法和检查工具。

3）主要构件工艺流程、工序质量标准、工艺措施。

4）采用的加工设备和工艺装备。

钢结构制作工序多，因此应合理安排，避免或减少工件倒流。

（4）技术交底会。

为保证钢结构零部件加工制作质量，贯彻国家标准，要求加工制作单位在施工开始前必须开展技术交底会，以便对工程技术要求进行全面交底，研讨技术难题，解决生产中具体问题。

（5）工艺装备制作。

钢结构工艺装备制作是保证钢结构产品质量的重要环节，应根据工艺要求提前准备。钢结构制作过程涉及原材料加工过程中所需的工艺装备和拼装焊接所需的工艺装备，前者主要保证构件符合图纸的尺寸要求，后者主要保证构件的整体几何尺寸和减少变形量。

3. 机具准备

（1）设备、仪器仪表准备。

钢结构生产前，需进行生产设备的准备，按流水顺序安排生产，牵涉到的仪器仪表在批量生产前，需进行检修、调试。

（2）工装夹具准备。

钢结构构件生产中的组立、拼装等加工工序均需在通用或专用工装胎架上完成，生产之前应按加工构件特点和生产工艺文件要求，准备好加工所需夹具。

（3）检验、测量仪器准备。

检验、测量仪器主要用于钢结构生产作业的度量、产品检验和其他辅助工作，为保证检验测量结果的准确性，需保证仪器均应完好并在有效使用期内。

2.1.2 加工制作工艺

钢结构制作一般在工厂开展，历经多道工序，具有制作环境稳定，精度较高，质量易于保证的特点，典型的制作流程如下：

1. 放样

（1）概念。

放样，是根据已审核过的施工样图，根据产品的结构特点、施工要求等条件，按一定比例（通常为 1∶1）准确绘制出结构的全部或部分投影图，并进行结构的工艺处理，有时需要展开和必要计算，最后获得施工所需要的数据、样杆、样板和草图。

（2）放样内容。

1）复核施工详图。详细复核施工详图所表现的构件各部分的投影关系、尺寸及外部轮廓形状是否正确并符合设计要求，如发现图纸设计不合理、标注不清等问题时，应通过变更洽商解决。

2）结构处理。结构处理是进行因受所用材料、设备能力和生产条件等因素影响而出现的结构问题，一般由经验丰富的放样者开展。

3）算料与展开。利用放样图，求出构件用料的真实形状和尺寸，有时还需画出与之相连接的构件位置线。

4）设计胎膜。依据构件加工要求，利用放样图样的形状和尺寸，设计所需胎膜的形状和尺寸。

5）为后续工序准备。包括绘制供号料、划线用的草图，制作各类加工样板、样杆和样箱。

（3）放样方法。

常用方法有实尺放样、光学放样、计算机放样。

（4）放样工具。

常用的工具有放样台、划针、直尺、角尺、曲线尺、粉线、墨线、样冲、锤子等。

1）放样台。分为木质平台和钢制平台，常用后者。

2）划针。划针是在板材表面刻划线条的工具，常采用直径 4 ～ 6mm，长度 200 ～ 300mm 的弹簧钢丝或高速钢制成。针尖经淬火变得耐磨锋利。如图 2.1.1 所示为常用划针实物。

3）直尺、角尺、曲线尺。直尺是用于长度度量的工具，常采用不锈钢板条制成。常用规格为 200mm、300mm、500mm 和 1000mm 等，如图 2.1.2 所示。角尺适用于刻划直线及检验装配角度的工具，常采用不锈钢板制成，如图 2.1.3 所示。曲线尺，是刻划曲线的尺具，由横杆、滑杆、弯曲尺及定位螺钉组成。

4）粉线、墨线。当刻划较长直线时，为实现一次完成刻划，减少累计误差，应采用粉线或墨线工作，现常采用成品粉线盒或墨线盒，如图 2.1.4 所示。

5）样冲、锤子。样冲是在钢板上冲打标记的定位标准工具，其目的是将已经刻划好的线条在钢板上清晰保留下来，用于后期生产或检查。样冲尖端需经淬火并磨成角度在

45° ～ 60° 的圆锥形，常采用弹簧钢或工具钢制成。常见样冲如图 2.1.5 所示。锤子是配合样冲使用的工具，一般采用小磅量规格，除此外，锤子还可以调整样板平整度，常见锤子样式如图 2.1.6 所示。

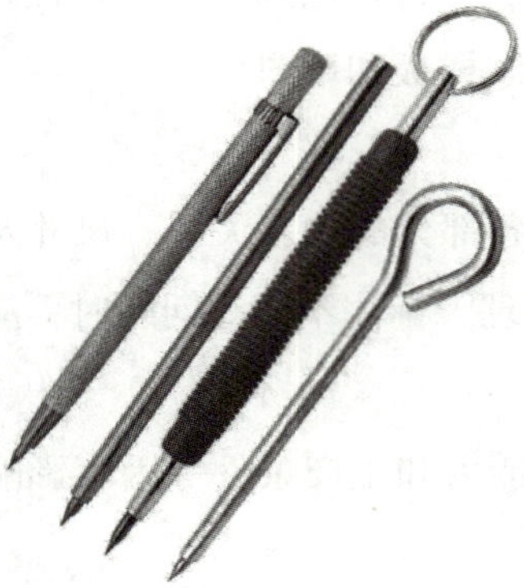

图 2.1.1　划针实物

图 2.1.2　直尺实物图

图 2.1.3　角尺实物

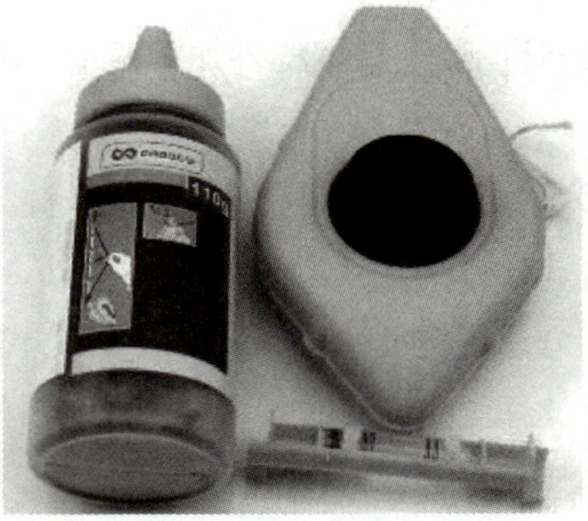

图 2.1.4　粉线盒（墨线盒）实物

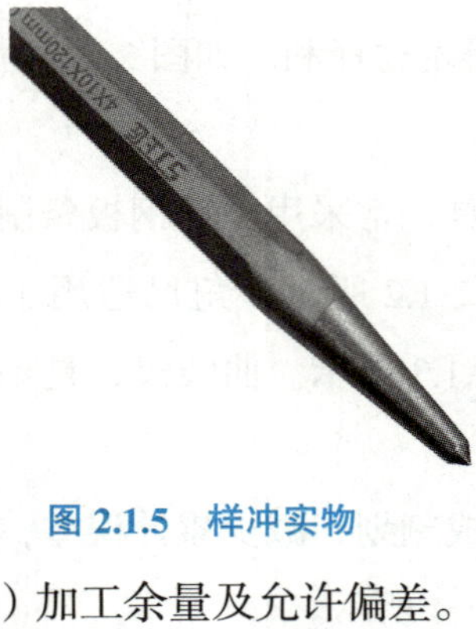

图 2.1.5　样冲实物

图 2.1.6　锤子实物

（5）加工余量及允许偏差。

为保证产品质量，防止因下料不当造成废品，样板一般根据不同加工量按表 2.1.1 所列数据设置加工余量。

表 2.1.1　加工余量

项目	余量
自动气割	3mm
手工气割	4mm
气割后端铣和刨边	4 ~ 5mm
焊接部位	纵向收缩率 0.03% ~ 0.2%；横向收缩 0.03 ~ 0.75mm； 加强肋纵向收缩每条 0.25mm

根据《钢结构工程施工规范》(GB 50755—2012）中规定，放样和样板（样杆）的允许偏差应符合表 2.1.2 的规定。

表 2.1.2　放样和样板（样杆）的允许偏差

项目	允许偏差
平行线距离和分段尺寸	± 0.5mm
样板长度	± 0.5mm
样板宽度	± 0.5mm
样板对角线差	1.0mm
样杆长度	± 1.0mm
样板角度	± 20′

2. 号料

（1）概念。

号料是指根据样板、样杆、草图放样得出的数据在板材或型钢上划出零构件形状和加工界线的过程。传统号料采用手工方式进行，但随着数控技术的应用，数控号料已成为新的趋势，如图 2.1.7 所示为程控自动划线机在进行号料。

图 2.1.7　程控自动划线机号料

（2）号料内容。

1）检查核对材料。包括材料牌号、规格、炉批号等。

2）在材料上画出切割、铣、刨、弯曲、钻孔等加工位置。

3）打样冲孔。

4）标识零件编号。

（3）号料方法。

按组织方法，可分为集中号料法、套料法、统计计算法和余料统一号料法。

1）集中号料法。把同等厚度的钢板零件和相同规格的型钢零件集中在一起号料称为集中号料法。这种方法可以减少原材料浪费，提高生产效率。

2）套料法。号料时，把同等厚度的各种不同形状的零件和同一形状的零件进行套料。

3）统计计算法。统计计算法是在型钢下料时采用的一种方法，即先进行统计安排再号料。号料时应将所有同规格型钢零件的长度归纳在一起，先将较长的排出来，再算出余料的长度，然后把和余料长度相同或略短的零件排上，直至整根料被充分利用为止。

4）余料统一号料法。对于号料后剩下的余料，将厚度、规格基本相同的集中在一起，再把较小的零件放在余料上进行号料。

（4）号料注意事项及允许偏差。

号料时应注意以下事项：

1）主要零件应根据构件的受力特点和加工状况，按工艺规定的方向进行号料。

2）号料后，零件和部件应按施工详图和工艺要求进行标识。

3）根据《钢结构工程施工规范》（GB 50755—2012）的规定，号料的允许偏差见表 2.1.3。

表 2.1.3　号料允许偏差（mm）

项目	允许偏差
零件外形尺寸	± 1.0
孔距	± 0.5

3. 切割

（1）概念。

将放样和号料后的零件形状从原材料上进行下料分离称为切割。

（2）切割方法。

钢材切割常用方法有机械切割法、火焰切割法等，具体采用哪种切割方法，需考虑切割能力、切割精度、切剖面的质量及经济性，可参照表 2.1.4 所示采用。

表 2.1.4　切割方法与工具选择

切割方法	切割工具	构件类型
机械切割法	剪床、锯床、砂轮机、角铁切断机	薄钢板（厚度不得超过 12mm） 型钢类（角钢、槽钢等）
火焰切割法	多火嘴门式切割机 半自动切割机 手工切割机	中厚钢板

1）气割。

气割是利用气体火焰的热量，将割件待切割处附近预热到一定温度后，喷出高速氧气流使其燃烧，以实现金属切割的方法。气割适用于较大厚度钢材的切割，设备简单，费用经济，生产效率较高，并能实现空间各种位置的切割；但气割的切割尺寸精度低，工作环境火灾隐患高。在钢结构制作流程中常用于钢板、型材下料，开焊接坡口。

常用的气割工具和设备有：气瓶（氧气瓶、乙炔瓶）、压力表、胶管、割炬、直条多头切割机（图 2.1.8）、半自动切割机（图 2.1.9）、仿形气割机（图 2.1.10）等。

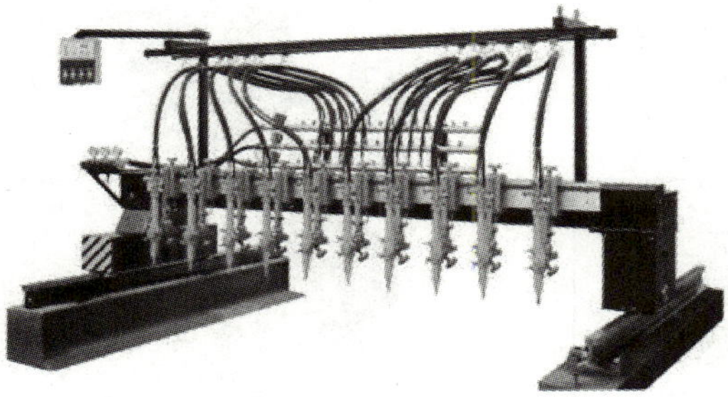

图 2.1.8　直条多头切割机

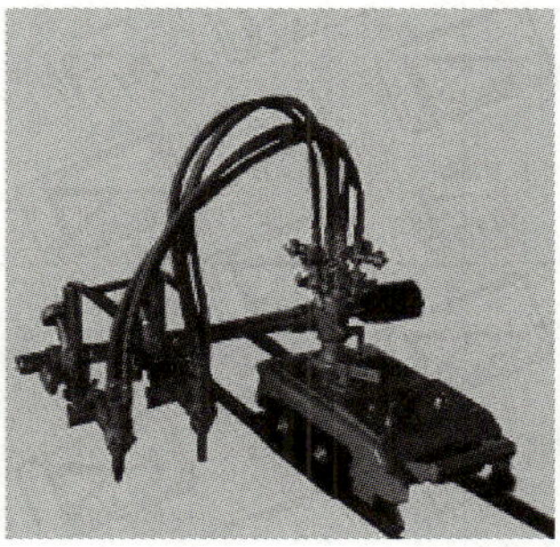

图 2.1.9　半自动切割机

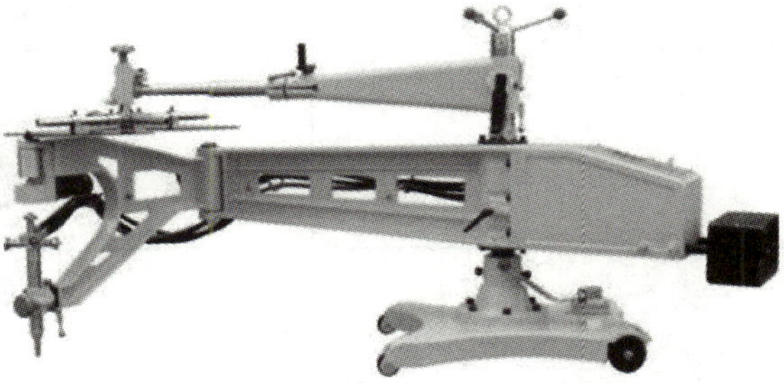

图 2.1.10　仿形气割机

2）机械切割。

机械切割按切割原理不同有剪切、锯切和冲压下料 3 种。常见机械切割设备及特点见表 2.1.5。

表 2.1.5　常见机械切割设备及特点

设备名称	特点及适用范围	设备图片
剪板机	切割速度快，切口整齐，效率高，适用于薄钢板、压型钢板、冷弯钢管的切削	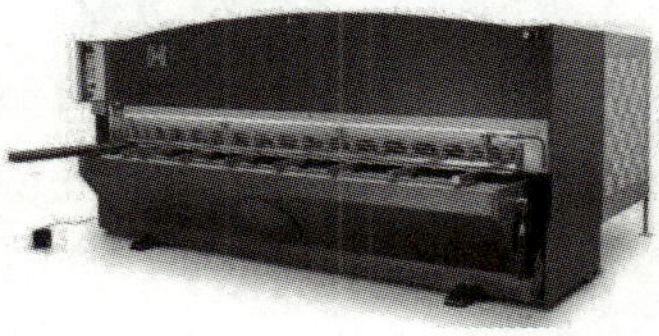

续表

设备名称	特点及适用范围	设备图片
带锯机床	效率高，精度高。适用于型钢及梁、柱等型钢构件的切割	
砂轮锯	切口光滑，生刺较薄易清除，噪声大，粉尘多。适用于切割薄壁型钢及小型钢管，切割材料的厚度不宜超过 4mm	
无齿锯	切割速度快，切口不光洁，噪声大。可切割不同形状的各类型钢、钢管和钢板，适于锯切精度要求较低的构件或下料留有余量最后尚需精加工的构件	
冲压机	生产效率高，劳动条件好，生产成本低，但模具一般具有专用性。适用于大批量构件的生产	

3）等离子切割。

等离子切割是利用高温等离子电弧的热量使工件切口处的金属局部熔化，并借高速等离子的动量排除熔融金属以形成切口的一种加工方法。其具有切割温度高、冲刷力大、切割边质量好、变形小、成本较低、可以切割任何高熔点金属等特点，适用于不锈钢、铝、铜及其合金等。如图 2.1.11 所示为数控等离子切割机。

图 2.1.11　数控等离子切割机

（3）切割注意事项及允许偏差。

1）气割前应将钢材切割区域表面清理干净。

根据《钢结构工程施工规范》（GB 50755—2012）的规定，气割的允许偏差应符合表 2.1.6 的规定。

表 2.1.6　气割允许偏差（mm）

项目	允许偏差
零件宽度、长度	± 3.0
切割面平面度	0.05*t*，且不应大于 2.0
割纹深度	0.3
局部切口深度	1.0

注：*t* 为切割面厚度。

2）机械切割的零件厚度不宜大于 12.0mm，剪切面应平整。碳素结构钢在环境温度低于 –20℃、低合金结构钢在环境温度低于 –15℃时，不得进行剪切、冲孔。

机械切割的允许偏差应符合表 2.1.7 的规定。

表 2.1.7　机械切割的允许偏差（mm）

项目	允许偏差
零件宽度、长度	± 3.0
边缘缺棱	1.0
型钢端部垂直度	2.0

3）等离子切割。

等离子切割工件尺寸偏差遵循《热切割等离子弧切割质量和尺寸偏差》（JB/T 10045.4—1999）的规定，见表 2.1.8。

表 2.1.8　等离子切割的允许偏差（mm）

精度	切割厚度	基本尺寸范围			
		35 ～ <315	315 ～ <1000	1000 ～ <2000	2000 ～ <4000
C	5 ～ 50	± 1	± 1.5	± 2	± 2.5
D	5 ～ 50	± 1.5	± 2.5	± 3	± 3.5

4. 矫正

（1）概念。

由于原材料或构件在气割、剪切、焊接、运输等工序中造成超出允许偏差的变形将会影响构件的制作及安装质量，因此必须对其进行矫正。矫正就是通过新的变形去抵消已经发生的变形。

（2）矫正方法。

根据矫正时钢材的温度分冷矫正和热矫正两种。根据矫正时作用外力的来源和性质，可分为手工矫正、机械矫正、火焰矫正和高频热点矫正等。

碳素结构钢在环境温度低于 -16℃、低合金结构钢在环境温度低于 -12℃时，不应进行冷矫正和冷弯曲。碳素结构钢和低合金结构钢在加热矫正时，加热温度应为 700℃～800℃，最高温度严禁超过 900℃，最低温度不得低于 600℃。

1）手工矫正。

利用锤子等工具，锤击变形件的合适位置使焊件变形恢复。适用于薄板、变形较小的板件、细长的板件和小规格型钢。

角钢矫正需先矫正角度变形，再矫正弯曲变形。角度大于 90º 时，将一肢边立在平面上，直接用大锤击打另一肢边；角度小于 90º 时，将内角向上垂直放于平面上，将适合的角度锤或锤子放于内角，用大锤击打，扩开角度达到 90º。如图 2.1.12 所示。

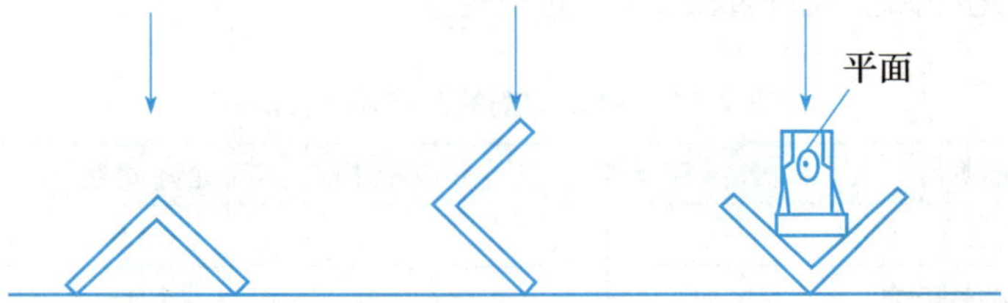

（a）大于90°的矫正　（b）大于90°的矫正　（c）小于90°的矫正

图 2.1.12　手工矫正角钢角度变形

角钢内弯曲的矫正：用大锤击打角钢凸处，如图 2.1.13 所示。

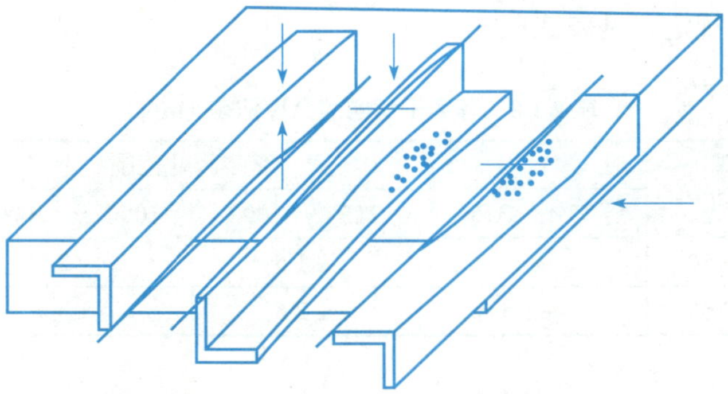

（a）锤击凸处　　（b）（c）扩展凹面

图 2.1.13　角钢内弯的矫正

槽钢刚性较大，手工矫正一般只矫正规格较小的槽钢，或规格较大的槽钢的小面弯曲。对于槽钢小面弯曲矫正，锤击凸处二边即可，如图 2.1.14 所示。槽钢翼板部分变形有局部凸起与凹陷等。翼板局部凸起，可用一大锤抵住凸出翼板内部附近，然后用另一大锤锤击凸处；也可用一大锤横向抵住凸出翼板内部，然后用另一大锤锤击凸处。

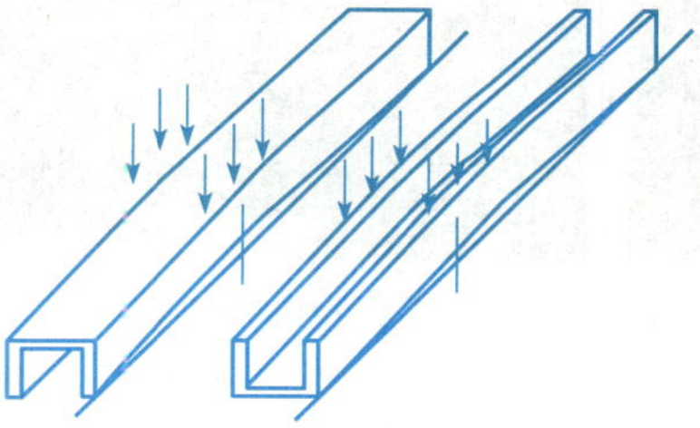

图 2.1.14 槽钢小面弯曲矫正示意

翼板局部凹陷的矫正方法有两种：一种方法是按与矫正翼板局部凸起相似方法进行，但衬锤与击打方向相反；另一种方法是将槽钢翼板平放在平台边处，然后直接锤击凸处或用平锤作垫衬矫平凹陷，如图 2.1.15 所示。

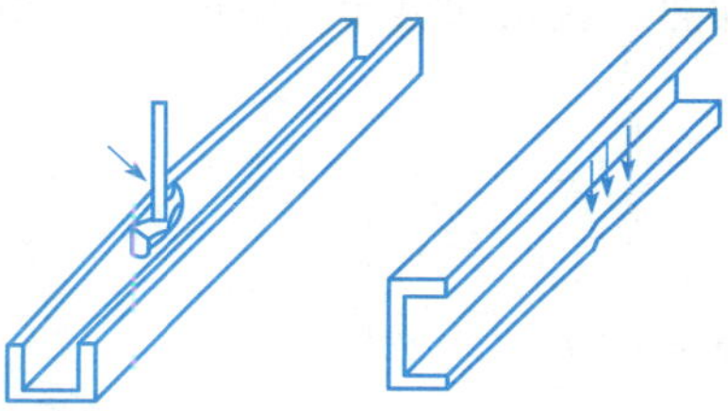

图 2.1.15 槽钢翼缘部分变形矫正示意

手工矫平钢板的基本方法是锤击钢材纤维较短的部位使其伸长，令其与其他部位纤维长度趋同，从而达到矫平目的。薄板矫平是一项难度较大的工作，矫平时把薄板凸处朝上放在平台上，用锤子均匀锤击，常与火焰矫正相结合，如图 2.1.16 所示。

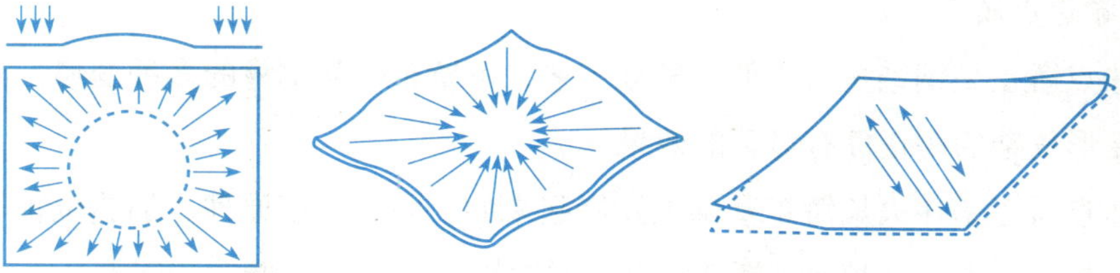

（a）中间凸起 （b）边缘为波纹形 （c）对角翘起

图 2.1.16 薄板的手工矫正示意

2）机械矫正。

借助机械力使焊件缩短的部位伸长，产生有益于焊件的变形，使焊件达到要求的矫正方法是机械矫正。常用的设备包括千斤顶、多辊压力矫正机、翼缘矫正机、平板压力矫正机等，如图 2.1.17 所示。

图 2.1.17　常用的机械矫正设备

3）火焰矫正。

火焰矫正是利用气焊炬燃烧的热量对变形件的局部进行加热，使之抵消焊接变形。一般适用于严重变形的大型构件或冷矫正时可能会产生折断或裂纹的情况。

在热矫正时，要注意加热温度及时间，加热温度一般控制在 600℃～900℃，加热时间不宜过长，防止钢材在加热过程中产生氧化、脱碳、过热、断裂等现象。

火焰矫正时可采用点状加热、线状加热和三角形加热等方式，如图 2.1.18 所示。

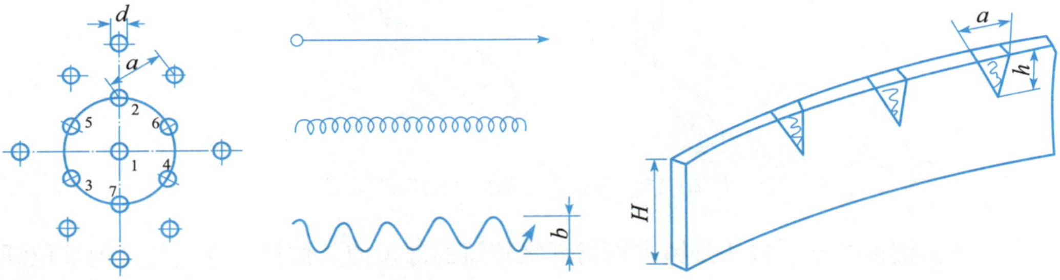

（a）点状加热　　（b）线状加热　　（c）三角形加热

图 2.1.18　加热矫正方法示意

4）高频热点矫正。

高频热点矫正是钢结构矫正的一种新工艺，可矫正任何钢材的多种变形，尤其对一些尺寸大、变形复杂的矫正件有显著的效果。

高频热点矫正是在火焰矫正基础上发展起来的，因此矫正原理、加热位置等也与火焰矫正相同，其不同点是高频热点矫正的热源是高频感应产生的能源交流电。

（3）矫正偏差要求。

1）钢材矫正后的允许偏差应符合《钢结构工程施工质量验收标准》（GB 50205—2020）的规定。

2）碳素结构钢在环境温度低于 −16℃，低合金结构钢在环境温度低于 −12℃时，不应进行冷矫正和冷弯曲。

3）热轧碳素结构钢和低合金结构钢，当采用热加工成型或加热矫正时，加热温度、冷却温度等工艺应符合现行国家标准《钢结构工程施工规范》(GB 50755—2012）的规定。

4）矫正后的钢材表面，不应有明显的凹痕或损伤，划痕深度不得大于 0.5mm，且不应大于该钢材厚度允许负偏差的 1/2。

5）钢板、型钢冷矫正的最小曲率半径和最大弯曲矢高应符合表 2.1.9 规定。

表 2.1.9　冷矫正的最小曲率半径和最大弯曲矢高（mm）

钢材类别	图例	对应轴	冷矫正	
			最小曲率半径 r	最大弯曲矢高 f
钢板扁钢	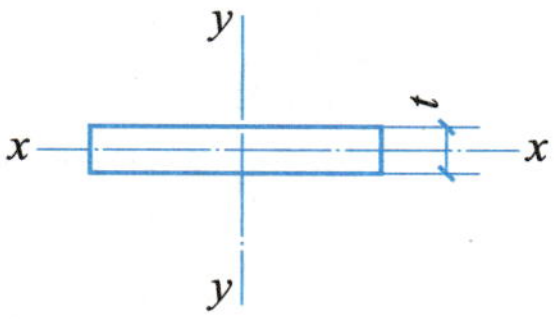	x–x	$50t$	$\frac{l^2}{400t}$
		y–y（仅对扁钢轴线）	$100b$	$\frac{l^2}{800b}$
角钢	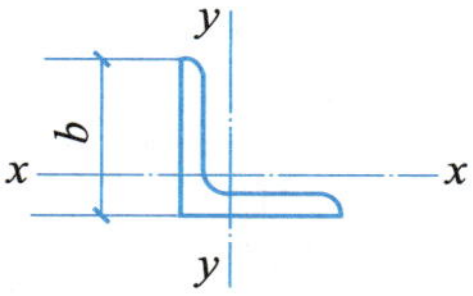	x–x	$90b$	$\frac{l^2}{720b}$
槽钢	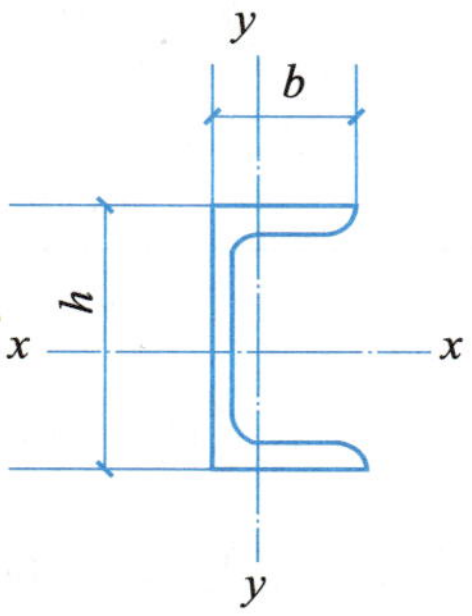	x–x	$50h$	$\frac{l^2}{400h}$
		y–y	$90b$	$\frac{l^2}{720b}$
I 型钢	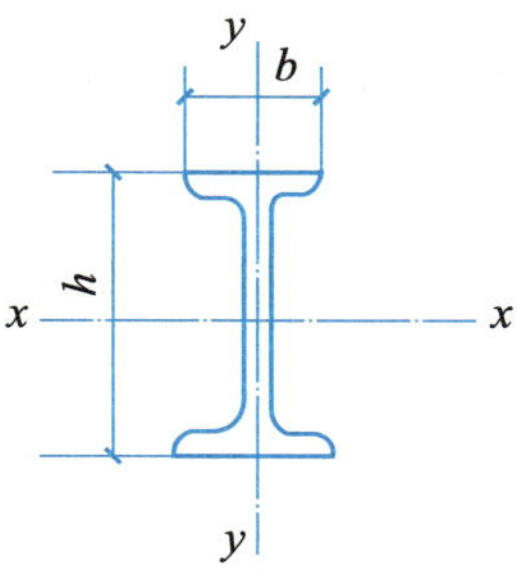	x–x	$50h$	$\frac{l^2}{400h}$
		y–y	$50b$	$\frac{l^2}{400b}$

注：r 为曲率半径；f 为弯曲矢高；l 为弯曲弦长；t 为钢板厚度；b 为宽度；h 为型钢高度。

6）钢材矫正后的允许偏差应符合表 2.1.10 的规定。

表 2.1.10　钢材矫正后的允许偏差（mm）

项目		允许偏差	图例
钢板的局部平面度	$t \leqslant 14$	1.5	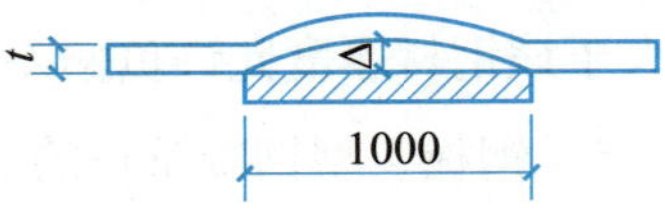
	$t > 14$	1.0	
型钢弯曲矢高		$l/1000$，且不大于 5.0	
角钢肢的垂直度		$b/100$ 双肢栓接角钢的角度不得大于 90°	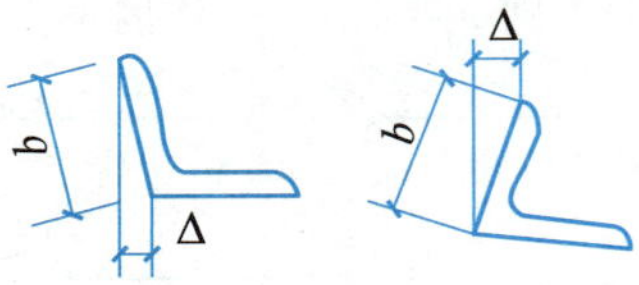
槽钢翼缘对腹板的垂直度		$b/80$	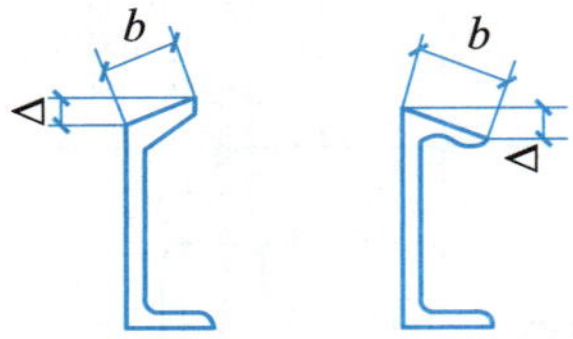
I 型钢、H 型钢翼缘对腹板的垂直度		$b/100$，且不大于 2.0	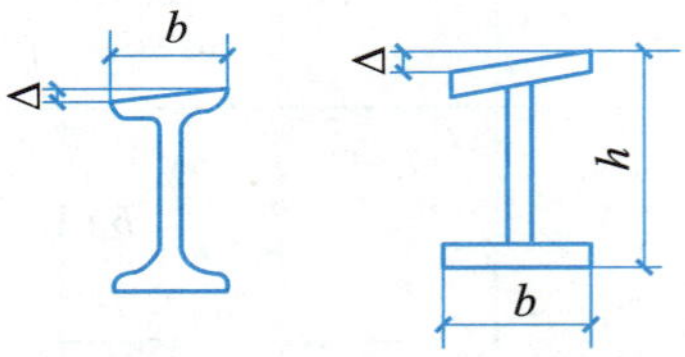

5. 边缘加工

（1）概念。

涉及边缘的切割、开焊接坡口、构件的自由边、孔的磨光加工的作业均属于边缘加工。钢吊车梁翼缘板的边缘、钢柱脚和肩梁承压支承面，其他要求刨平顶紧的部位、焊接对接口、焊接坡口的边缘，尺寸要求严格的加劲板、隔板、腹板和有孔眼的节点板，以及由于切割下料产生硬化的边缘或采用气割、等离子弧切割方法切割下料产生的带有有害组织的热影响区，一般均需边缘加工，如进行刨边、刨平或刨坡口，由此可以得到较好的光洁度和精确度。

（2）加工方法。

常用边缘加工方法主要有铲边、刨边、铣边、碳弧气刨、气割等。各类型边缘加工方法及设备见表 2.1.11。

表 2.1.11　各类型边缘加工方法及设备

边缘加工方法	描述	常用设备	设备图片
铲边	适于加工要求不高、工作量不大的边缘	锤子、手铲、风动铲锤等	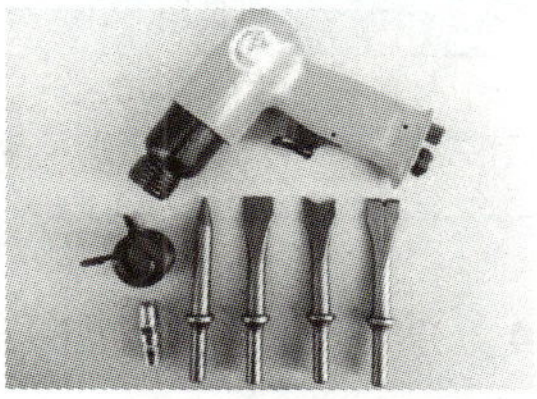
刨边	有刨直边和斜边两种，一般加工余量为 2 ～ 4mm，刨边机刨边长度一般为 3 ～ 15m。构件较薄时，采用多块钢板同时刨边	刨边机 刨床	
铣边	利用滚铣切削原理，对钢板焊前坡口、斜边、直边、U 形边同时一次铣削成型，功效高，能耗少，维修方便	端面铣床 铣边机	
碳弧气刨	效率高、无噪声、灵活方便	碳弧气刨	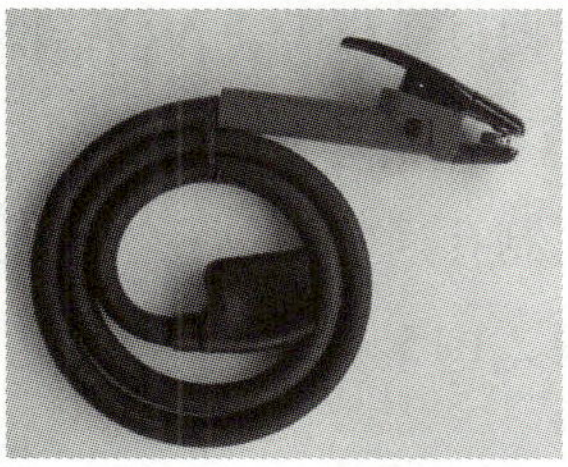

（3）允许偏差。

1）气割或机械切割的零件需要进行边缘加工时，其刨削余量不宜小于 2.0mm。

2）边缘加工的允许偏差应符合表 2.1.12 的规定。

表 2.1.12　边缘加工的允许偏差

项目	允许偏差
零件宽度、长度	± 1.0mm
加工边直线度	l/3000，且不大于 2.0mm
相邻两边夹角	± 6′
加工面垂直度	0.025t，且不大于 0.5mm
加工面表面粗糙度	$Ra \leqslant 50\mu m$

注：l 为加工边长度；t 为加工面厚度。

3）焊缝坡口的允许偏差应符合表 2.1.13 的规定。

表 2.1.13　焊缝坡口的允许偏差

项目	允许偏差
坡口角度	± 0.5°
钝边	± 1.0mm

4）采用铣床铣削加工边缘时，加工后的允许偏差应符合表 2.1.14 的规定。

表 2.1.14　零部件铣削加工后的允许偏差（mm）

项目	允许偏差
两端铣平时零件长度、宽度	± 1.0
铣平面的平面度	0.02t，且不大于 0.3
铣平面的垂直度	h/1500，且不大于 0.5

注：t 为铣平面的厚度；h 为加工面边长或加工边长度。

6. 制孔

（1）概念。

用孔加工机械或机具在实体材料（如钢板、型钢等）上加工孔的作业称为钢结构制孔。由于螺栓连接方式在钢结构连接中的占比较高，孔加工在钢结构制造中占有较大的比重。

（2）加工方法。

制孔通常有钻孔、冲孔、铰孔、锪孔和扩孔等方法。各类制孔常用方法的特点及设备见表 2.1.15。

表 2.1.15　各类制孔常用方法的特点及设备

制孔方法	特点及适用范围	常用设备	设备图片
钻孔	制孔精度高，对孔壁损伤较小。可用于几乎任何规格的钢板、型钢的孔加工	电钻、风钻、磁座钻、数控钻机	
冲孔	生产效率高，但孔壁质量较差。仅用于非圆孔和薄板制冲孔操作	可倾冲床	

续表

制孔方法	特点及适用范围	常用设备	设备图片
铰孔	对已经过粗加工的孔进行精加工，提高孔的光洁度和精度	铰刀	
锪孔	将已钻好的孔的上部加工成一定形状的孔。用于埋头铆钉和埋头螺钉的制孔	锥形锪钻、柱形锪钻	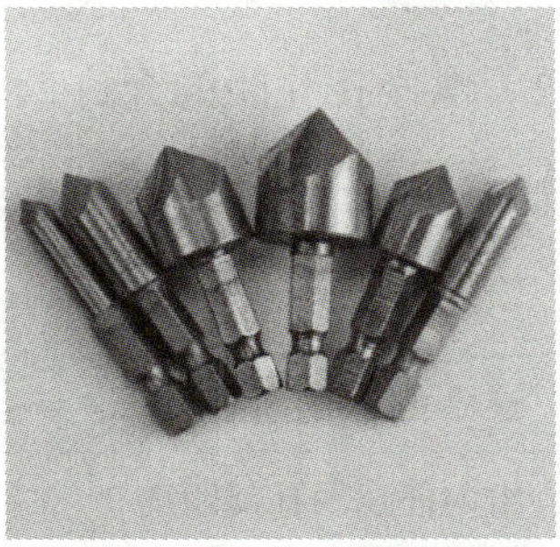
扩孔	对工件上原有孔进行全部或局部的扩大	扩孔钻、麻花钻	

（3）制孔偏差要求。

1）A、B 级螺栓孔（Ⅰ类孔）应具有 H12 的精度，孔壁表面粗糙度 *R*a 不应大于 12.5μm，其孔径的允许偏差应符合表 2.1.16 的规定。C 级螺栓孔（Ⅱ类孔），孔壁表面粗糙度 *R*a 不应大于 25μm，其孔径的允许偏差应符合表 2.1.17 的规定。

表 2.1.16　A、B 级螺栓孔径的允许偏差（mm）

序号	螺栓公称直径、螺栓孔直径	螺栓公称直径允许偏差	螺栓孔直径允许偏差
1	10 ～ 18	0.00 −0.18	+0.18 0.00
2	18 ～ 30	0.00 −0.21	+0.21 0.00
3	30 ～ 50	0.00 −0.25	+0.25 0.00

表 2.1.17　C 级螺栓孔的允许偏差（mm）

项目	允许偏差
直径	+1.0 0.0
圆度	2.0
垂直度	0.03t，且不大于 2.0

注：t 为钢板厚度。

2）螺栓孔孔距的允许偏差应符合表 2.1.18 的规定。螺栓孔孔距的偏差超过本表规定时，应采用与母材材料相匹配的焊条补焊后重新制孔。

表 2.1.18　螺栓孔孔距的允许偏差（mm）

螺栓孔孔距范围	≤ 500	501 ～ 1200	1201 ～ 3000	>3000
同一组内任意两孔间距离	± 1.0	± 1.5	—	—
相邻两组的端孔间距离	± 1.5	± 2.0	± 2.5	± 3.0

任务 2　钢结构焊接

任务目标

- 了解钢结构焊接的特点。
- 掌握钢结构焊接基本类型。
- 熟悉钢结构焊接接头形式和焊接缺陷。
- 了解钢结构焊接的工艺过程。
- 掌握钢结构焊接质量检验方法和标准。

2.2.1　钢结构焊接概述

焊接是钢结构最主要的连接方法之一，是通过局部加热、加压、填充金属等手段，实现焊件原子层面结合成一体的连接方法。

1. 钢结构焊接的特点

焊接连接的优点是钢材可采用任何方位、角度、形状相连接，无须在板材上开孔，不削弱构件截面，构造简单，节省钢材，制造方便，易于实现机械化操作，生产效率高。

但焊缝附近钢材受到高温影响，材质会有变脆的趋势，容易产生焊接残余应力和残余变形，影响结构的疲劳强度。相较螺栓连接和铆钉连接而言，焊接连接塑性和韧性较差，容易出现质量缺陷。因此需严格按设计、规范施工和检验。

2. 焊接方法分类

根据焊接工艺特点，可分为熔化焊接、固相焊接和钎焊三大类。材料结合时的状态为液相的焊接为熔化焊接；材料结合时的状态为固相的焊接为固相焊接；材料结合时的状态为固相兼液相的焊接为钎焊。熔化焊接应用最为广泛，包括焊条电弧焊、气体保护焊、埋弧焊、电渣焊、栓钉焊等。

3. 焊缝基本类型

焊缝按构造可分为对接焊缝和角焊缝两种类型。对接焊缝用料经济、传力平稳、动力性能好，但较厚的板材需要开坡口，如图 2.2.1（a）、图 2.2.1（b）所示。角焊缝施工简便，但存在传力不均、应力集中严重和用料不经济的缺点，如图 2.2.1（c）、图 2.2.1（d）所示。

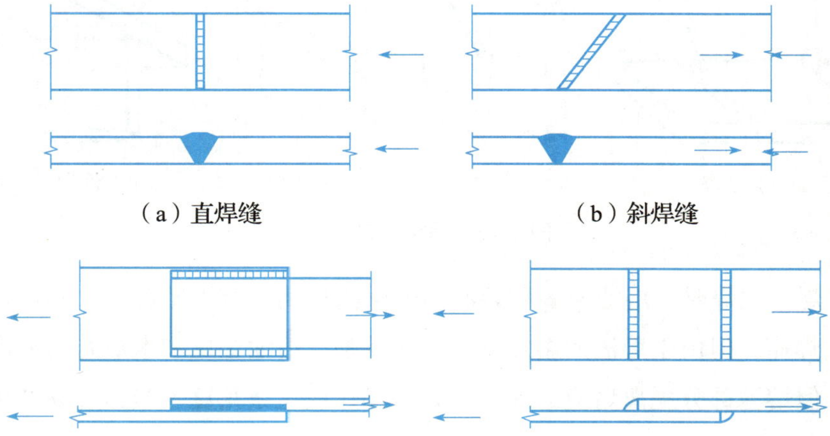

（a）直焊缝　（b）斜焊缝　（c）侧焊缝　（d）端焊缝

图 2.2.1　对接焊缝类型

4. 接头形式

按被连接的构件的相对位置，可以将接头分为对接接头、搭接接头、T 形接头、角形接头 4 种，如图 2.2.2 所示。

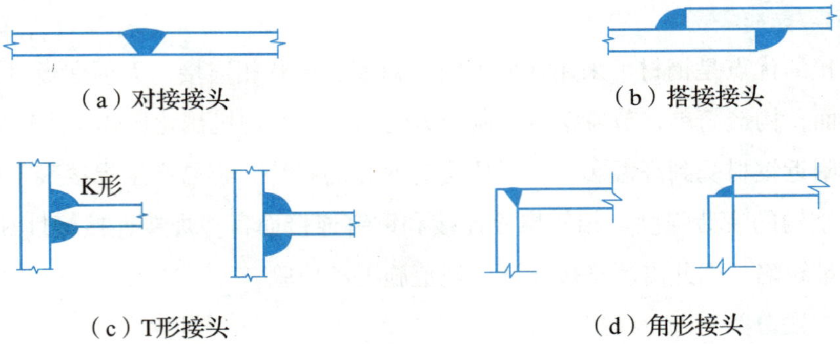

图 2.2.2　焊接接头形式

5. 施焊位置

焊接时，按焊件接缝所处的空间位置可分为平焊、立焊、横焊和仰焊 4 种。

（1）平焊。平焊时，熔滴依靠自身重力自然垂落至熔池，熔池结晶位置处于水平，结晶条件良好，焊缝成形美观，是所有焊接位置中最便于操作的位置，熔池金属不会流失。生产中，应尽量采用各种变位机械将其他焊接位置转变为平焊位置，以便于操作，如图 2.2.3（a）所示。

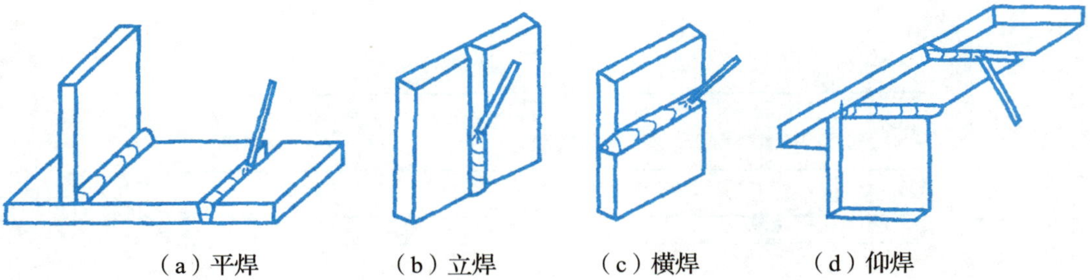

图 2.2.3　焊接位置示意图

（2）立焊。立焊时，熔池金属和熔滴因受重力作用具有下坠趋势，和焊件分开，所以容易产生焊瘤。但由于熔渣的熔点低、流动性强，熔池金属和熔渣容易分离，不容易产生夹渣。但熔池部分脱离熔渣的保护，如果操作或运条角度不当，容易产生气孔，如图 2.2.3（b）所示。

（3）横焊。横焊时，熔池金属受重力作用淌至下侧坡口上，容易造成未熔合和夹渣。因此，应采用较小直径的焊条进行短弧施焊。采用多层多道焊，能比较容易地防止铁水下淌，但外观不易做到整齐。操作时应在坡口上边缘稍作停留，并以选定的焊接速度焊至坡口下边缘，作微小的横拉稳弧动作，然后迅速带至上坡口，匀速进行，如图 2.2.3（c）所示。

（4）仰焊。仰焊的情况与立焊、横焊基本相同，熔滴靠电弧吹力和熔化金属的表面张力过渡于熔池，熔滴的重力阻碍熔滴过渡，熔池金属也受自身重力作用产生下坠。由于熔池金属温度越高，表面张力越小，因此仰焊时极易在焊道背面产生凹陷、正面出现焊瘤，宜用小电流、短弧焊接，如图 2.2.3（d）所示。

2.2.2 钢结构焊接方法

1. 焊条电弧焊

（1）概念与原理。

焊条电弧焊也称手工电弧焊，是一种通过手工操作焊条进行焊接的电弧焊方法。手工电弧焊的原理是利用焊条与工件间产生的电弧热将金属熔化进行焊接。焊接过程中焊条药皮熔化，形成气体、熔渣和金属熔池，气体和熔渣对熔池起保护作用，排除周围空气的有害影响，高温熔池金属与熔渣间起冶金反应，还原与净化金属，熔池凝固后成为焊缝，固态焊渣覆盖于焊缝金属表面，如图 2.2.4 所示。

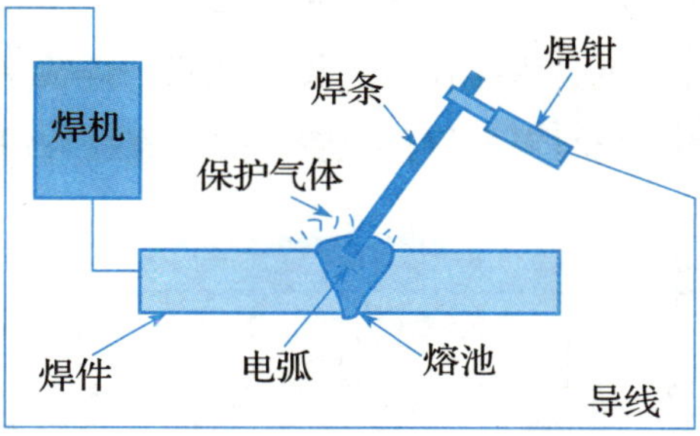

图 2.2.4　焊条电弧焊示意图

（2）优点与缺点。

焊条电弧焊可用交流弧焊机或直流弧焊机进行焊接，设备简单，维护方便，这也是它应用广泛的原因之一；另外，实现空间任意位置的焊接和焊件金属类型的广泛性也是其主要的优点。

但焊条电弧焊的焊接质量，除与焊条、焊接参数及焊接设备有关外，还取决于焊工的操作技术和经验，人为因素影响大。焊条电弧焊主要靠人工操作，劳动条件差，且生产效率较低。

（3）主要机具。

常用机具包括焊接电源、交（直）流电焊机、焊条烘干机、焊钳、焊接电缆、焊条保温箱等。

（4）工艺要求。

1）焊前准备。包括坡口制备、焊件清理、焊条烘焙、预热等。准备工作直接影响焊接质量，需重视。

2）坡口制备。根据焊件尺寸、形状、加工工厂的设备条件综合选择，目前常用的有气割、刨边、气刨等方法。

3）焊件清理。主要指对待焊部位的清理，彻底清除水分、铁锈、油污、氧化皮等杂物，可采用钢丝刷刷、砂轮磨或抛丸等方法。

4）焊条烘焙。按说明书要求进行焊条烘焙和保温，遵循用多少烘焙多少，随烘随用的原则。

5）焊前预热。在焊接开始前对全部或局部焊件进行预热，达到降低焊接接头冷却速度，减少应力，防止焊接缺陷的目的。

做好了焊前准备，还需要进行焊接参数的选择，具体参数如下：

①焊接电源。采用直流电源焊接时，工件接直流电源正极，焊条接负极时，称为正接；反之称为反接。具体选择何种极性电源，主要从电弧稳定燃烧的角度考虑，一般焊条按说明书选择即可。用交流弧焊机时，极性不断变化，无须考虑电源极性。

②焊条直径。根据焊件厚度、焊接位置、接头形式、焊接层数等进行选择。为提高效率，宜选择直径较大的焊条，同时考虑焊接位置。焊条直径与焊件厚度的关系见表 2.2.1。

表 2.2.1　焊条直径与焊件厚度的关系

焊件厚度 /mm	2	2.5	3	4 ～ 5	6 ～ 12	⩾ 13
焊条直径 /mm	2	2.5	3.2	3.2 ～ 4	4 ～ 5	4 ～ 6

③电弧电压。主要由弧长决定，电弧长，电压高；反之则低。一般情况下，电弧长度等于焊条直径的 0.5 ～ 1 倍为宜，相应的电弧电压为 16 ～ 25V。

④焊接电流。焊接电流越大，熔深越大，焊接效率较高，但电流过大，飞溅就大，易产生咬边、焊瘤、烧穿等缺陷。选择焊接电流时应考虑焊条尺寸、类型、焊件厚度、接头形式、焊缝位置等因素，本着“优选大”的原则进行选择，一般情况下，焊接电流选择见表 2.2.2。

表 2.2.2　焊接电流选择

焊条直径（mm）	2.5	3.2	4.0	5.0
电流（A）	50 ～ 80	100 ～ 130	160 ～ 210	200 ～ 270

⑤焊接速度。速度过快，焊缝窄，易产生夹渣、气孔、裂纹等缺陷；速度过慢，母材易脆，焊缝过宽。一般应与焊接电流配合选择。

⑥焊接层数。厚板焊接时，必须采用多层焊，后焊焊道可以对前一条焊道进行热处理，以改善组织和力学性能。

（5）焊接技术。

手工电弧焊焊接包括引弧、运条、收弧 3 个过程。引弧有擦划法和碰击法两种。运条方法有很多，但都是由直线前进、横向摆动和送进焊条 3 个动作组合而成。对于低碳钢焊条，各种横向摆动方式和摆动时在两侧停留的时间对接头性能影响不大。低合金钢、低温钢、不锈钢焊条的运条方式与低碳钢焊条不一样，推荐快速不摆动焊法。对于横、立、仰焊位置下的焊接，保证焊缝良好成型而做的摆动是需要的。收弧时，应将熔池填满，拉灭电弧时注意不要对工件表面造成电弧擦伤。

2. 气体保护焊

（1）概念与原理。

利用气体作为电弧介质并保护电弧和焊接区的电弧焊称为气体保护电弧焊，简称气体保护焊。常见的熔化极气体保护焊有 CO_2 气体保护焊、惰性气体保护焊、混合气体保护焊。其中以 CO_2 气体保护焊应用最为普遍。CO_2 气体保护电弧利用 CO_2 气体使电弧与空气隔离，电弧在焊丝和工件之间燃烧，焊丝自动送进，熔化了的焊丝和母材形成焊缝，如图 2.2.5 所示。

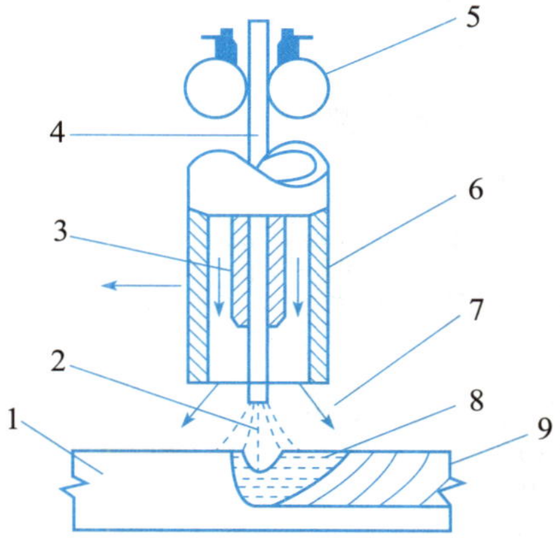

图 2.2.5　CO_2 气体保护焊焊接示意图

1—母材；2—电弧；3—导电嘴；4 焊丝；5—送丝轮；
6—喷嘴；7—保护气体 CO_2；8—熔池；9—焊缝金属

（2）优点与缺点。

CO_2 气体保护焊的优点如下：

1）焊接生产率高。由于焊丝自动送进，焊接时焊接电流密度大，焊丝的熔化效率高，因此熔敷速度高，焊接生产率比手工焊高 2 ～ 3 倍。

2）焊接成本低。CO_2 气体是酿造厂和化工厂的副产品，价格低、来源广，其焊接成本约为焊条电弧焊和埋弧焊的 40% ～ 50%。

3）引弧性能好。能量集中，引弧容易，连续送丝确保电弧不中断。

4）焊接质量好。焊渣较少，焊缝含氢量低，抗裂性能好，受热变形小。

5）焊接范围广。适用于低碳钢、高强度钢、普通铸钢的全位置焊接。

但是 CO_2 气体保护焊也有以下缺点：

1）与焊条电弧焊相比设备较复杂。

2）抗风能力差，给室外焊接作业带来一定困难，需要有防风措施。

3）对气体纯度要求高。因气体纯度会对焊接质量产生很大影响，所以要求 CO_2 气体纯度必须达到 99.5%。

4）弧光较强，必须注意劳动保护。

（3）主要机具。

CO_2 保护焊焊接设备较为复杂，其示意图如图 2.2.6 所示。

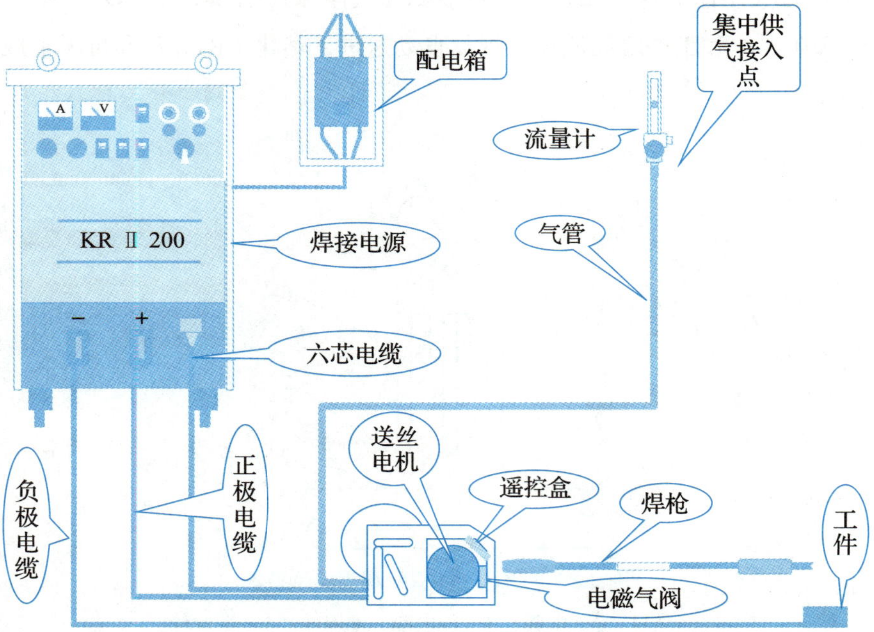

图 2.2.6　CO_2 气体保护焊焊接设备

（4）工艺要求。

1）焊前准备。包括设备检查，坡口制备与组装，焊件清理及劳动保护等。

2）工艺参数的选择。

①焊接电流和电压。焊接电流大，则焊丝熔敷速度快，生产效率高。采用恒压电源等速送丝时，一般规律为送丝速度快则焊接电流大，熔敷速度快。焊接电流应根据板厚、焊丝直径、施焊位置及要求的熔滴过渡形式来确定。常见焊接电流选择见表 2.2.3。

表 2.2.3　焊接电流选择

焊丝直径 /mm	焊接电流 /A	
	细颗粒过渡（电弧电压 30 ～ 45V）	短路过渡（电弧电压 16 ～ 22V）
0.8	150 ～ 250	60 ～ 160
1.2	200 ～ 300	100 ～ 175
1.6	350 ～ 500	120 ～ 180
2.4	600 ～ 750	150 ～ 200

②电源极性。采用反接，电弧稳定；反之则不稳定。

③焊接速度。根据焊件厚度、接头形式、坡口形式、焊缝位置等对焊接电流和电弧电压进行调整，达到电弧稳定燃烧的效果，然后考虑焊道截面大小，选择焊接速度。其焊接速度的影响与焊条电弧焊相同。

④ CO_2 气体纯度。气体中的水分和碳氢化合物等杂质，易使厚板多层焊产生裂纹，应按照《二氧化碳气体保护焊工艺规程》(JB/T 9186—1999）中的规定选择。

⑤焊丝伸出长度。焊丝伸出长度是焊丝进入电弧前的通电长度，对焊丝起到预热作用，一般应为焊丝直径的 10 ～ 12 倍。

⑥焊枪倾角。焊枪与焊件成前倾角时，焊缝宽，余高小、熔深较浅，焊缝成形好，应优先选用。

⑦气体流量。一般有较厚的层流和接近紊流的较薄层流即可，通常流量为 30 ～ 60L/min。

（5）焊接技术。

CO_2 气体保护焊一般采用接触短路法引弧，其施焊过程包括定位、焊缝的起头、运丝、焊缝的连接及焊缝的收尾等步骤。

引弧前应调节好焊丝的伸出长度，引弧时注意焊丝和焊件不要太近，使焊丝端头与焊件保持 2 ～ 3mm 的距离。当焊接要结束时，不要立即熄弧，否则会在熄弧处留下弧坑，并且易产生裂纹、气孔等缺陷。熄弧时应在弧坑处稍作停留，待弧坑填满后再慢抬起焊枪，以使熔池金属在凝固前仍受到良好保护。焊缝接头的连接一般采用退焊法，其操作方法与手工电弧焊相同。运丝方式有直线移动法和横向摆动法。

3. 埋弧焊

（1）概念与原理。

电弧在焊剂层下燃烧进行焊接的方法称为埋弧焊。焊接时，焊丝与焊件之间电弧掩埋在焊剂层下燃烧，如图 2.2.7 所示为焊缝成形示意图。

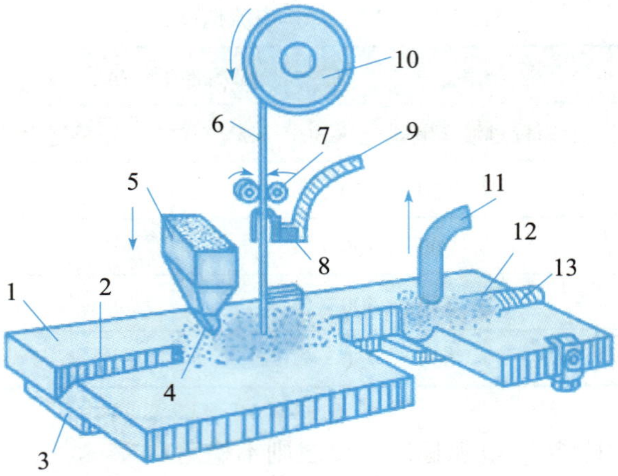

图 2.2.7　埋弧焊焊缝成形示意图

1—焊件；2—V 形坡口；3—垫板；4—焊剂；5—焊剂斗；6—焊丝；7—送丝轮；
8—导电器；9—电缆；10—焊丝盘；11—焊剂回收器；12—焊渣；13—焊缝

（2）优点与缺点。

1）生产效率高。电流大，熔深大，适用于厚板焊接，且焊渣去除容易。

2）焊接质量好。焊缝金属中杂质较少，焊缝质量好，成型美观。

3）劳动条件好。劳动强度低，焊接过程几乎没有烟尘和弧光，工作条件好。

4）埋弧自动焊只能用于平焊和横焊，机动性差；工件边缘准备和装配质量要求较高，费工时；单层大电流焊接，焊缝金属晶粒粗大，韧性较差。

（3）主要机具。

常用机具包括焊接电源、埋弧焊机（图 2.2.8）、焊剂回收设备、焊剂烘干设备等。

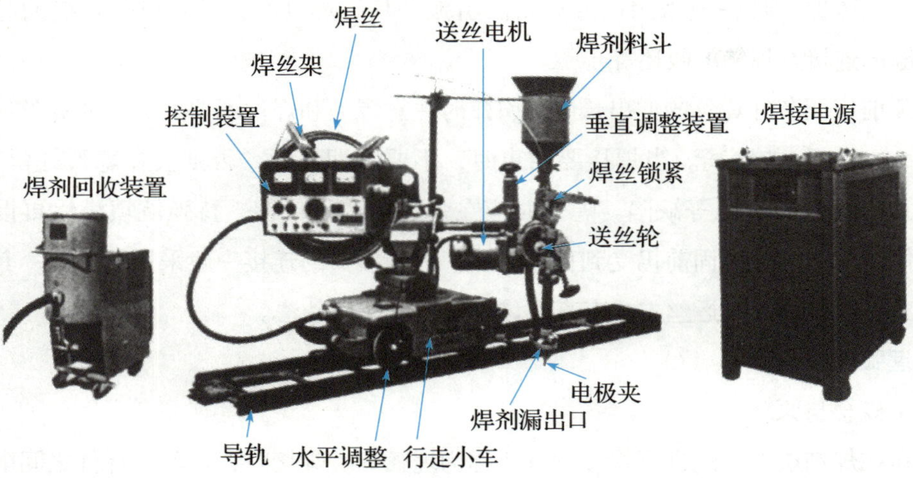

图 2.2.8　埋弧焊装置构成

（4）工艺要求。

1）坡口形式和尺寸。厚度 <12mm 板材可不开坡口，而采用双面焊接达到全焊透要求；厚度在 12 ～ 20mm 板材，可单面焊后，背部清根再进行焊接；厚度 >20mm 板材应开坡口后再焊接。坡口形式与焊条电弧焊基本相同，为防止焊穿应采用较厚钝边。

2）焊接电流。影响熔深的主要因素，采用较大电流能提高生产率。

3）焊接电压。影响熔宽的主要因素，电压过大电弧不稳，易产生咬边、气孔等缺陷。

4）焊接速度。影响熔深和熔宽。速度过快，易产生咬边、未焊透、气孔等缺陷；速度过慢，焊缝表面易产生满溢、焊瘤、烧穿等缺陷。

5）焊丝直径与伸出长度。焊接电流不变时，减小焊丝直径，熔深增大。焊丝伸出长度增加，熔敷速度和熔敷金属增加。

6）焊丝倾角。单丝焊接使焊丝与工件垂直；薄板焊接采用前倾角度。

7）焊剂层厚度。一般堆放高度为 25 ～ 50mm，保证电弧掩埋在焊剂下。焊剂层厚度越大，焊缝余高越大，熔深越浅。厚度过薄时，电弧保护不好，易产生气孔或裂纹。

8）焊剂粒度。焊剂粒度大，熔宽大，熔深略有减小。一般电流大时选择细粒度焊剂，电流小时选择粗粒度焊剂。

9）焊剂回收次数。为降低成本，将焊剂回收后循环使用，但应清除内部渣粒、杂物等。

10）焊丝数目。焊丝数目增加可加大熔宽，提高生产率，应优先选用双焊丝。

4. 电渣焊

（1）概念与原理。

电渣焊是以电流通过液态熔渣所产生的电阻热作为热源，熔化被焊的工件金属和填充金属进行焊接的一种熔化焊方法。有消耗熔嘴式电渣焊和非消耗熔嘴式电渣焊之分，如图 2.2.9、图 2.2.10 所示。

（2）优点与缺点。

1）可一次焊成较厚焊件。

2）生产效率高，成本低。

3）焊缝金属比较纯净。

4）适于焊缝处于垂直位置的焊接，如高层建筑等箱形柱内部的横隔板焊接。

5）焊接热影响区比较宽，焊缝晶粒粗大，焊后需热处理细化晶粒。

另外，钢结构紧固件的栓钉采用栓焊的方式与构件进行连接。栓焊是将栓钉焊接在金属结构表面的焊接方法。包括直接将栓钉焊在钢结构构件表面的非穿透焊和将栓钉通过电弧燃烧，穿过覆盖于构件上的薄钢板焊在构件表面的穿透焊接。

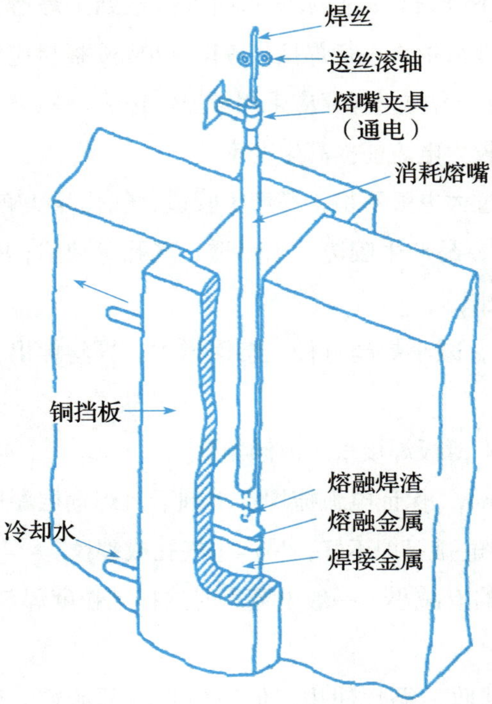

图 2.2.9　消耗熔嘴式电渣焊

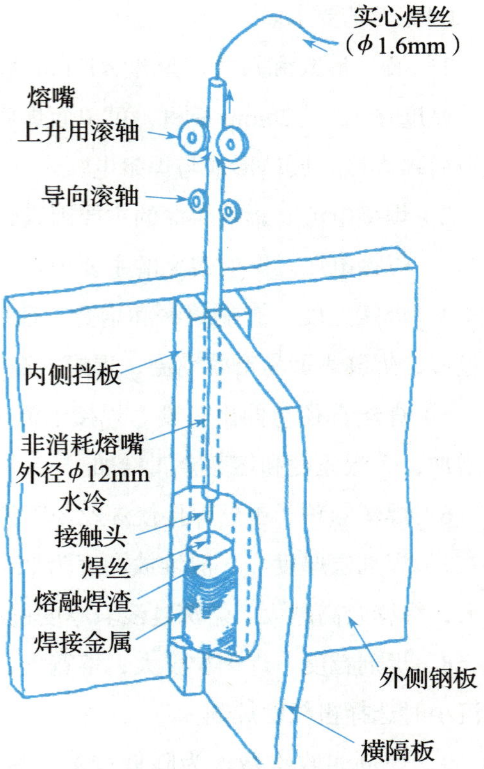

图 2.2.10　非消耗熔嘴式电渣焊

2.2.3　焊接质量缺陷

1. 缺陷的分类

根据《金属熔化焊接头缺欠分类及说明》（GB 6417.1—2005），将焊缝缺陷按存在位置和状态分为六类，包括裂纹、孔穴、固体夹渣、未熔合及未焊透、形状和尺寸不良（咬边、缩沟、焊缝超高、凸度过大、下塌、焊瘤、错边、角度偏差、烧穿、焊缝尺寸不合要求等）和上述以外的其他缺欠（电弧擦伤、飞溅、表面撕裂、磨痕、打磨过量等），如图 2.2.11 所示。

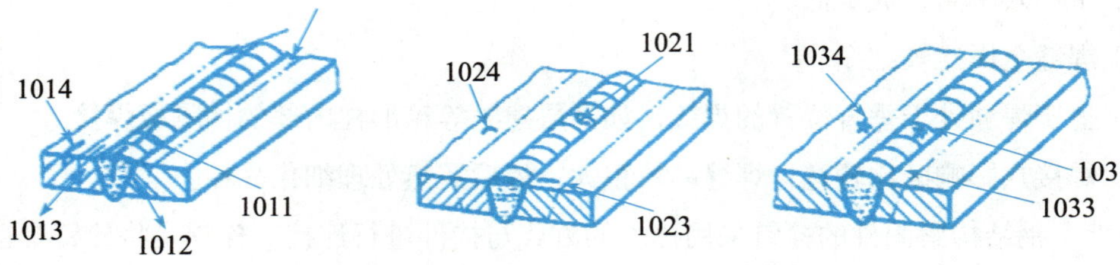

1）纵向裂纹　　2）横向裂纹　　3）放射状裂纹

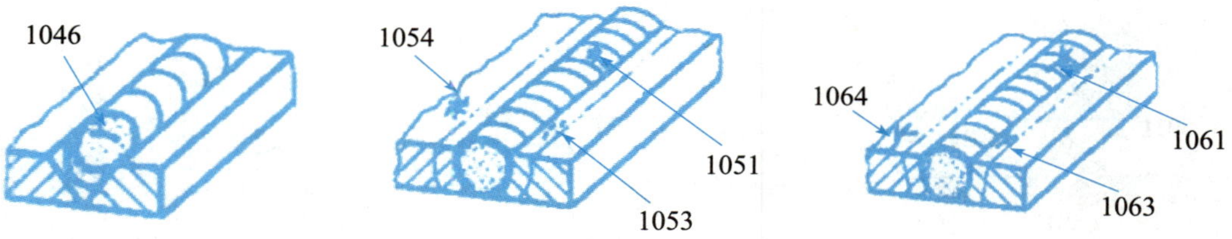

4）弧坑裂纹　　5）间断裂纹群　　6）枝状裂纹

（a）裂纹

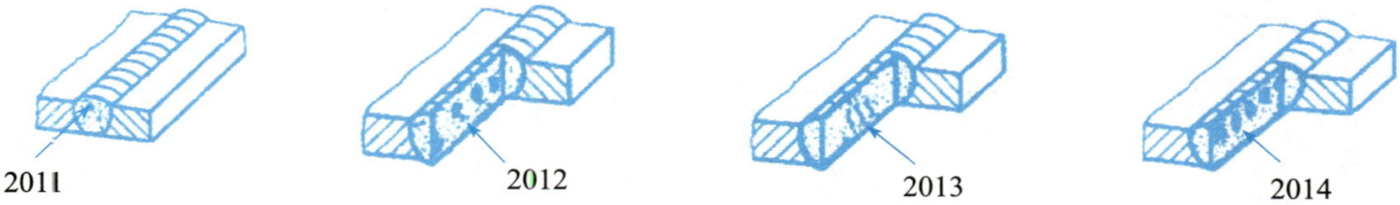

1）球形气孔　　2）均布气孔　　3）局部密集气孔　　4）链状气孔

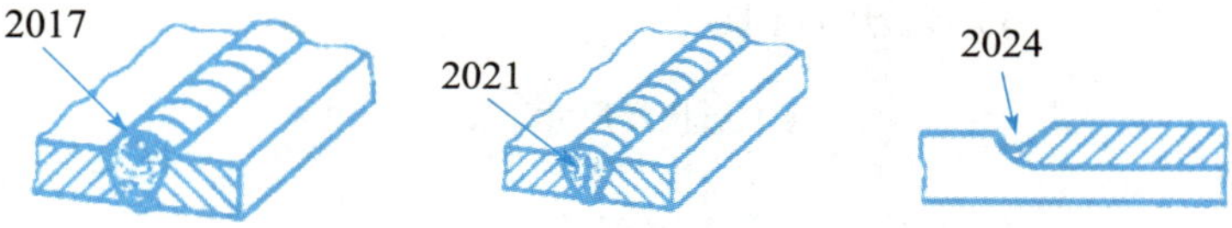

5）表面气孔　　6）结晶缩孔　　7）弧坑缩孔

（b）孔穴

（c）固体夹渣

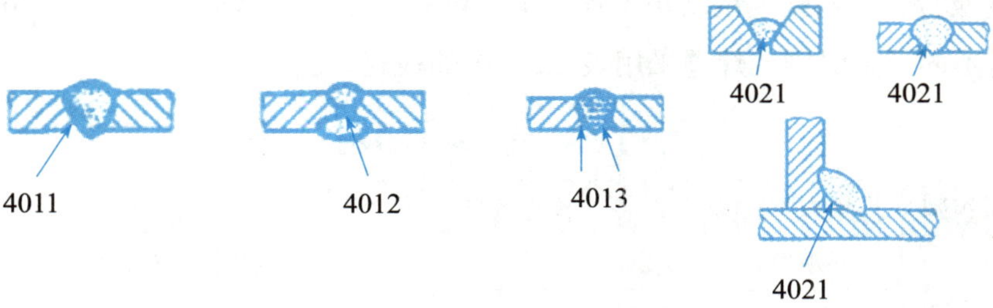

1）侧壁未熔合　　2）焊道间未熔合　　3）根部未熔合　　4）根部未焊透

（d）未熔合及未焊透

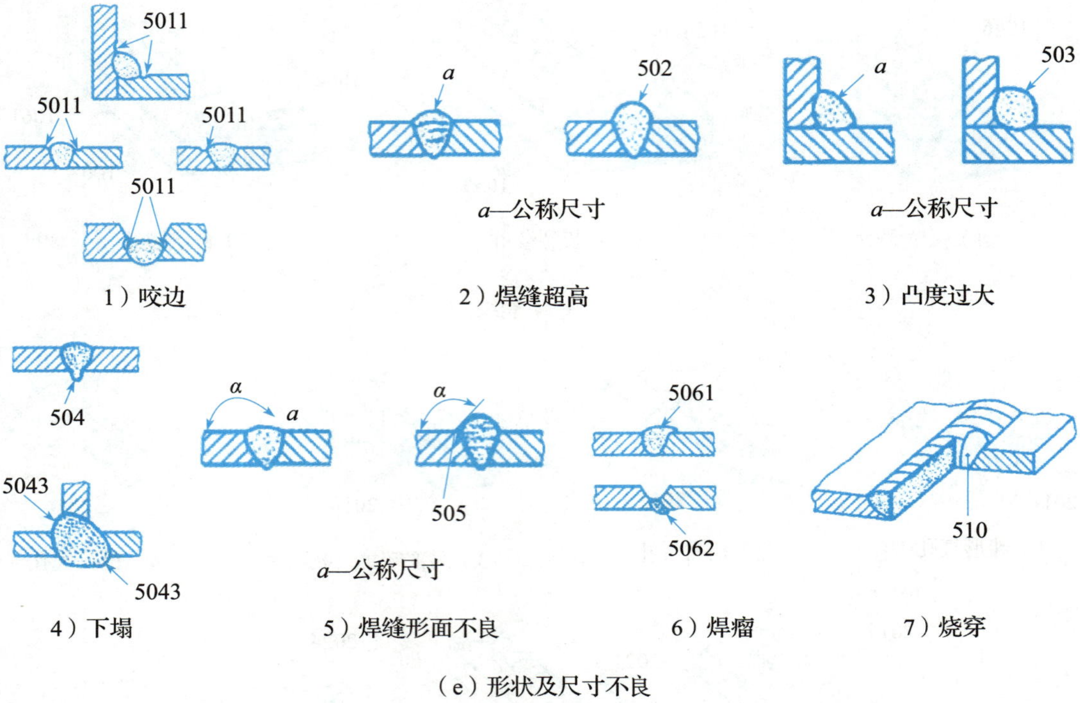

图 2.2.11　缺欠的分类

2. 焊接缺陷质量检验

焊接质量检验应贯通焊接的全过程，包括焊前检查、施焊过程检查和焊后检验。焊前检查主要是针对母材、焊材、设备、工装、坡口制备、焊工水平和技术文件做施焊前的准备工作检查；施焊过程中的检查主要是检查焊接及相关工艺的执行情况、设备运转情况、结构与焊缝尺寸等；而焊后检验则是保证合格产品的重要措施，主要包括外观检查、无损探伤检测和力学性能测试等方面的内容。

焊缝检验时应根据《钢结构工程施工质量验收标准》（GB 50205—2020）的要求进行抽样，对不同质量级别的焊缝采用表 2.2.4 中的检查方法。

表 2.2.4　不同质量级别焊缝的检查方法

焊缝质量级别	检查方法	检查数量	备注
一级	外观检查	全部	有疑点时用磁粉复验
	超声波检测	全部	
	X 射线检测	抽查焊缝长度的 2%，至少应有一张底片	缺陷超出规范规定时，应加倍透照，如不合格，应 100% 透照

续表

焊缝质量级别	检查方法	检查数量	备注
二级	外观检查	全部	
	超声波检测	抽查焊缝长度的 50%	有疑点时，用 X 射线透照复验，如发现有超标缺陷，应用超声波全部检查
三级	外观检查	全部	

（1）外观检查。

所有焊缝应冷却到环境温度后进行外观检查，外观检查主要是检查焊缝成形情况，一般用目测，必要时借助仪器观察。通过外观检查，可发现焊缝表面缺陷，如咬边、焊瘤、表面裂纹、气孔、夹渣及焊穿等。焊缝的外形尺寸还可采用焊口检测器或样板进行测量。

（2）无损检测。

对焊缝内部的夹渣、气孔、裂纹等缺陷，通常进行无损检测。目前使用最普遍的是采用 X 射线检测、超声波检测和磁粉检测 3 种方式。无损检测应在外观检查合格后进行。具体要求见表 2.2.5。

表 2.2.5　一级、二级焊缝质量等级及无损检测要求

焊缝质量等级		一级	二级
内部缺陷超声波检测	缺陷评定等级	Ⅱ	Ⅲ
	检验等级	B 级	B 级
	检测比例	100%	20%
内部缺陷射线检测	缺陷评定等级	Ⅱ	Ⅲ
	检验等级	B 级	B 级
	检测比例	100%	20%

注：二级焊缝检测比例的计数方法应按以下原则确定：工厂制作焊缝按照焊缝长度计算百分比，且探伤长度不小于 200mm；当焊缝长度小于 200mm 时，应对整条焊缝探伤；现场安装焊缝应按照同一类型、同一施焊条件的焊缝条数计算百分比，且不应少于 3 条焊缝。

1）X 射线检测。

X 射线检测是利用 X 射线对焊缝照相，根据底片影像来判断内部有无缺陷、缺陷多少和类型，再根据产品技术要求评定焊缝是否合格。如图 2.2.12 所示为某钢板对接焊缝 X 射线照相底片，可见此处存在密集气孔的内部缺陷。

2）超声波检测。

超声波检测是利用材料及其缺陷的声学性能差异对超声波传播波形反射情况和穿透时

间的能量变化来检验材料内部缺陷的无损检测方法。将反射波与正常波比较、鉴别，就可以确定缺陷的大小及位置。超声波检测比 X 射线检测简便易行，因而得到广泛应用。检测前需要在待检部位涂刷耦合剂，如图 2.2.13 所示为工人在工厂的自检。

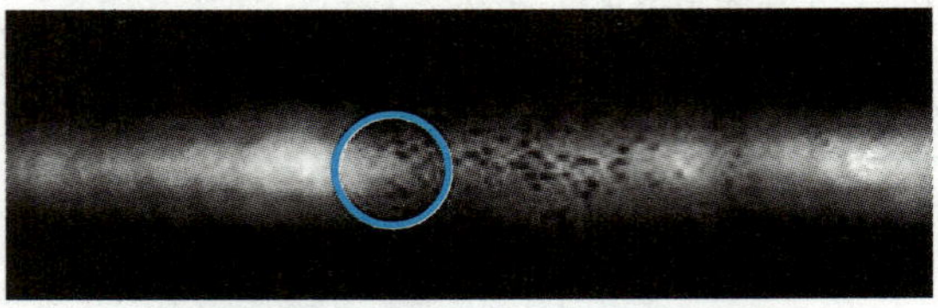

图 2.2.12　X 射线检测底片

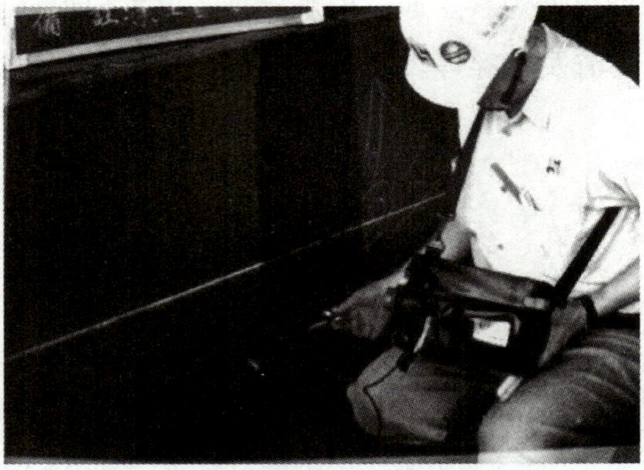

图 2.2.13　超声波检测现场

3）磁粉检测。

磁粉检测是利用铁磁性材料和工件被磁化后，如内部存在缺陷，工件表面和近表面的磁力线会发生局部畸变而产生漏磁，吸附施加在工件表面的磁粉，形成磁痕，从而显示出材料不连续的位置、形状和大小的检测方法，如图 2.2.14 所示。

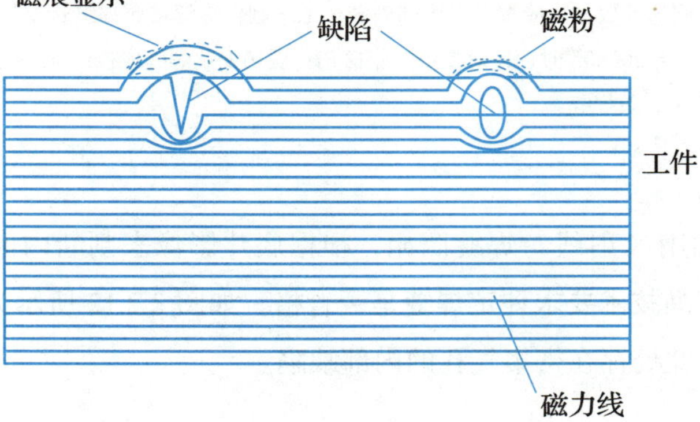

图 2.2.14　磁粉检测原理

（3）力学性能测试。

根据焊缝级别要求，按设计规定对焊后产品进行力学性能测试，如拉伸、冲击、弯曲试验等，这类试验均属于破坏性试验。

任务3 钢构件组装与预拼装

任务目标

- 熟悉钢构件组装和预拼装的准备工作内容与基本要求。
- 熟悉常见钢构件组装与预拼装流程与技术要求。

2.3.1 钢构件组装

钢构件的组装是指按照施工图的要求，把已加工完成的各零件或半成品构件装配成独立的成品。组装根据待装构件的特性以及组装程度，可分为部件组装、组装、预总装。部件组装是装配的最小单元的组合，由两个或两个以上零件按施工图的要求装配成为半成品结构部件；组装是把零件或半成品按施工图的要求装配成为独立的成品构件；预总装是根据施工总图把相关的两个以上成品构件，在工厂制作场地上，按各构件空间位置总装起来。

必须根据构件的结构特性和技术要求，结合制造厂的加工能力、机械设备等情况，选择能有效控制组装精度、耗工少、效益高的组装方法进行。

1. 准备工作

（1）技术准备。

组装前编制作业指导书，制定组装措施及安全技术措施，向操作人员进行安全技术交底。相关人员必须熟悉构件施工图及有关技术要求，并根据施工图要求复核需组装零件的质量。操作各种加工机械及电动工具的人员应专门培训，考试合格后方准上岗，操作时应遵守各种机械及电动工具的操作规程。

（2）材料准备。

包括钢构件的准备；组装平台用钢板及型材、道木等的准备；焊条、焊丝等材料的准备。

（3）机具准备。

包括组立机、电焊机、行走小车、直角尺、量规、割枪、胎具、夹具、千斤顶、钢卷尺等。

（4）作业条件准备。

1）待组装的零（部）件已通过质量检测。

2）平整、坚实和足尺的构件组装场地。

3）平整牢固的钢构件组装平台，平台的上表面必须达到一定的平直度和水平度要求。

4）钢构件组装场地需保持用电畅通，且周围 5m 以内严禁堆放易燃品，用火场所要备有消防器材；现场用空压机罐、乙炔瓶、氧气瓶等，应在安全可靠地点存放。

2. 组装要求

（1）组装是将已加工好的零件组装成单件构件，或先组装成部件再组装成单件构件，视构件复杂程度而定。

（2）确定合理的组装次序，一般宜先组装主要零件，后次要零件；先中间后两端，先横向后纵向，先内部后外部，以减少焊接变形。

（3）首批构件组装后，必经检查合格方可进行继续组装。在组装时，必须对零件进行定位、夹紧和测量，这就是组装的三个基本条件。

（4）当有隐蔽焊缝时，应先施焊，经检验合格后才可覆盖。当有复杂部位不易施焊时，必须按照工序次序分别组装和施焊，严禁不按照次序组装和强力组对。

（5）组装前，连接表面以及焊缝每边 30 ～ 50mm 范围内的铁锈、毛刺、油污和潮气等应清除干净，并且露出金属光泽。

（6）需根据金属结构的实际情况来选用或是制作相应的装配胎具（如组装平台、铁凳、胎架等）和工（夹）具，像简易手动杠杆夹具、螺栓拉紧器、螺栓千斤顶、楔子矫正夹具和丝杆卡具等，应尽可能避免在结构上焊接临时固定件、支撑件。

工（夹）具以及吊耳需焊接固定在构件上时，材质与焊接材料需与该构件相同，使用后需除掉时，不可用锤强力打击，需用气割割去，并对残留痕迹进行打磨、修整。绑扎吊运时，在吊绳部位应用木板、麻袋或轮胎进行保护。

（7）应考虑焊接收缩余量、焊后加工余量。

（8）经检验合格后的钢构件，应按种类、型号、出厂顺序分区存放，钢构件存放场地应平整、坚实、无积水，钢构件底层垫木应有足够的支承面，并应防止支点下沉。相同型号钢构件叠放时，各层钢构件的支点应在同一垂直线上，防止钢构件被压坏和变形。

（9）构件包装运输应在涂层干燥后进行，包装应保护构件涂层不受损伤，保证构件、零件不变形、不损坏、不散失。

（10）钢柱宜侧立放置，以防止侧向刚度差产生下挠或扭曲。钢屋架应立放，支撑处应设垫木，多榀屋架排放应绑扎在一起或在侧向设置支撑以防倾倒变形。

（11）钢构件上采用高强度螺栓连接的摩擦面、构件防锈漆未干时以及雨天时应适当护盖防锈，吊运、堆放时应防止底漆和编号损坏。

（12）外露铣平面，加工完后应用胶带或油脂加以防护，防止生锈，安装时应清除此保护层。

3. 组装方法

（1）地样法。用 1∶1 的比例在装配平台上放出构件实样，然后根据零件在实样上的位置，分别组装后形成构件。适用于桁架、构架等小批量结构组装。

（2）仿形复制法。先用地样法组装成单面（单片）部件，然后采用定位焊焊牢固，将其翻身，作为复制胎膜，在其上面装配另一单面的部件，往返两次组装。适用于横断面互为对称的构件。

（3）胎膜装配法。将构件的零件用胎膜定位在其装配位置上的方法。适用于构件批量大、精度高的产品。

（4）立装法。根据构件特点及其零件的稳定状态，进行自上而下或自下而上的装配。适用于放置平稳、高度不大的构件。

（5）卧装法。将构件放倒进行装配。适用于断面不大但长度较长的细长构件。

4. 焊接 H 型钢组装

（1）工艺流程。

作业准备→小件拼装→构件组装→连接后检查验收。

（2）竖向胎膜组装。

1）把下翼缘板放置在平台上，将腹板与下翼缘板组装并定位点焊好。

2）上翼缘板放置在 H 型钢横梁上，把装配好的⊥形翻转为 T 形装在胎膜上夹紧，用千斤顶顶紧上翼缘板与腹板间隙，并采用定位焊焊好，组合成 H 型钢。

（3）水平胎膜组装，如图 2.3.1 所示。

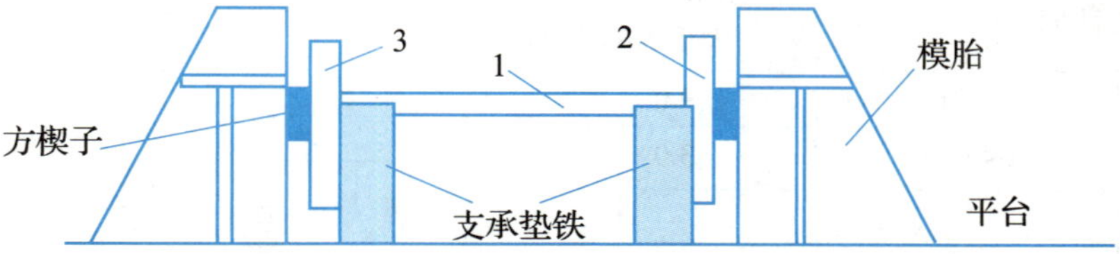

图 2.3.1　水平胎膜组装 H 型钢

1）各构件分别放置在其工作位置上。

2）用夹具夹紧一块翼缘板作为定位基准面，从另外一个方向施加水平推力使腹板紧密接触，采用定位焊焊好，组合成 H 型钢。首先放置 H 型钢腹板 1，然后搁置并顶紧 H 型钢一端翼缘 2，最后固定 H 型钢另一端翼缘 3。

5. 组装质量标准

钢吊车梁的下翼缘不得焊接工装夹具、定位板、连接板等临时工件。钢吊车梁和吊车桁架组装、焊接完成后在自重荷载下不允许有下挠。

《钢结构工程施工质量验收标准》（GB 50205—2020）中规定钢构件外形尺寸主控项目的允许偏差见表 2.3.1 ～表 2.3.11。

表 2.3.1　焊接 H 型钢组装尺寸的允许偏差（mm）

<table>
<tr><th colspan="2">项目</th><th>允许偏差</th><th>图例</th></tr>
<tr><td rowspan="3">截面高度 h</td><td>$h < 500$</td><td>±2.0</td><td rowspan="4">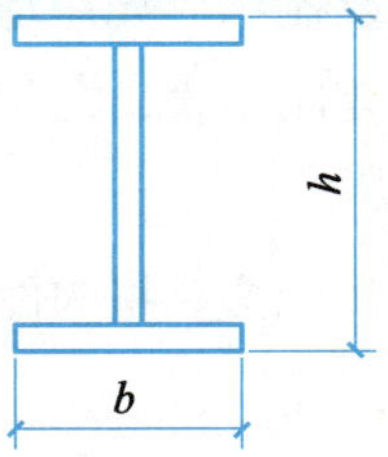</td></tr>
<tr><td>$500 \leqslant h \leqslant 1000$</td><td>±3.0</td></tr>
<tr><td>$h>1000$</td><td>±4.0</td></tr>
<tr><td colspan="2">截面宽度 b</td><td>±3.0</td></tr>
<tr><td colspan="2">腹板中心偏移 e</td><td>2.0</td><td>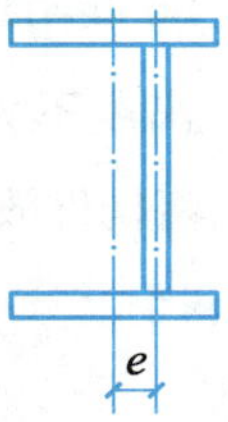</td></tr>
<tr><td colspan="2">翼缘板垂直度 Δ</td><td>$b/100$，且不大于 3.0</td><td>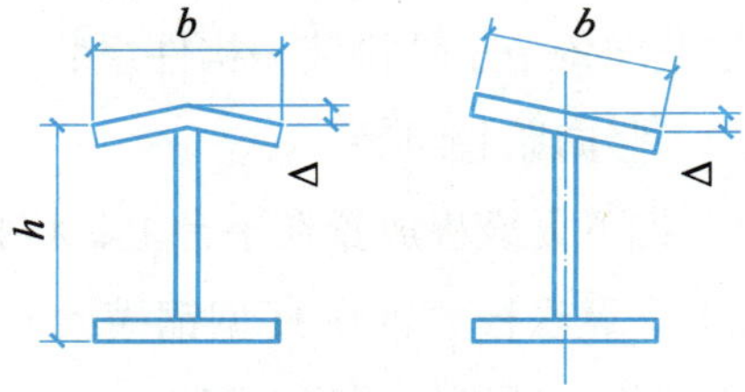</td></tr>
<tr><td colspan="2">弯曲矢高</td><td>$l/1000$，且不大于 10.0</td><td>—</td></tr>
<tr><td colspan="2">扭曲</td><td>$h/250$，且不大于 5.0</td><td>—</td></tr>
<tr><td rowspan="3">腹板局部平面度 f</td><td>$t \leqslant 6$</td><td>4.0</td><td rowspan="3">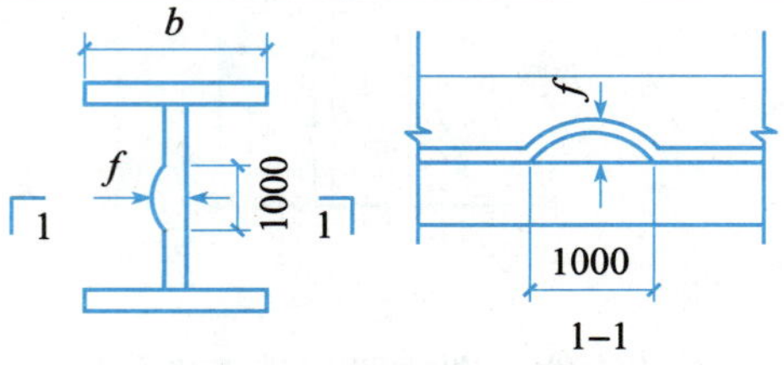</td></tr>
<tr><td>$6<t<14$</td><td>3.0</td></tr>
<tr><td>$t \geqslant 14$</td><td>2.0</td></tr>
</table>

注：l 为 H 型钢长度；t 为板材厚度。

表 2.3.2　焊接连接组装尺寸的允许偏差（mm）

项目	允许偏差	图例
对口错边 Δ	t/10，且不大于 3.0	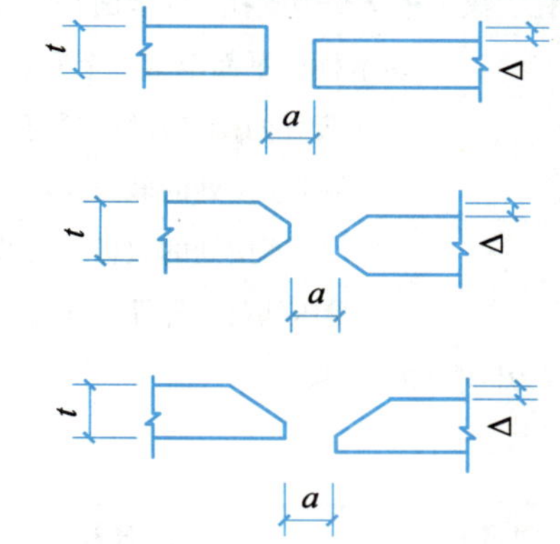
间隙 a	1.0	
搭接长度 a	± 5.0	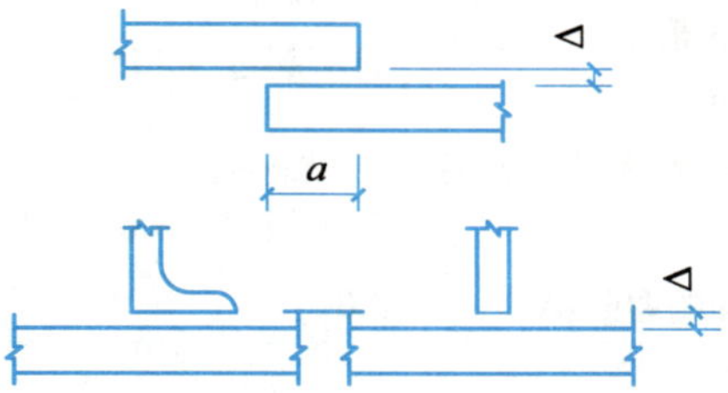
缝隙 Δ	1.5	
高度 h	± 2.0	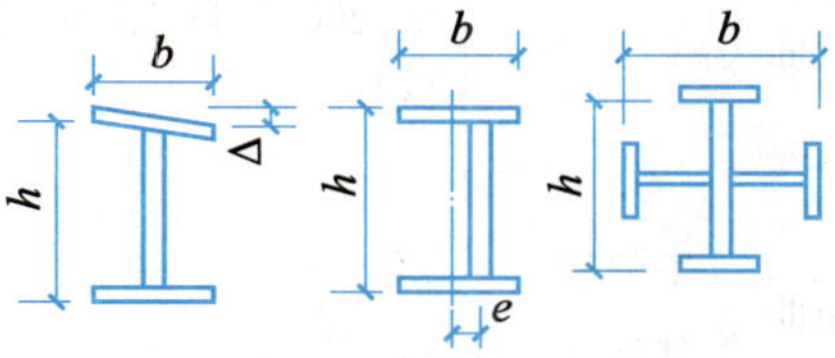
垂直度 Δ	b/100，且不大于 3.0	
中心偏移 e	2.0	
型钢错位 Δ：连接处	1.0	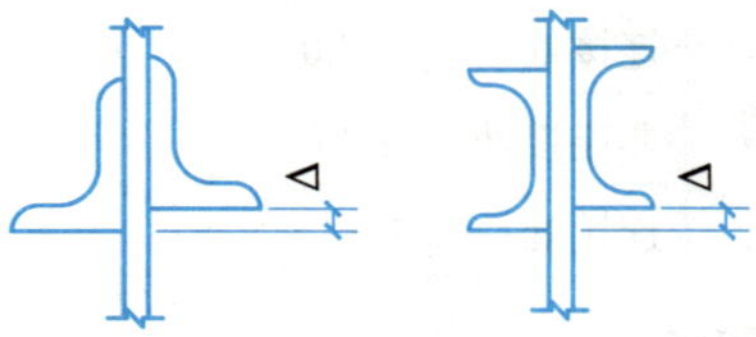
型钢错位 Δ：其他	2.0	

表 2.3.3　端部铣平的允许偏差（mm）

项目	允许偏差
两端铣平时构件长度	± 2.0
两端铣平时零件长度	± 0.5
铣平面的平面度	0.3
铣平面对轴线的垂直度	l/1500

表 2.3.4　钢构件外形尺寸主控项目的允许偏差（mm）

项目	允许偏差
单层柱、梁、桁架受力支托（支承面）表面至第一个安装孔距离	± 1.0
多节柱铣平面至第一个安装孔距离	± 1.0
实腹梁两端最外侧安装孔距离	± 3.0
构件连接处的截面几何尺寸	± 3.0
柱、梁连接处的腹板中心线偏移	2.0
受压构件（杆件）弯曲矢高	l/1000，且不大于 10.0

注：l 为构件（构件）长度。

表 2.3.5　单节钢柱外形尺寸的允许偏差（mm）

<table>
<tr><th colspan="2">项目</th><th>允许偏差</th><th>检查方法</th><th>图例</th></tr>
<tr><td colspan="2">柱底面到柱端与桁架连接的最上一个安装孔距离 l</td><td>± l/1500，
且不超过 ± 15.0</td><td rowspan="2">用钢尺检查</td><td rowspan="4">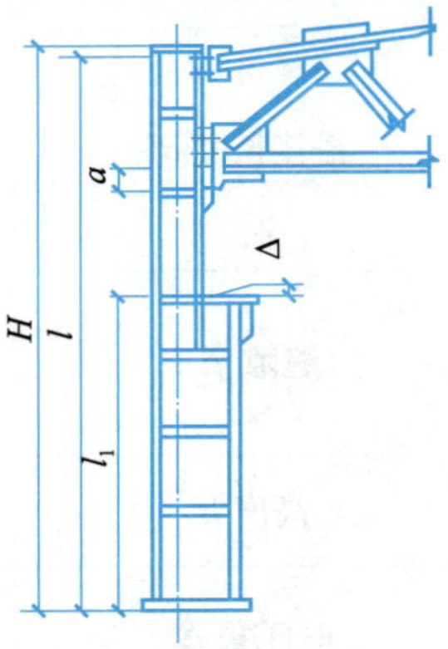</td></tr>
<tr><td colspan="2">柱底面到牛腿支承面距离 l_1</td><td>± l_1/2000，
且不超过 ± 8.0</td></tr>
<tr><td colspan="2">牛腿面的翘曲 Δ</td><td>2.0</td><td rowspan="2">用拉线、直角尺和钢尺检查</td></tr>
<tr><td colspan="2">柱身弯曲矢高</td><td>H/1200，且不大于 12.0</td></tr>
<tr><td rowspan="2">柱身扭曲</td><td>牛腿处</td><td>3.0</td><td rowspan="3">用拉线、吊线和钢尺检查</td><td rowspan="4">—</td></tr>
<tr><td>其他处</td><td>8.0</td></tr>
<tr><td rowspan="2">柱截面几何尺寸</td><td>连接处</td><td>± 3.0</td></tr>
<tr><td>非连接处</td><td>± 4.0</td><td>用钢尺检查</td></tr>
<tr><td rowspan="2">翼缘对腹板的垂直度</td><td>连接处</td><td>1.5</td><td rowspan="2">用直角尺和钢尺检查</td><td rowspan="2">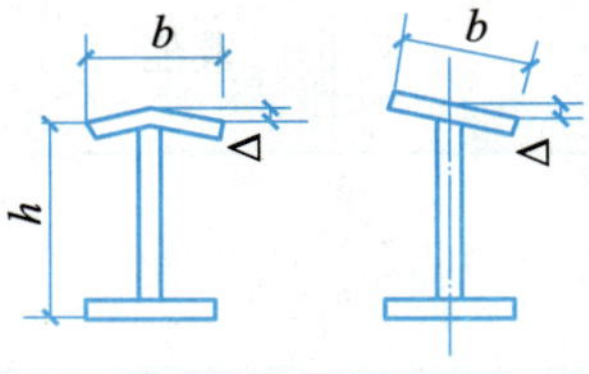</td></tr>
<tr><td>其他处</td><td>b/100，且不大于 5.0</td></tr>
<tr><td colspan="2">柱脚底板平面度</td><td>5.0</td><td>用 1m 直尺和塞尺检查</td><td>—</td></tr>
<tr><td colspan="2">柱脚螺栓孔中心对柱轴线的距离 a</td><td>3.0</td><td>用钢尺检查</td><td>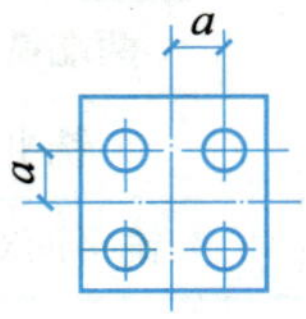</td></tr>
</table>

表 2.3.6　多节钢柱外形尺寸的允许偏差（mm）

项目		允许偏差	检验方法	图例
一节柱高度 H		±3.0	用钢尺检查	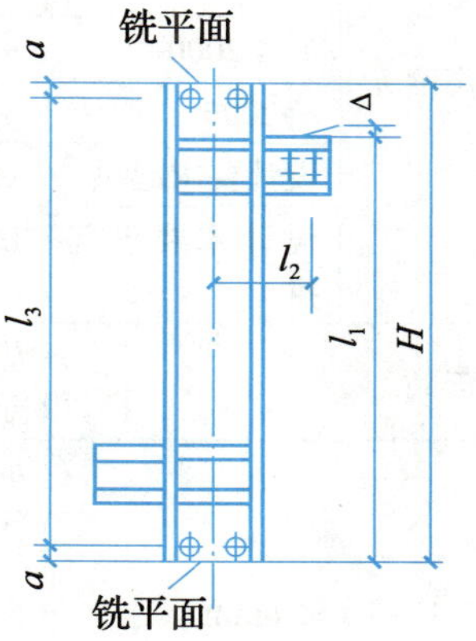
两端最外侧安装孔距离 l_3		±2.0		
铣平面到第一排安装孔距离 a		±1.0		
柱身弯曲矢高 f		H/1500，且不应大于 5.0	用拉线和钢尺检查	
一节柱的柱身扭曲		h/250，且不应大于 5.0	用拉线、吊线和钢尺检查	
牛腿端孔到柱轴线距离 l_2		±3.0	用钢尺检查	
牛腿的翘曲或扭曲 Δ	$l_2 \leqslant 1000$	2.0	用拉线、直角尺和钢尺检查	
	$l_2>1000$	3.0		
柱截面尺寸	连接处	±3.0	用钢尺检查	
	非连接处	±4.0		
柱脚底板平面度		5.0	用 1m 直尺和塞尺检查	
翼缘板对腹板的垂直度	连接处	1.5	用直角尺和钢尺检查	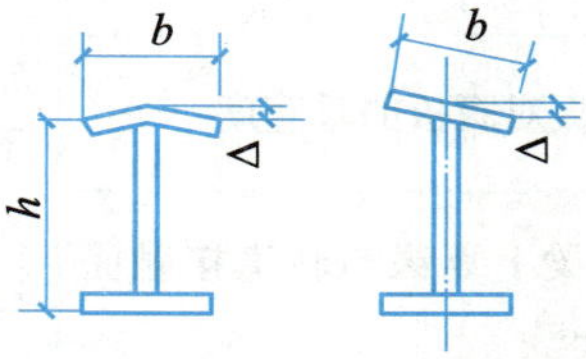
	其他处	b/100，且不大于 3.0		
柱脚螺栓孔对柱轴线的距离 a		3.0	用钢尺检查	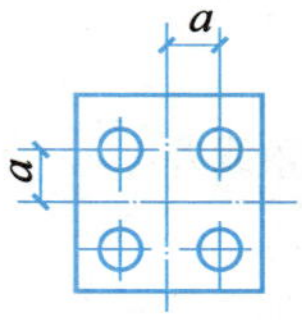
箱形截面连接处对角线差		3.0		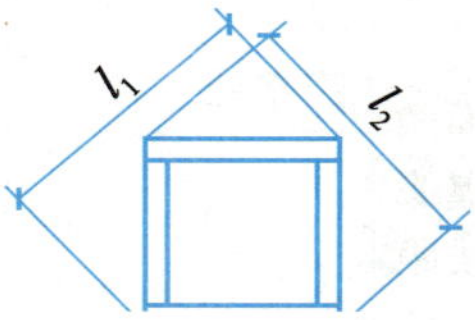
箱形、十字形柱身板垂直度		h（b）/150，且不大于 5.0	用直角尺和钢尺检查	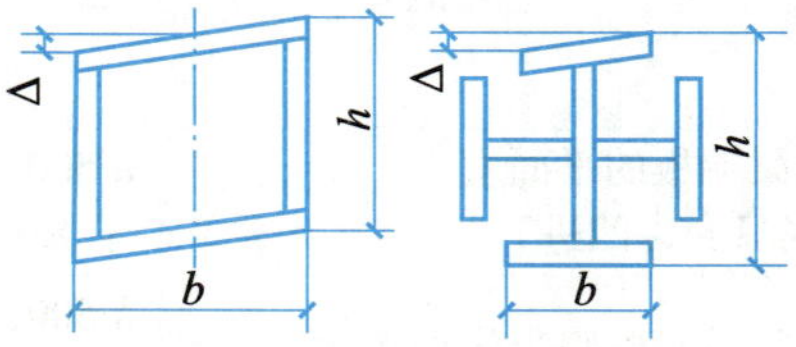

表 2.3.7　焊接实腹钢梁外形尺寸的允许偏差（mm）

<table>
<tr><th colspan="2">项目</th><th>允许偏差</th><th>检验方法</th><th>图例</th></tr>
<tr><td rowspan="2">梁长度 l</td><td>端部有凸缘支座板</td><td>0
−5.0</td><td rowspan="4">用钢尺检查</td><td rowspan="8">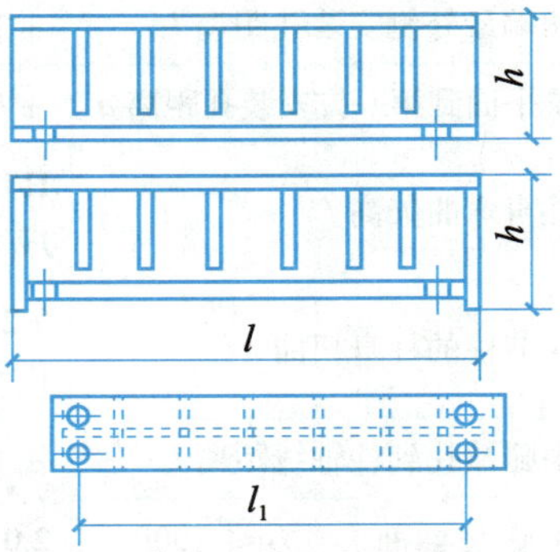</td></tr>
<tr><td>其他形式</td><td>$\pm l/2500$，且不超过 ±5.0</td></tr>
<tr><td rowspan="2">端部高度 h</td><td>$h \leqslant 2000$</td><td>±2.0</td></tr>
<tr><td>$h>2000$</td><td>±3.0</td></tr>
<tr><td rowspan="2">拱度</td><td>设计要求起拱</td><td>$\pm l/5000$</td><td rowspan="3">用拉线和钢尺检查</td></tr>
<tr><td>设计未要求起拱</td><td>10.0
−5.0</td></tr>
<tr><td colspan="2">侧弯矢高</td><td>$l/2000$，且不大于 10.0</td></tr>
<tr><td colspan="2">扭曲</td><td>$h/250$，且不大于 10.0</td><td>用拉线、吊线和钢尺检查</td></tr>
<tr><td rowspan="3">腹板局部平面度</td><td>$t \leqslant 6$mm</td><td>5.0</td><td rowspan="3">用 1m 直尺和塞尺检查</td><td rowspan="3">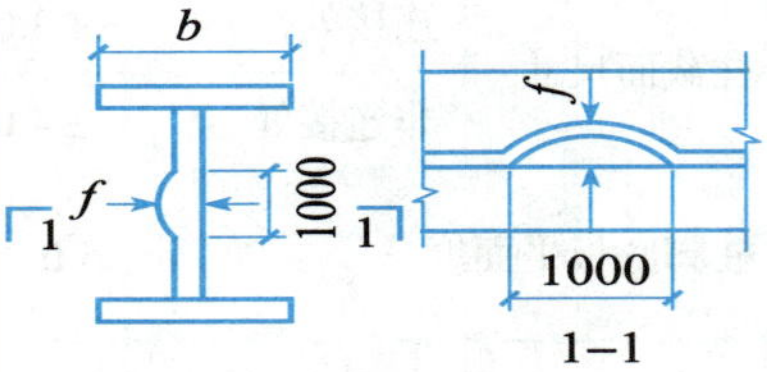</td></tr>
<tr><td>$6<t<14$</td><td>4.0</td></tr>
<tr><td>$t \geqslant 14$mm</td><td>3.0</td></tr>
<tr><td colspan="2">翼缘板对腹板的垂直度</td><td>$b/100$，且不大于 3.0</td><td>用直角尺和钢尺检查</td><td>—</td></tr>
<tr><td colspan="2">吊车梁上翼缘与轨道接触面平面度</td><td>1.0</td><td>用 200mm、1m 直尺和塞尺检查</td><td>—</td></tr>
<tr><td colspan="2">箱形截面对角线差</td><td>3.0</td><td rowspan="3">用钢尺检查</td><td>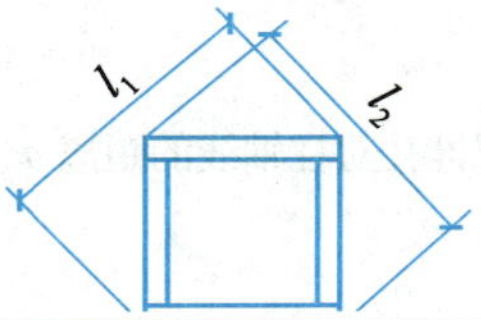</td></tr>
<tr><td rowspan="2">箱形截面两腹板至翼缘板中心线距离 a</td><td>连接处</td><td>1.0</td><td rowspan="2">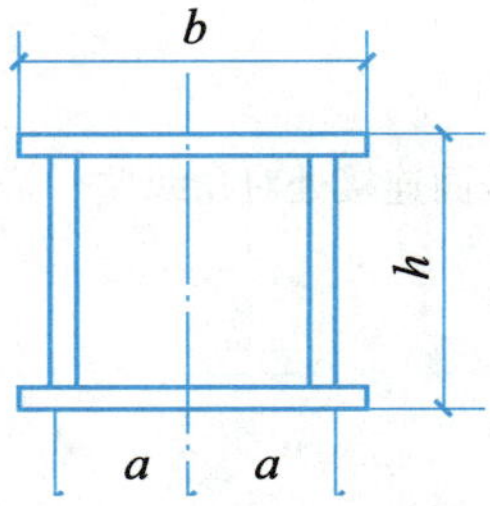</td></tr>
<tr><td>其他处</td><td>1.5</td></tr>
<tr><td colspan="2">梁端板的平面度（只允许凹进）</td><td>$h/500$，且不大于 2.0</td><td>用直角尺和钢尺检查</td><td>—</td></tr>
<tr><td colspan="2">梁端板与腹板的垂直度</td><td>$h/500$，且不大于 2.0</td><td>用直角尺和钢尺检查</td><td>—</td></tr>
</table>

注：t 为板材厚度。

表 2.3.8　钢桁架外形尺寸的允许偏差（mm）

项目		允许偏差	检验方法	图例
桁架最外端两个孔或两端支承面最外侧距离 l	$l \leqslant 24$m	+3.0 −7.0	用钢尺检查	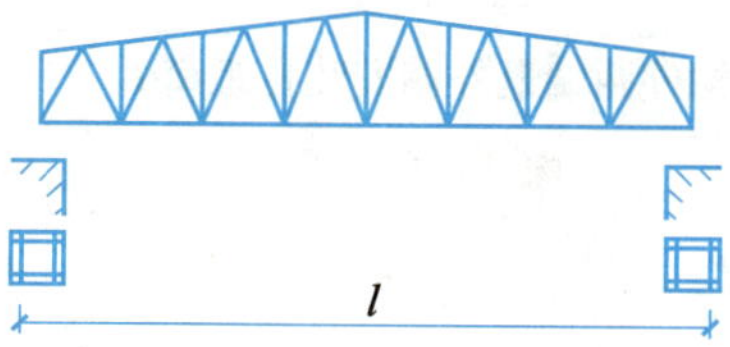
	l>24m	+5.0 −10.0		
桁架跨中高度		± 10.0		
桁架跨中拱度	设计要求起拱	± l/5000	用拉线和钢尺检查	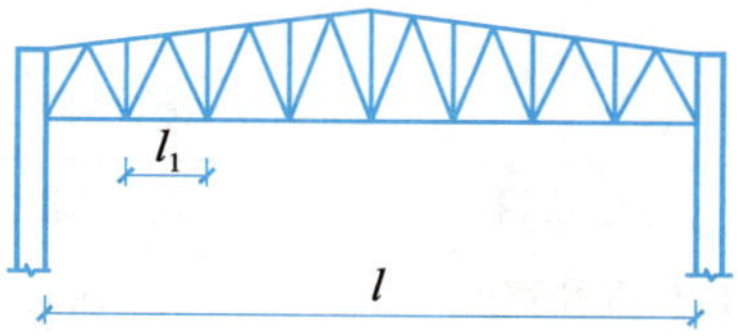
	设计未要求起拱	± 10.0 −5.0		
相邻节间弦杆弯曲		l_1/1000		
支承面到第一个安装孔距离 a		± 1.0	用钢尺检查	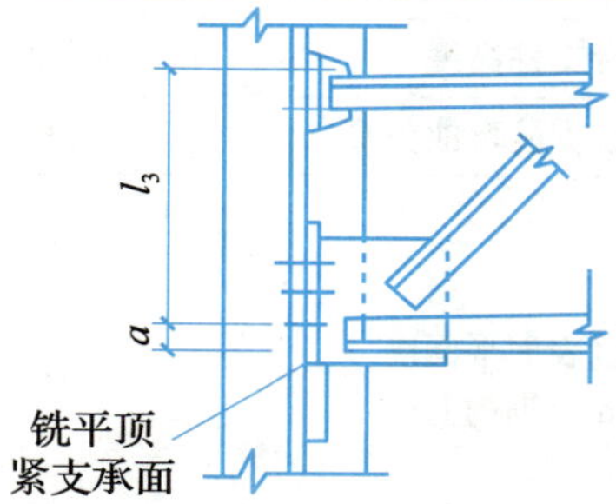
檩条连接支座间距 a		± 3.0		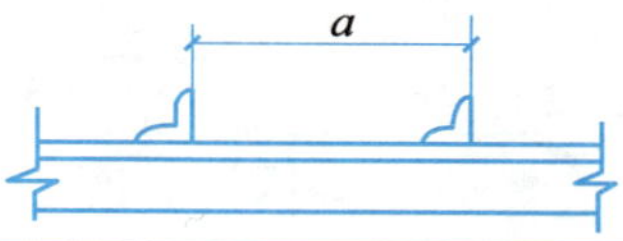

表 2.3.9　钢管构件外形尺寸的允许偏差（mm）

项目	允许偏差	检验方法	图例
直径 d	± d/250，且不超过 ± 5.0	用钢尺检查	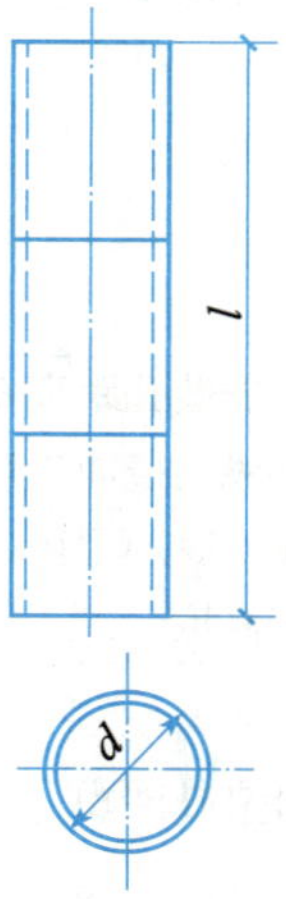
构件长度 l	± 3.0		
管口圆度	d/250，且不大于 5.0		
管端面对管轴线的垂直度	l/500，且不大于 3.0	用角尺、塞尺和百分表检查	
弯曲矢高	l/1500，且不大于 5.0	用拉线、吊线和钢尺检查	
对口错边	t/10，且不大于 3.0	用拉线和钢尺检查	

注：对方矩形管，d 为长边尺寸。

表 2.3.10　墙架、檩条、支撑系统钢构件外形尺寸的允许偏差（mm）

项目	允许偏差	检验方法
构件长度 l	± 4.0	用钢尺检查
构件两端最外侧安装孔距离 l_1	± 3.0	
构件弯曲矢高	l/1000，且不大于 10.0	用拉线和钢尺检查
截面尺寸	+5.0 −2.0	用钢尺检查

表 2.3.11　钢平台、钢梯和防护钢栏杆外形尺寸的允许偏差（mm）

项目	允许偏差	检验方法	图例
平台长度和宽度	± 5.0	用钢尺检查	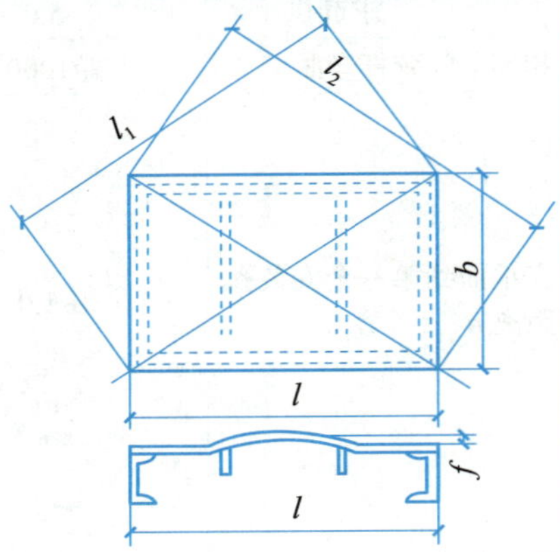
平台两对角线差 $\|l_1-l_2\|$	6.0		
平台支柱高度	± 3.0		
平台支柱弯曲矢高	5.0	用拉线和钢尺检查	
平台表面平面度（1m 范围内）	6.0	用 1m 直尺和塞尺检查	
梯梁长度 l	± 5.0	用钢尺检查	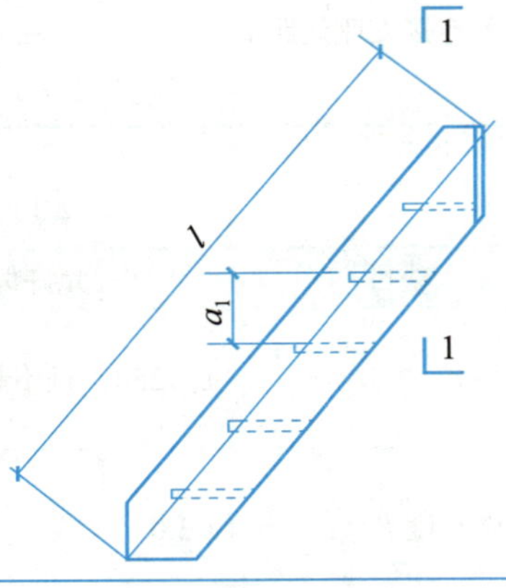
钢梯宽度 b	± 5.0		
钢梯安装孔距离 a	± 3.0		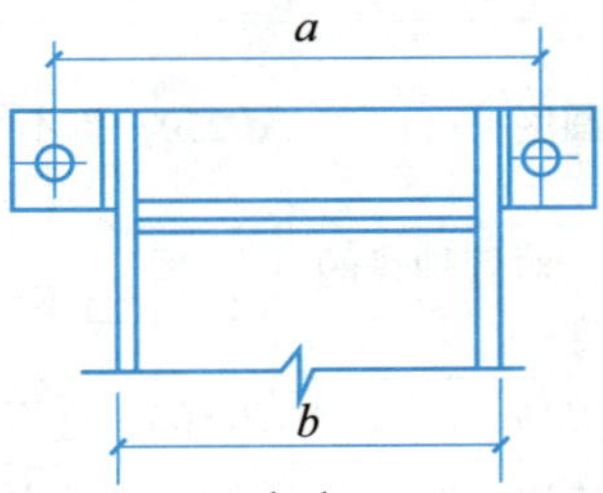
钢梯纵向挠曲矢高	l/1000	用拉线和钢尺检查	
踏步（棍）间距 a_1	± 3.0	用钢尺检查	
栏杆高度	± 3.0		
栏杆立柱间距	± 5.0		

2.3.2 钢构件预拼装

钢构件在出厂前往往需要进行预拼装。预拼装分为构件单体拼装和构件立、平面总体拼装两种方式。构件单体拼装是指将一个构件分成若干段（件）后，两段（件）或多段（件）的拼装，拼装段大小可根据场地及需要而定；而构件立、平面总体拼装是指建筑物从某一个（数个）柱到立、平面中的柱、梁、支撑等的平面预拼装。

1. 施工准备

（1）预拼装前，单个构件应检查合格。当同一类型构件较多时，可选择一定数量的代表性构件进行预拼装。

（2）构件预拼装可采用整体预拼装或累积连续预拼装的方式。当采用累积连续预拼装时，两相邻单元连接的构件应分别参与两个单元的预拼装。

（3）整体拼装时，可采用实体预拼装和计算机模拟预拼装两种方式。

实体预拼装时，场地应平整、坚实；预拼装所用的临时支撑架、支撑凳或平台应经测量准确定位，并应符合工艺文件要求。重型构件预拼装所用的临时支撑结构应进行结构安全验算。构件应在自由状态下进行预拼装。

采用计算机模拟预拼装时，模拟构件或单元的外形尺寸应与实物几何尺寸相同。

2. 主要机具

起重设备、试孔器、钢卷尺等。

3. 钢梁的拼接

钢梁的拼接有工厂拼接和工地拼接两种方式。由于钢材尺寸的限制，必须将钢梁接长或拼大，这种拼接常在工厂中进行，称为工厂拼接。由于运输或安装条件的限制，梁必须分段制作和运输，然后在工地拼装连接，称为工地拼接。

（1）工厂拼接。

工厂拼接多为焊接拼接，翼缘和腹板的拼接位置最好错开并用直对接焊缝相连，腹板的拼接焊缝与横向加劲肋之间至少应相距 $10t_w$（10 倍的腹板厚度），如图 2.3.2 所示。对接焊缝施焊时宜加引弧板，并采用 1 级或 2 级焊缝。但由于翼缘与腹板连接处不易焊透，故有时采用拼接板拼接，如图 2.3.3 所示。上述拼接位置均宜放在弯矩较小处。

（2）工地拼接。

梁的工地拼接一般布置在弯曲应力较小处，并使翼缘和腹板基本上在同一截面处断开，以便分段运输，常见有端部平齐和端部错开两种样式。高大的梁在工地施焊时不便翻身，应将上、下翼缘的拼接边缘均做成向上开口的 V 形坡口，以便俯焊。为了使焊缝收缩比较自由，减少焊接残余应力，应留 500mm 左右长度的翼缘焊缝在工地焊接，并采用合适的焊接顺序，如图 2.3.4 所示。

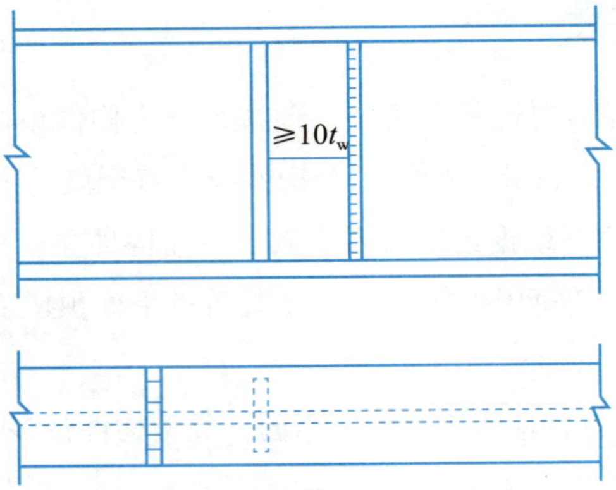

图 2.3.2 钢梁的工厂对接焊缝拼接

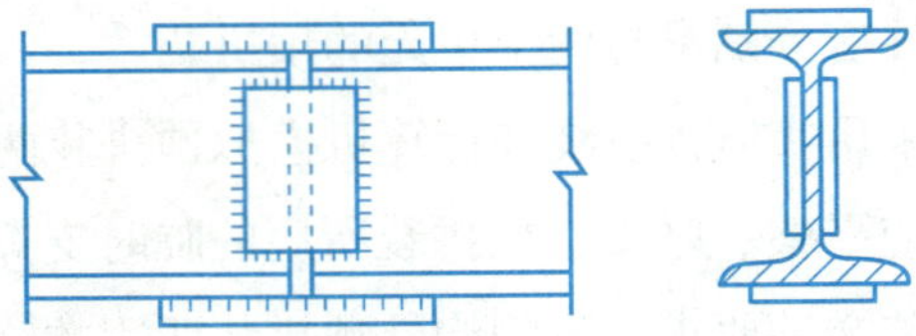

图 2.3.3 钢梁的拼接板拼接

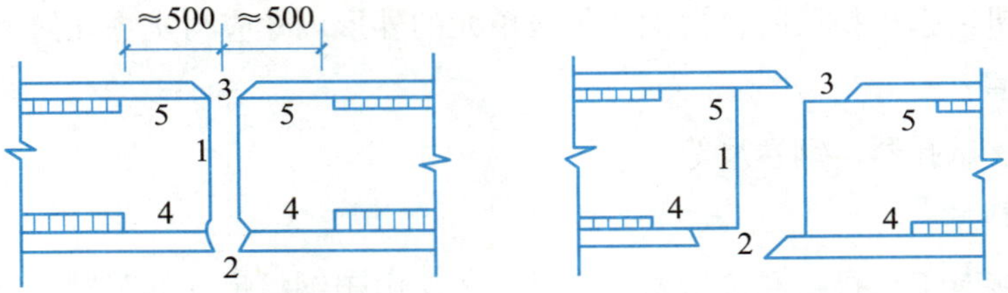

（a）拼接端部平齐　　（b）拼接端部错开

图 2.3.4 钢梁的工地拼接

由于现场施焊条件较差，焊缝质量难以保证，所以较重要或受动荷载的大型钢梁在工地拼接时宜采用高强度螺栓拼接，如图 2.3.5 所示。

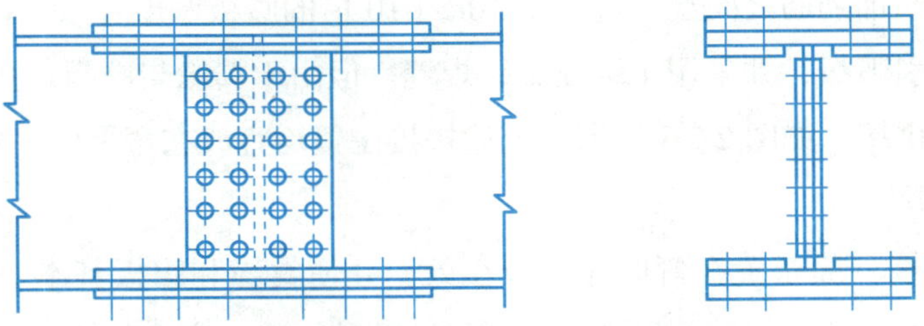

图 2.3.5 采用高强度螺栓的工地拼接钢梁

4. 钢柱拼装

（1）H 型框架柱的拼接。

H 形框架柱的安装拼装接头宜采用高强度螺栓和焊接组合节点或全焊接节点。采用高强度螺栓和焊接组合节点时，腹板应采用高强度螺栓连接，翼缘板应采用单面 V 形坡口加衬垫全焊透焊缝连接。采用全焊接节点时，翼缘板应采用单面 V 形坡口加衬垫全焊透焊缝，腹板宜采用 K 形坡口双面部分焊透焊缝，反面不应清根；设计要求腹板全焊透时，如腹板厚度不大于 20mm，宜采用单面 V 形坡口加衬垫焊接，如腹板厚度大于 20mm，宜采用 K 形坡口，反面清根焊接，如图 2.3.6 所示。

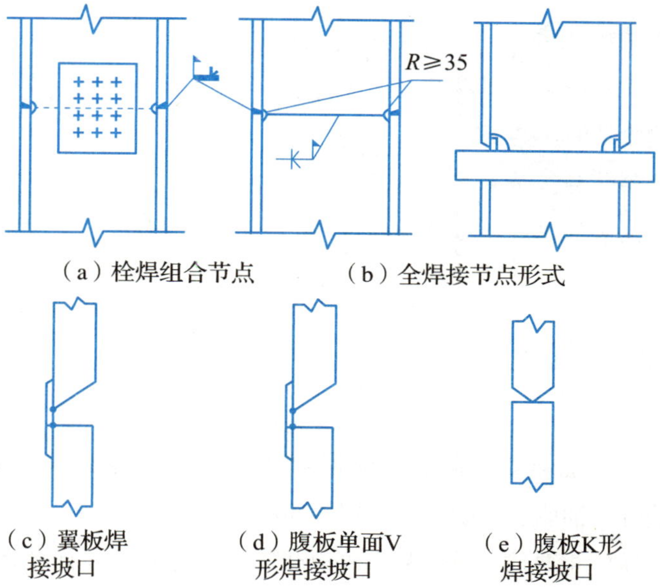

图 2.3.6　H 型框架柱的安装拼接坡口形式

（2）箱型及钢管框架柱的拼接。

箱型及钢管框架柱拼接时应采用全焊接接头，并根据设计要求采用全焊透焊缝或部分焊透焊缝。全焊透焊缝坡口形式采用单面 V 形坡口加衬垫，如图 2.3.7 所示。

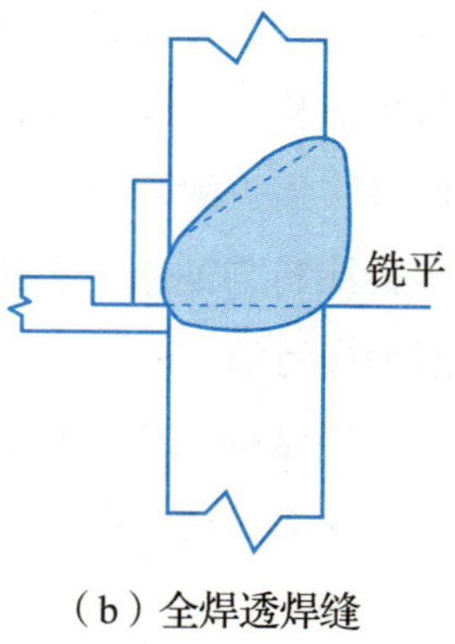

图 2.3.7　箱型及钢管框架柱安装拼接接头坡口形式

任务 4 钢结构涂装

任务目标

- 了解钢结构锈蚀原理。
- 熟悉钢结构除锈方法。
- 熟悉钢结构涂装材料选用方法。
- 熟悉钢结构涂装施工工艺。
- 掌握钢结构涂装施工质量控制要点。
- 掌握钢结构涂装施工验收方法和标准。

2.4.1 钢结构表面处理

1. 表面处理对象

为了获得合适的表面粗糙度和良好的涂层性能，需要对钢结构表面出现的加工缺陷、锈蚀、氧化皮、盐分、油脂、灰尘、旧涂层等问题进行处理。

（1）铁锈。铁锈的主要成分是铁的多种氧化物的水合物，含有水分、氧和可溶性盐分等，如图 2.4.1（a）所示。其松散地附着于钢材表面，对漆膜的附着力有影响，可以用打磨和喷砂的方法去除。

（2）氧化皮。氧化皮本身具有复杂的结构，在受到外界温度变化或机械作用时会发生剥落。对裸钢而言，氧化皮是阴极，作为阳极的钢铁会首先被腐蚀，如图 2.4.1（b）所示。

（3）灰尘和砂粒。表面处理后产生的大量灰尘，磨料和其他杂物会使漆膜附着力变差，使钢材过早发生返锈，涂装前必须彻底将其清除。

（4）锌盐。锌盐也被称为白锈，是富锌底漆表面的易产物，若在漆膜下面，在高湿度环境下，会溶胀而使涂层失去附着力，如图 2.4.1（c）所示。

（5）油污。大多数涂料与油脂具有排斥力，钢材表面的油污会引起涂料缩孔、附着力差等问题，可采用溶剂进行清理。

此外，旧有涂层、钢结构加工过程中产生的飞溅、粗糙焊缝等均是影响钢结构涂装材料附着的不利因素，应在涂装前去除，如图 2.4.2 所示。

2. 除锈方法

（1）手动工具除锈。

1）除锈工具。主要有钢丝刷、刮擦工具、凿刀、小刀、铲锤等，如图 2.4.3 所示。

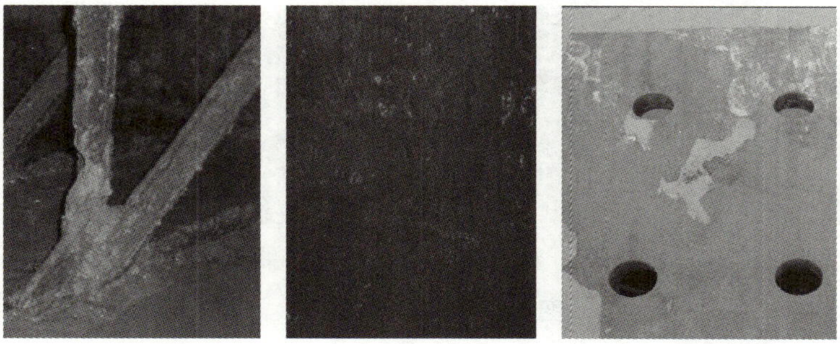

（a）铁锈　（b）氧化皮　（c）锌盐

图 2.4.1　常见除锈对象

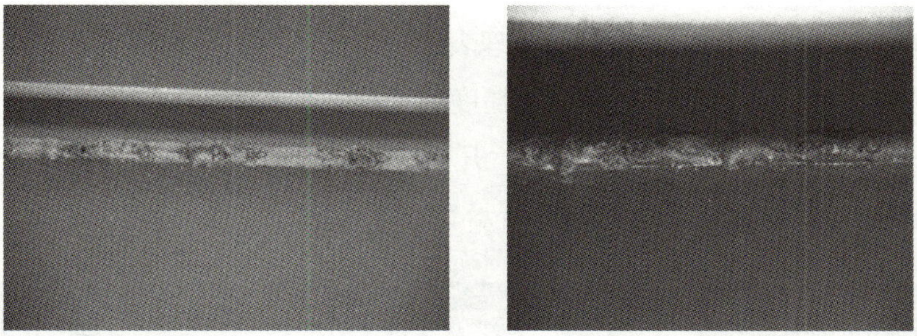

（a）粗糙的焊缝和飞溅原始焊缝　（b）未去除而涂装后的状态

图 2.4.2　飞溅及粗糙焊缝对涂层的影响

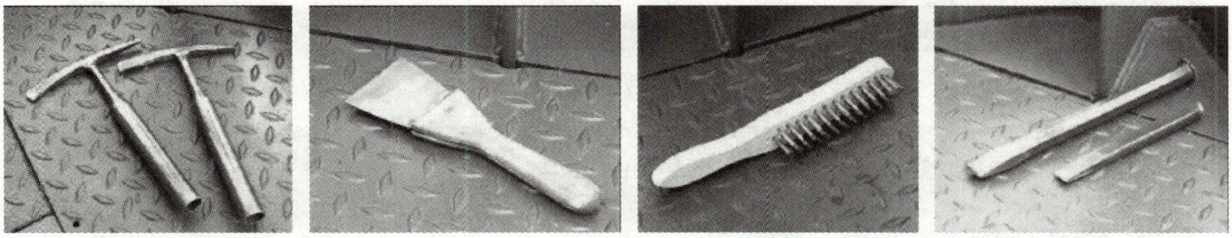

（a）凿刀　（b）钢铲　（c）钢丝刷　（d）凿子

图 2.4.3　手动除锈工具

2）特点。手动除锈工具具有便于携带，不需提供能源的优点，非常适合小面积施工或无法进行打磨喷砂清理的地方；但这种方法速度慢、劳动强度大、人工费用高、质量差，不可能去除所有锈蚀和氧化皮。因此在没有动力设备，或动力工具不能进入的部位，或进行涂层维修时可以采用此种方法。

（2）动力工具除锈。

1）除锈工机具。主要有旋转钢丝刷、气动砂轮机、冲击工具、铲锤、针铲、活塞铲、旋转铲、直柄砂轮机等，如图 2.4.4 所示。

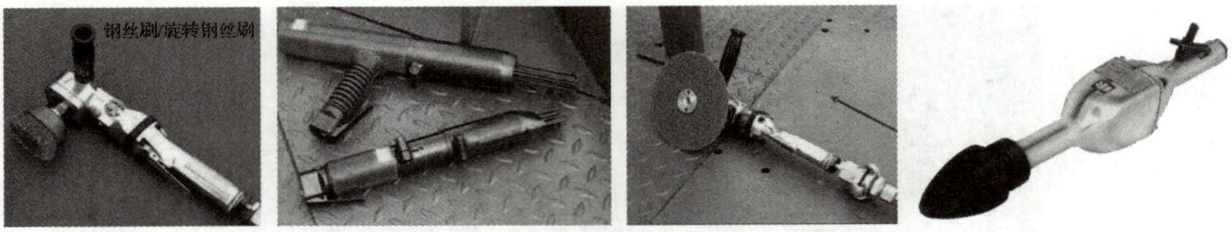

（a）旋转钢丝刷　（b）针枪、针铲　（c）砂纸盘　（d）直柄砂轮机

图 2.4.4　动力除锈工具

2）特点。动力工具除锈比手工除锈效率高、质量好，但比喷射或抛射除锈效率低、质量差，是一般涂装要求中常用的除锈方法。

（3）抛丸、喷砂除锈。

抛丸或喷砂除锈即采用高速度向待清理表面喷射高浓度的小磨料粒子，除去铁锈、氧化皮或其他表面污物，并获得合适表面粗糙度的一种除锈方法。

1）除锈工机具。主要有油水分离器、开放式喷砂清理机、通过式抛丸清理机、吸尘器等。常用除锈工机具和磨料如图 2.4.5 所示。

（a）油水分离器　（b）吸尘器　（c）开放式喷砂除锈机

（d）通过式抛丸清理机　（e）钢砂　（f）钢丸

图 2.4.5　常用除锈工机具和磨料

磨料是抛丸或喷砂除锈用的主要原料，包括钢砂、钢丸等。钢砂具有切割作用，可产生很好的表面粗糙度；钢丸的切割作用较小，但可以延长设备使用寿命，还可以硬化金属表面，降低应力腐蚀的发生概率，但价格偏高。

2）特点。采用抛丸或喷砂处理钢材表面时，可将铁锈、氧化皮、旧油漆与一些底材金属一起除去，是最为彻底的一种除锈方式，能获得不同要求的表面粗糙度。但设备复杂、需要操作人员具有一定的操作技术、劳动强度高、费用高，若磨料选择不当，容易造成构件变形。

3）除锈后的工作。除锈后的钢材表面必须用干燥清洁的压缩空气吹扫、或用干净的毛刷清扫（禁止用布类织物清扫，防止表面留下纤维），推荐采用吸尘器吸扫。对于一般防腐要求的钢材表面，按《涂料和相关产品使用前钢衬底的制备》（ISO 8501—1—2007）规定，一般在 3 级以内，采用压敏胶带法进行表面清洁度灰尘量评定。除锈验收合格的钢材，在厂房内存放的，应于 24h 内涂完底漆；在厂房外存放的，应于当班涂完底漆。

（4）酸洗除锈。

酸洗除锈又称化学除锈，其原理是利用酸洗液中的酸与金属氧化物进行化学反应，使金属氧化物溶解，生成金属盐并溶于酸液中，而除去钢材表面上的氧化物及锈。酸洗除锈后，应立即冲洗并进行钝化，防止返锈。该方法除锈效率高、质量较好、费用较低，但污染环境、产生的废液不易处理，工艺要求较严格。

3. 钢材除锈等级标准

（1）锈蚀等级。

根据国家标准《涂覆涂料前钢材表面处理—表面清洁度的目视评定》（GB/T 8923.1—2011），钢材表面分成 A、B、C、D 共 4 个锈蚀等级，如图 2.4.6 所示。

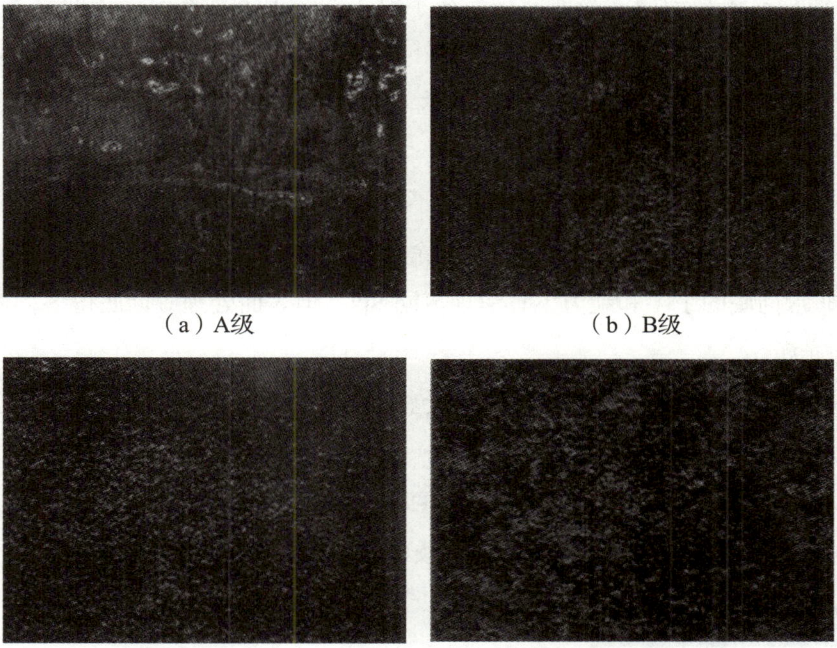

（a）A级　（b）B级

（c）C级　（d）D级

图 2.4.6　锈蚀等级

A 级：大面积覆盖着氧化皮而几乎没有铁锈。

B 级：已发生锈蚀，并且氧化皮已经开始剥落。

C 级：氧化皮因锈蚀而剥落，或者可以刮除，并且在正常视力观察下可见轻微点蚀。

D 级：氧化皮因锈蚀而全面剥落，并且在正常视力观察下可见普遍发生点蚀。

（2）除锈等级。

除锈等级分成喷射清理、手工和动力工具清理、火焰清理 3 种类型。

1）喷射清理。用字母“Sa”表示，分为“Sa1”“Sa2”“Sa $2\frac{1}{2}$”“Sa3”4 个等级，其文字叙述如下：

Sa1：轻度的喷射清理。在不放大的情况下观察时，表面应无可见的油、脂和污物，没有附着不牢的氧化皮、铁锈、涂层和外来杂质。

Sa2：彻底的喷射清理。在不放大的情况下观察时，表面应无可见的油、脂和污物，并且几乎没有氧化皮、铁锈、涂层和外来杂质。任何残留污染物应附着牢固。

Sa $2\frac{1}{2}$：非常彻底的喷射清理。在不放大的情况下观察时，表面应无可见的油、脂和污物，并且没有氧化皮、铁锈、涂层和外来杂质。任何污染物的残留痕迹应仅呈现为点状或条纹状的轻微色斑。

Sa3：使钢材表观洁净的喷射清理。在不放大的情况下观察时，表面应无可见的油、脂和污物，并且应无氧化皮、铁锈、涂层和外来杂质。该表面应具有均匀的金属色泽。

2）手工和动力工具清理。用“St”表示，分为“St2”“St3”两个等级，其文字叙述如下：

St2：彻底的手工和动力工具清理。在不放大的情况下观察时，表面应无可见的油、脂和污垢，没有附着不牢的氧化皮、铁锈和涂层和外来杂质。

St3：非常彻底的手工和动力工具清理。同 St2，但表面处理应彻底得多，表面应具有金属底材的光泽。

3）火焰清理。用字母“F1”表示，它包括在火焰加热作业后，以动力钢丝刷清除加热后附着在钢材表面的污物，只有一个等级，其文字叙述如下：

F1：火焰清理。在不放大的情况下观察时，表面应无氧化皮、铁锈、涂层和外来杂质。任何残留的痕迹应仅为表面变色（不同颜色的阴影）。

2.4.2 钢结构防腐涂装

1. 意义与种类

钢结构的腐蚀不仅会造成建设经济损失，还会产生安全隐患，造成不可估量的损失，因此，做好钢结构的防腐工作具有重要的经济和社会意义。

采用防护层把金属与腐蚀介质隔离来防止腐蚀是目前应用得最多的方法之一。常用的保护层有金属保护层、化学保护层、非金属保护层，目前国内外多采用非金属涂装方式进行钢结构防腐。

2. 涂装基本要求

（1）防腐涂装宜在构件组装和预拼装工程检验批的施工质量验收合格后进行。

（2）油漆防腐涂装可采用涂刷法、手工辊涂法、空气喷涂法和高压无气喷涂法。

（3）当产品说明书对涂装环境温度和相对湿度未做规定时，环境温度宜为5℃～38℃，相对湿度不应大于85%，钢材表面温度应高于露点温度3℃，且钢材表面温度不应超过40℃。

（4）被施工物体表面不得有凝露。

（5）遇雨、雾、雪、强风天气时应停止露天涂装，应避免在强烈阳光照射下施工。

（6）涂装后4h内应采取保护措施，避免淋雨和沙尘侵袭。

（7）风力超过5级时，室外不宜进行喷涂作业。

（8）涂料应搅拌均匀，随拌随用，不得随意添加稀释剂。

（9）不同涂层间的施工应有适当的重涂间隔时间，最大及最小重涂间隔时间应符合涂料产品说明书的规定，应超过最小重涂间隔时间再施工，超过最大重涂间隔时间后应按涂料说明书的指导进行施工。

（10）表面除锈处理与涂装的间隔时间宜在4h之内，在车间内作业或湿度较低的晴天不应超过12h。

（11）工地焊接部位的焊缝两侧宜留出暂不涂装的区域，应符合表2.4.1的规定，焊缝及焊缝两侧可涂装不影响焊接质量的防腐涂料。

表 2.4.1　焊缝暂不涂装的区域（mm）

图示	钢板厚度 t	暂不涂装的区域宽度 b
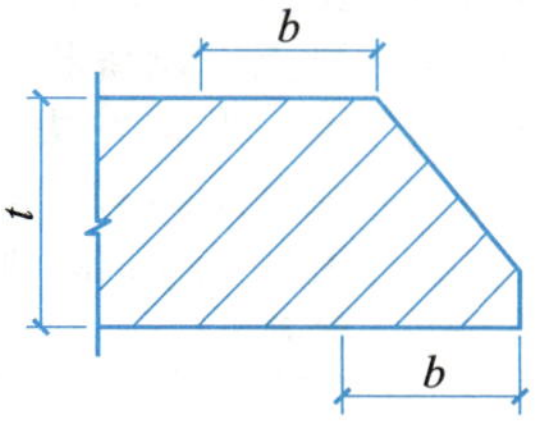	$t<50$	50
	$50 \leqslant t \leqslant 90$	70
	$t>90$	100

（12）表面涂有工厂底漆的构件，因焊接、火焰校正、曝晒和擦伤等造成重新锈蚀或富有白锌盐时，应经表面处理后再按原涂装规定进行补涂。

（13）运输、安装过程发生涂层碰损、焊接烧伤等，应根据原涂装规定进行补涂。

3. 涂装方法

涂装施工可采用涂刷、辊涂、空气喷涂和高压无气喷涂等方法。应根据涂装的现场条件、施涂物构件特点、涂料品种及设计要求等因素选择合适的涂装方法。常用涂料的涂装方法见表 2.4.2。

表 2.4.2 常用涂料的涂装方法

涂装方法	适用涂料的特性			被涂物	使用工具或设备	主要优缺点
	干燥速度	黏度	品种			
刷涂法	干性较慢	塑性小	油性漆、酚醛漆、醇酸漆等	一般构件及建筑物，各种设备和管道等	各种毛刷	优点：投资少，涂装方法简单，适用于各种形状及大小面积的涂装 缺点：均匀性较差，表面装饰性较差，涂装效率低
辊涂法	干性较慢	塑性小	水性漆、油性漆、酚醛漆、醇酸漆等	一般大型平面的构件和管道等	辊子	优点：投资少、涂装方法简单，适用于大面积涂装 缺点：均匀性较差，表面装饰性较差，涂装效率低
空气喷涂法	挥发快，干燥适宜	黏度小	各种硝基漆、橡胶漆、建筑乙烯漆、聚氨酯漆等	各种大型构件、设备和管道	喷枪、空气压缩机、油水分离器等	优点：设备投资较小，涂装效率较刷涂法高，表面光洁 缺点：涂装方法较复杂，消耗溶剂量大，环境污染较严重，易引起火灾
高压无气喷涂法	具有高沸点溶剂的涂料	高不挥发性，有触变性	厚浆型涂料和不挥发性涂料	各种大型钢结构、桥梁、管道、车辆和船舶等	高压无气喷枪、空气压缩机等	优点：效率比空气喷涂法高，能获得厚涂层 缺点：设备投资较大，涂装方法较复杂，涂料有一定损失，表面装饰性较差

4. 涂装工艺

（1）刷涂法。

刷涂法是指用漆刷进行涂装施工。刷涂时，应注意以下几点：

1）使用漆刷时，一般采用直握法，握紧漆刷，以腕力控制。

2）涂漆时，漆刷应蘸少许涂料，浸入漆的部分应为毛长的 1/3 ～ 1/2。蘸漆后，要将漆刷在漆桶内边上轻抹一下，除去多余的漆料，以防流坠或滴落。

3）对干燥较慢的涂料，应按涂敷、抹平和修饰三道工序进行操作。

4）进行涂敷和抹平时，应尽量使漆刷垂直，用漆刷的腹部刷涂；进行修饰时，应将漆刷放平，用漆刷的前端轻轻涂刷。

5）对干燥较快的涂料，应从被涂物的一边按一定顺序快速、连续地刷平和修饰，不宜反复刷涂。

6）刷涂施工时，应遵循自上而下、从左到右、先里后外、先斜后直、先难后易的原则，最后用漆刷轻轻地抹理边缘和棱角，使漆膜均匀、致密、光亮和平滑。

7）刷涂垂直表面时，最后一道应由上向下进行；刷涂水平表面时，最后一道应按光线照射的方向进行；刷涂木材表面时，最后一道应顺着木材的纹路进行。

（2）辊涂法。

辊涂法是用羊毛或合成纤维做成多孔吸附材料，贴附在空心的圆筒上制成辊子，进行施涂的一种涂装方法。操作时，应注意以下几点：

1）先将涂料大致涂布于被涂物表面，接着将涂料均匀地分布开，最后让辊子按一定方向滚动，滚平表面并修饰。

2）在辊涂时，初始用力要轻，以防涂料流落。随后逐渐用力，使涂层均匀。

（3）空气喷涂法。

空气喷涂法是利用压缩空气的气流将涂料带入喷枪，经喷嘴吹散成雾状，并喷涂到物体表面的一种涂装方法。操作时，应注意以下几点：

1）喷枪压力：0.3 ～ 0.5MPa。

2）喷嘴与物体表面的距离：大型喷枪为 200 ～ 300mm；小型喷枪为 150 ～ 250mm。

3）喷枪应保持与钢材表面平行状态运行，移动速度为 300 ～ 600mm/s，操作要稳定。

4）每行涂层的边缘的搭接宽度应一致，前后搭接宽度一般为喷涂幅度的 1/4 ～ 1/3。

5）多层喷涂时，各层应纵横交叉施工。

6）喷枪使用后，应立即用溶剂清洗干净。

（4）高压无气喷涂。

高压无气喷涂是利用高压泵输送涂料，当涂料从喷嘴喷出时，体积骤然膨胀而雾化，高速地喷涂在物面上的一种涂装方法。操作时，应注意以下几点：

1）喷嘴与物面的距离：大型喷枪为 300 ～ 380mm。

2）喷射角度：30° ～ 80°。

3）喷流的幅度：喷射大面积物件为 300 ～ 500mm；喷射较小面积物件为 100 ～ 300mm。

4）喷枪的移动速度为 0.1 ～ 1.0m/min。

5）每行涂层的边缘的搭接宽度为涂层幅度的 1/6 ～ 1/4。

6）喷涂完毕后，立即用溶剂清洗设备，同时排出喷枪内的剩余涂料，吸入溶剂进行彻底清洗，并拆下高压软管，用压缩空气吹净管内溶剂。

5. 涂装质量检验

根据《钢结构工程施工质量验收标准》(GB 50205—2020）要求，应满足以下要求：

（1）防腐涂料、涂装遍数、涂装间隔、涂层厚度均应满足设计文件、涂料产品标准的要求。当设计对涂层厚度无要求时，涂层干漆膜总厚度：室外不应小于 150μm，室内不应小于 125μm。

（2）当钢结构处于有腐蚀介质环境、外露或设计有要求时，应进行涂层附着力测试。在检测范围内，当涂层完整程度达到 70% 以上时，涂层附着力可认定为质量合格。

（3）涂层应均匀，无明显皱皮、流坠、针眼和气泡等。

（4）涂装完成后，构件的标志、标记和编号应清晰完整。

2.4.3 钢结构防火涂装

1. 意义与种类

没有做防火措施的钢结构建筑一旦遭受火灾，将会对人民的生命和财产造成严重损失，因此，对钢结构建筑进行防火处理是非常有必要的。钢结构涂料防火是采用涂料施涂于建筑物及构筑的钢结构表面，形成耐火隔热保护层以提高钢结构耐火极限。

按涂层厚度及性能特点，钢结构防火涂料可分为：超薄膨胀型（代号 CB)、薄涂膨胀型（代号 B）和厚涂型（代号 H)。具体涂装时可参考《钢结构防火涂料应用技术规程》(CECS 24—2020）的规定。

2. 涂装基本要求

（1）防火涂料涂装前，钢材表面除锈及防腐涂装应符合设计文件和国家现行有关标准的规定。

（2）基层表面应无油污、灰尘和泥沙等污垢，且防锈层应完整、底漆无漏刷。构件连接处的缝隙应采用防火涂料或其他防火材料填平。

（3）选用的防火涂料应符合设计文件和国家现行有关标准的规定具有抗冲击能力和粘

结强度，不应腐蚀钢材。

（4）防火涂料可按产品说明书要求在现场进行搅拌或调配。当天配置的涂料应在产品说明书规定的时间内用完。

（5）厚涂型防火涂料，属于下列情况之一时，宜在涂层内设置与构件相连的钢丝网或其他相应的措施。

1）承受冲击、振动荷载的钢梁。

2）涂层厚度大于或等于 40mm 的钢梁和桁架。

3）涂料粘结强度小于或等于 0.05MPa 的构件。

4）钢板墙和腹板高度超过 1.5m 的钢梁。

（6）防火涂料施工可采用喷涂、抹或辊涂等方法。

（7）防火涂料涂装施工应分层施工，应在上层涂层干燥或固化后，再进行下道涂层施工。

（8）厚涂型防火涂料有下列情况之一时，应重新喷涂或补涂。

1）涂层干燥固化不良，粘结不牢或粉化、脱落。

2）钢结构接头和转角处的涂层有明显凹陷。

3）厚度小设计规定厚度的 85%。

3. 涂装方法

防火涂料施工可采用喷涂、抹涂、刷涂、刮涂等方法。喷涂是使用喷涂机具将防火涂料直接喷涂在构件表面，该方法应用范围广泛，不受钢构件几何形状的限制。

4. 涂装工艺

（1）膨胀型（超薄型、薄型）防火涂料涂装施工。

工艺流程：作业准备→防火涂料配料、搅拌→喷涂→检查验收。

清除钢结构表面的浮尘与油污，检查防锈漆是否有漏涂之处，如有，先除锈再补刷防锈漆。

按涂料说明比例正确配比使用，使用前在桶内搅拌均匀。

1）底层涂装施工工艺及要求。

底涂层一般喷 2 ～ 3 遍，待前一遍干燥后再喷后一遍，第一遍盖住 70% 即可，第二遍、第三遍每遍厚度不超过 2.5mm 为宜。

喷涂保护方式、喷涂层数和涂层厚度应根据防火设计要求确定。

喷涂时，操作者要拿稳喷枪，保持运动速度平稳。喷枪要垂直于被喷涂钢构件表面，喷距为 6 ～ 10mm。

施工过程中，操作者应随时采用测厚针检测涂层厚度，确保各部位涂层达到规定的厚度要求。

喷涂后形成的涂层表面呈粒状，当设计要求涂层表面平整光滑时，喷涂完最后一遍后应使用抹灰刀等工具进行抹平处理，使涂层表面均匀平整。

2）面层涂装工艺及要求。

面层应在底层涂料干燥后开始涂装。

面层涂料一般涂刷 1 ～ 2 遍。如第一遍是从左至右涂刷，第二遍则应从右至左涂刷，以确保全部盖住底涂层。

面层涂装施工应保证颜色均匀一致，接槎平整。

（2）厚涂型钢结构防火涂料涂装施工。

工艺流程：作业准备→防火涂料配料、搅拌→喷涂→检查验收。

防火涂料应随用随配，按涂料说明比例正确配比，搅拌时先将涂料倒入混合机加水拌合 2min 后，再加胶粘剂及钢防胶充分搅拌 5 ～ 15min，使稠度达到可喷程度。

喷涂分若干层完成，第一层厚 1cm 左右，基本盖住钢材面即可，晾至 7 ～ 8 成干后再喷第二层，以后每次喷涂厚度为 5 ～ 10mm，一般为 7mm；必须在前一次基本干燥或固化后再喷，通常每天喷涂一层。

喷涂保护方式、喷涂遍数与涂层厚度应根据设计要求确定。

喷涂时，喷枪要垂直于被喷涂钢构件表面，喷距为 6 ～ 10 cm，喷涂气压保持在 0.4～0.6MPa。喷枪运动速度要保持稳定，不能在同一位置久留，避免造成涂料堆积流淌。喷涂过程中，配料及往喷涂机内加料均要连续进行，不得停顿。

正式喷涂前，应试喷一建筑层（段），经消防部门、质监站核验合格后，再大面积作业。

施工环境温度低于 +5℃时不得施工，应采取外围封闭、加温措施，施工前后 48h 保持 +5℃以上为宜。

施工过程中应随时检测涂层厚度，直至符合设计厚度方可停止。

喷涂后，对于明显凹凸不平处，使用抹灰刀等工具进行剔除和补涂处理，以确保涂层表面均匀。

喷完一个建筑层并经自检合格后，将施工记录送交总包，由总包、分包、甲方（监理）三方联合核查。用带刻度的钢针抽查厚度，如发现厚度不够，应补喷或铲掉重喷。用锤子敲击检查是否存在空鼓，发现空鼓应重喷。合格后，办理隐蔽工程验收手续。

5. 涂装质量检验

（1）膨胀型（超薄型、薄涂型）防火涂料、厚涂型防火涂料的涂层厚度及隔热性能应满足国家现行标准有关耐火极限的要求，且不应小于 –200μm。当采用厚涂型防火涂料涂装时，80% 及以上涂层面积应满足国家现行标准有关耐火极限的要求，且最处厚度不应低于设计要求的 85%。

（2）超薄型防火涂料涂层表面不应出现裂纹；薄涂型防火涂料涂层表面裂纹宽度不应大于 0.5mm；厚涂型防火涂料涂层表面裂纹，宽度不应大于 1.0mm。

（3）防火涂料涂装基层不应有油污、灰尘和泥砂等污垢。

（4）防火涂料不应有误涂、漏涂，涂层应闭合，无脱层、空鼓、明显凹陷、粉化松散和浮浆、乳突等缺陷。

任务 5 钢构件成品包装、贮存与运输

任务目标

- 掌握钢结构成品构件的包装原则。
- 熟悉钢构件的贮存要求。
- 熟悉各类运输方式的特点。

2.5.1 钢结构成品包装

钢构件制作完毕后，应根据相关标准、规范、图纸等要求进行成品检验。完成质量验收的钢构件进入下一步工序，即采用适当的包装、贮存和运输方法，在现场安装施工前保证构件的完整和偏差要求。通过设计良好的包装措施防止构件变形、涂层损伤。

1. 包装编号要求

在包装前，必须将生产过程中（下料、制作、涂装、验收等）使用的各种符号转换为设计图纸所规定或项目统一的构件编号，用记号笔、油漆或贴纸标于构件的规定部位或明显部位，便于包装、交付和安装时识别。

编制包装方案或设计时应根据构件特点、运输车辆大小和运输路线的特点，明确规定包装材料、包装方法、防护材料、标识等防护措施。

2. 包装条件要求

（1）涂层干燥后才能开展包装工作，并应注意保护构件涂层不受损伤。

（2）每个包装重量一般不超过 3 ～ 5t，包装方式应满足运输要求，包装的外形尺寸则

根据货运能力而定。采用汽车运输方式时，长度一般不超过 12m，最大不超过 18m，宽度不超过 2.5m，高度不超过 3.5m。对于超过尺寸限值的情况应特殊处理。

（3）包装应保证零、构件不变形、不损伤、不散失，同时降低运输费用。

（4）钢结构的加工面、轴孔和螺纹，均应涂以润滑脂和贴上油纸，螺孔用木楔塞住。

（5）包装时应填写包装清单，包装清单应与实物一致，经专检确认后签字。

3. 包装方法

钢结构的一般包装方法有裸装、捆扎、密闭箱及格栅、密封罐四种，最常见的为裸装、捆扎，如图 2.5.1 所示。

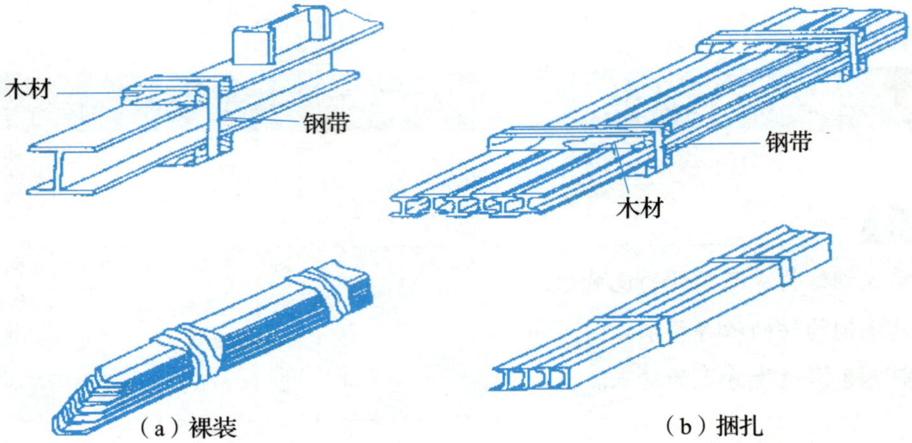

（a）裸装　　（b）捆扎

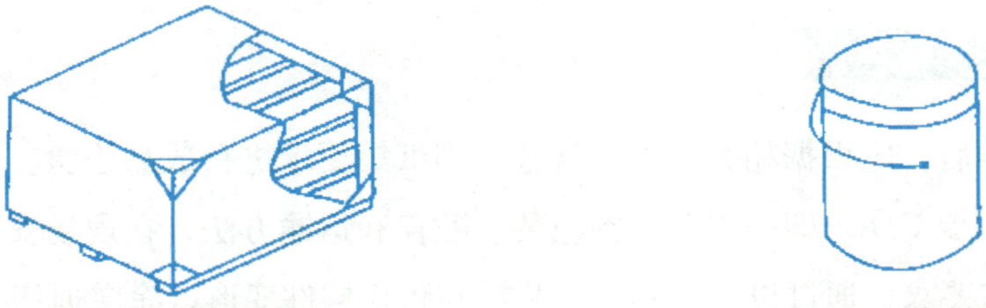

（c）密闭箱及格栅　　（d）密封罐

图 2.5.1　钢结构一般包装方法

（1）单件超过 1.5t 的构件单独运输时，应用垫木作外部包裹。

（2）细长构件可打捆发运，一般用小槽钢在外侧配以长螺钉夹紧，其空隙处填以木条。

（3）有孔的板形零件，可穿长螺栓，或用钢丝打捆。

（4）较小零件应装箱，根据零件涂装情况和施工现场情况考虑是否采取防水措施。

（5）平运容易变形的片状构件，一般可将几片构件装成近似框架形。用活络拖斗车运输时，装夹包装的宽度应控制在 1.6 ～ 2.2m，太窄容易失稳，装夹件一般是同一规格的构件。

（6）需海运的构件，除大型构件外，均需打捆或装箱。螺栓、螺纹杆以及连接板要用防水材料外套封装。

4. 包装标识

每个包装箱、裸装件及捆装件的两边都要有标识，表明物件的工程名称、工程编号、图纸号、构件号、数量、重量、外形尺寸、重心、吊点、制造工厂或公司、收货单位、地点、运输号码等内容。其中，重心用鲜红色油漆标出，再加上一个向下箭头，如图 2.5.2 所示；通常，吊点的位置是由等强连接在构件上的吊耳来确定的。

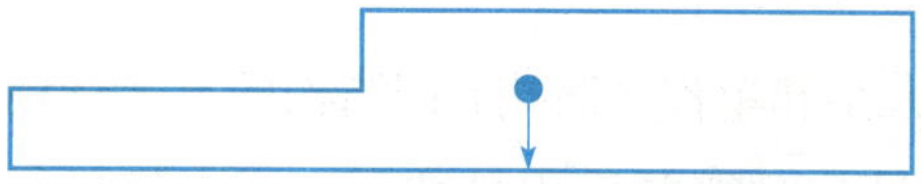

图 2.5.2　构件的重心标注

2.5.2 钢结构成品贮存

1. 成品贮存要求

（1）钢材可露天堆放，也可堆放在有顶棚的仓库里。露天堆放时，场地要平整，并应高于周围地面，四周留有排水沟；尽量使钢材截面的背面向上或向外，以免积雪、积水，两端应有高差，以利排水。

（2）仓库既是贮存货物的地点，也是进行收、发、管作业的场所。为便于这些工作的顺利进行，必须合理布局。仓库内布局要保证收、发、管作业的连续性和互不干扰。充分利用仓库面积，合理安排并尽量扩大货物贮存面积，但要流出通道、收发作业以及办公地点等非贮存面积。经常收、发的货物和体大笨重的货物安排在离库门较近的地方，以缩短运距和减轻工作量。

（3）对库内布局做出总体规划后，将料区和料位划定下来。划定料区就是按型钢、钢板、钢管、金属制品等分类方法，将钢材贮存在划定的区域，定出料位，设立标牌，注明钢材类别、品种、规格及编号等。

2. 成品堆放要求

（1）堆放要尽量减少钢材的变形和锈蚀；每隔 5 ～ 6 层放置楞木，其间距以不引起钢材明显的弯曲变形为宜，楞木要上下对齐，在同一垂直面内；材料堆之间留有一定宽度的通道以便运输。

（2）为增加堆放钢材的稳定性，可使钢材互相勾连，或采取其他措施。这样，钢材的堆放高度可达到所堆宽度的两倍；否则，钢材堆放的高度不应大于其宽度。

（3）一堆内上、下相邻的钢材应前后错开，以便在其端部固定标牌和编号。标牌应表明钢材的规格、钢号、数量和材质验收证明书号。钢材端部应根据其钢号涂以不同颜色的油漆。钢材的标牌应定期检查。选用钢材时，要顺序寻找，不要乱翻。

（4）在保管过程中，应该注意避免钢材受机械性损伤，防止产生锈蚀。

2.5.3 钢结构成品运输

1. 成品装车

根据钢结构的包装方法不同，装车时的保护措施也有所不同。裸装或捆扎时应采取以下保护措施：

（1）根据现场场地的大小和单件（捆扎）钢结构的重量选用适宜的起重机。

（2）裸装的钢结构在吊装时需要采用吊装带，或在钢丝绳与结构接触位置铺垫橡胶垫，避免钢结构的涂层损伤。

（3）装车前，在运输车辆的厢板上摆放道木或橡胶垫，道木或橡胶垫的距离根据钢结构大小而定，将钢结构放于道木上部。在每一层钢结构之间也需要铺设道木，防止运输过程中磨损钢结构的涂层。

（4）装好后，需要对结构进行捆绑以确保其牢固，并采取保护措施防止构件变形，避免涂层损伤，如图 2.5.3 所示。

图 2.5.3 钢结构成品装车措施示意图

2. 成品运输

运输前要勘查道路，选择运输车辆型号，按照车辆保养要求对牵引车和拖挂车进行全面检查。对于运输不便的构件，采用现场拼装的方式。

采用公路运输时，运输车辆应根据所承载构件尺寸及重量进行选择，由于钢结构单体构件一般重量较大，尺寸单方向较宽，故一般需要用不同型号车辆配合来完成运输任务。常见的运输及吊装车辆如图 2.5.4 所示。

（a）单桥起重机

（b）双桥起重机

（c）小型平板运输车

（d）大型平板运输车

图 2.5.4　常用的运输及吊装车辆

公路运输的高度极限为 4.5m，隧道高度极限为 4m，且构件长出车身不应超过 2m。

在装运过程中，构件的装车方向、各构件的支撑位置、运输道路、运输顺序、卸车位置都需经专人设计计算，以免构件在施工前发生过大弯曲乃至破坏。

项目实训　编制 H 型钢构柱加工工艺

实训主题

H 型钢有轧制和焊接两种，目前常用的是焊接 H 型钢。本实训将以带牛腿的典型 H 型钢构柱为对象编制加工工艺。

实训分析

完成此实训，首先应明确 H 型钢构件的加工工艺流程，再根据现行规范和现有条件安排各工序，完成加工工艺的编制。

实训内容

一、H 型钢构柱加工工艺流程

工艺流程如图 1 所示。

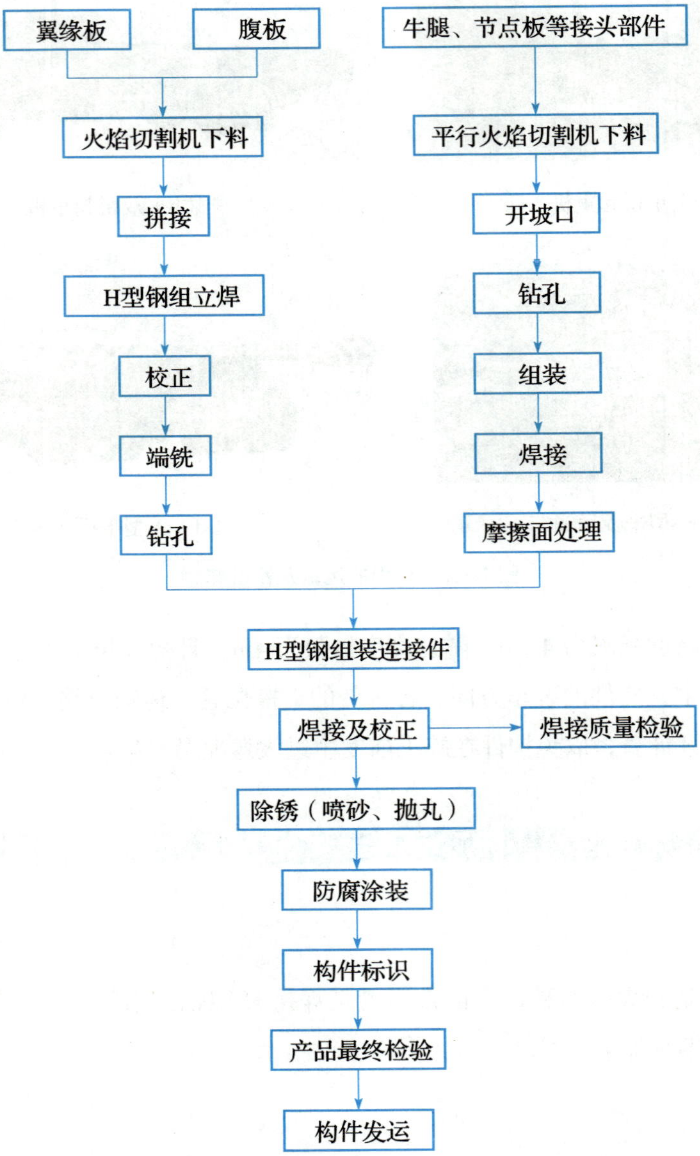

图 1　H 型钢构柱加工工艺流程

加工示意图如图 2 所示。

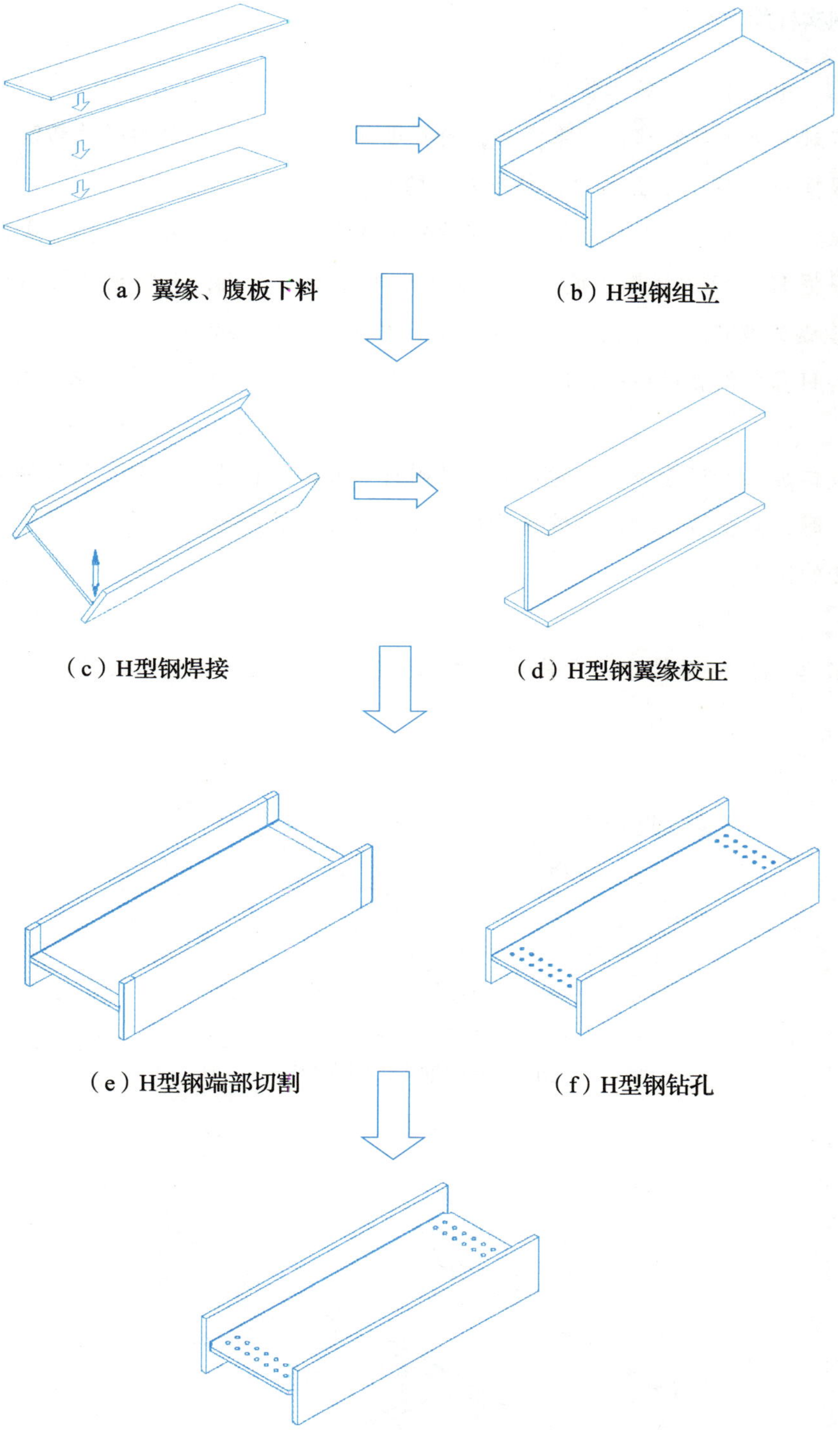

（a）翼缘、腹板下料

（b）H型钢组立

（c）H型钢焊接

（d）H型钢翼缘校正

（e）H型钢端部切割

（f）H型钢钻孔

（g）H型钢锁口

图 2　H 型钢加工示意图

二、H 型钢构柱组立

步骤 1 组立前的准备工作。

（1）核对各待组装零部件的零件号，检验零部件规格是否符合图纸及切割标准要求。

（2）根据 H 型钢的截面尺寸，制作人工胎架或采用 H 型钢流水线。

（3）检查零件的外观切割质量，对零件外观质量不符合要求处进行修补或打磨。

（4）根据 H 型钢的板厚、坡口要求制备引弧板及引出板，引弧板及引出板的坡口形式应与 H 型钢的坡口形式相同，引弧及引出长度应不小于 60mm。

（5）对 H 型钢的腹板存在坡口的位置应采用半自动火焰切割机进行切割，并应符合图纸要求。

（6）坡口加工完毕后，必须对坡口面及附近 50mm 范围进行打磨，清除割渣及氧化皮等杂物。同时，对全熔透和部分熔透坡口，在其过渡处打磨出过渡段，使其平滑衔接，过渡按 1 ：2 的比例。

步骤 2 拼装胎架。

根据 H 型钢的截面尺寸，可采用 H 型钢人工胎架法或通过流水线进行组立，如图 3、图 4 所示。

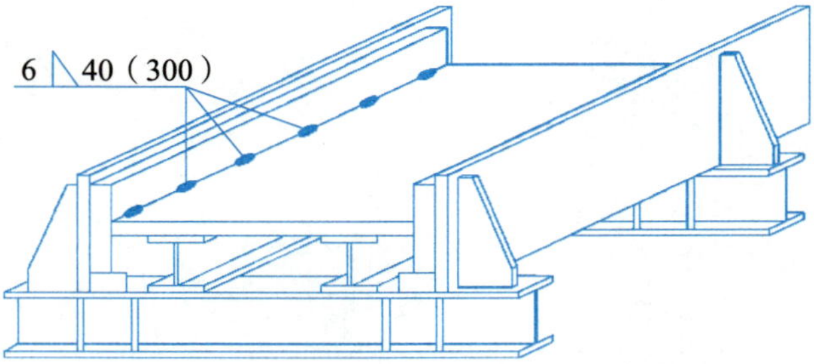

图 3　H 型钢人工组立胎架

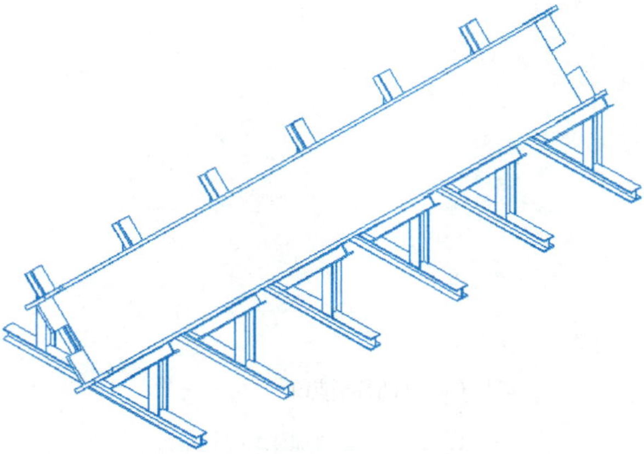

图 4　H 型钢流水线组立胎架

三、H 型钢构柱焊接

步骤 1 H 型钢定位焊。

H 型钢的组立定位焊缝长度 40 ~ 60mm，焊道间距为 300 ~ 400mm，并应填满弧坑，定位焊焊缝不得有裂纹。定位焊接必须由持相应资格证的焊工施焊。定位点焊分布图如图 5 所示。

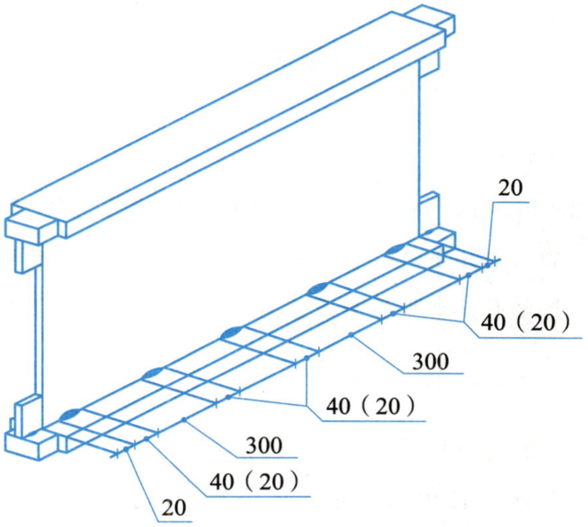

图 5 H 型钢组立定位点焊分布图

步骤 2 H 型钢焊接。

（1）直线段主焊缝埋弧焊采用门型埋弧焊机或小车式埋弧焊机进行。

（2）施焊前，焊工应检查焊接部位的组装和表面质量，如不符合要求，应修磨补焊，合格后方能施焊。

（3）焊接作业区环境温度低于 0℃时，应将构件焊接区各方向大于或等于二倍钢板厚度且不小于 100mm 范围内的母材加热到 20℃以上后方可施焊，且在焊接过程中均不应低于这一温度。

（4）H 型钢埋弧焊焊接顺序。

进行埋弧焊焊接时，其焊接位置为船形焊位置。焊接前，应观察 H 型钢的变形程度，通常先焊的焊缝所引起的收缩变形比较大，因此，在正确判断 H 型钢的变形程度后，先对变形量比较大的角部进行焊接，焊接应遵循的顺序原则如图 6 所示。

（5）在焊接过程中，当焊缝需进行多道焊接时，应注意增加翻身的次数，避免因一条焊缝直接焊满而造成较大的弯曲变形。

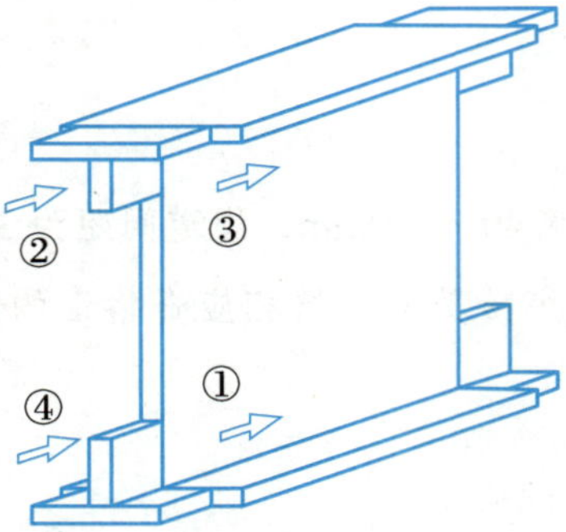

图 6　H 型钢组焊焊接顺序

四、H 型钢构柱矫正

对于翼板板厚在 28mm 及以下的，可利用 H 型钢流水线上的 H 型钢矫正机进行矫正；对于板厚在 28mm 以上的，利用 BOX 流水线矫正机进行矫正；局部的焊接变形利用火焰矫正法进行；矫正后的表面不应有明显的凹面或损伤，划痕深度不得大于 0.5mm。

五、H 型钢构柱装配

步骤 1　H 型钢柱装配前的检测。

H 型钢柱装配前，应确认 H 型钢的主体已检测合格，局部的补修及弯扭变形均已符合标准要求。对不合格部件严禁用于组装，必须交原工序修整合格后方可组装。

步骤 2　H 型钢柱牛腿、节点板、吊耳的装配。

（1）将 H 型钢本体放置在装配平台上。长度方向以型钢顶面锯切面为装配基准，宽度方向以型钢截面中心线为装配基准，根据此原则，在 H 型钢长度及宽度方向上划出牛腿、节点板、安装耳板定位线，牛腿以牛腿中心线为定位基准，节点板、安装耳板以上端孔中心线为定位基准，如图 7 所示。

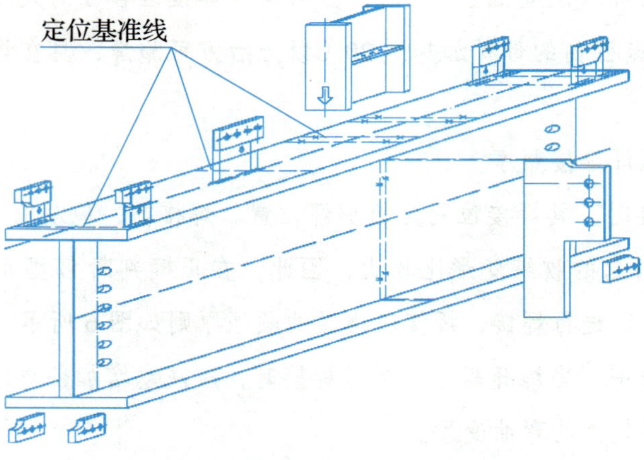

图 7　H 型钢柱牛腿、节点板、吊耳装配

（2）由于焊接过程中钢材会收缩，因此在进行焊接H型钢的组立及装配焊接时，应预放焊接收缩量，主要根据构件截面高度、板厚及加劲板的数量等因素而定，如下所示：

1）牛腿装配：将安装牛腿柱体表面置于上水平面，按对应定位线安装牛腿，调整牛腿外端孔至柱轴线距离使之符合图纸要求，调整牛腿的角度至符合要求，用拉线、吊线、直角尺、钢尺检查合格后进行定位焊接。

2）节点板、耳板装配：按对应定位线以零件上端孔中心线为基准定位安装节点板、耳板。调整、检查合格后进行定位焊接。

3）加劲板装配：按对应位置安装牛腿翼板和加劲板。加劲板与牛腿翼板对齐安装。检查合格后进行定位焊接。

步骤 3 钢柱的柱顶板及柱底板的装配。

（1）首先，将装配用的平台调至水平；然后，在柱顶板或柱底板上划出十字中心线及钢柱的断面形状（推荐），如图 8 所示。

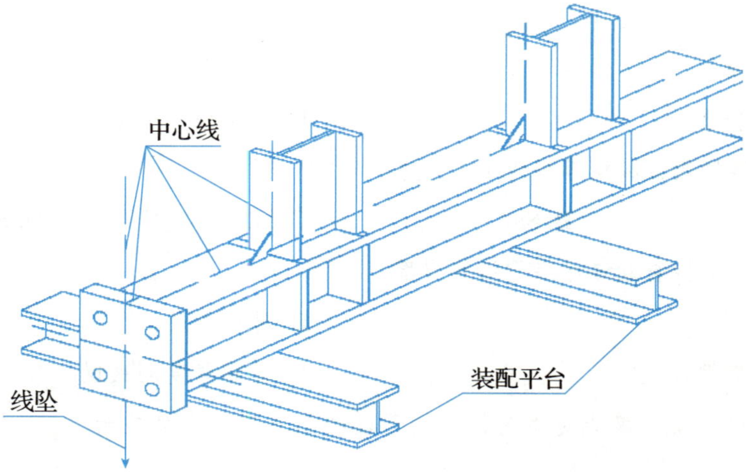

图 8　H 型钢柱底板或顶板装配

（2）在水平胎架上，将顶板或底板与钢柱本体按靠线装配，确保柱顶板或底板与钢柱本身成直角，并利用线坠确认。

（3）部件或零件装配定位焊后应进行整体装配尺寸复查，确保无误后进行整体焊接，然后将焊接所产生的飞溅等杂物清理干净。

技能检测

一、选择题

1. 焊缝外观检查方法及工具主要有：肉眼观察、焊缝规、（　　）。

A. 磁粉检测　　B. 着色检查　　C.5 ~ 10 倍放大镜　　D. 超声检测

2. 在对接焊缝中经常使用引弧板，目的是（　　）。

A. 消除起落弧在焊口处的缺陷

B. 对被连接构件起到补强作用

C. 防止熔化的焊剂滴落，保证焊接质量

D. 增加焊缝长度

3. 钢材切割面或剪切面应（　　）。

A. 无裂纹、夹渣、分层和大于 1mm 的缺棱

B. 平整、美观、露出金属色泽

C. 无气孔、锈斑及凹坑

D. 无焊瘤且光滑平整

4. 碳素结构钢在环境温度低于 –16℃、低合金结构钢在环境温度低于 –12℃时，不应进行（　　）。

A. 热弯曲　　B. 热矫正

C. 焊接作业　　D. 冷矫正和冷弯曲

5. 醇酸底漆的最低除锈等级为（　　）。

A. Sa1　　B. Sa2　　C. St2　　D. Sa2.5

6. 用（　　）检查油漆涂层干漆膜厚度。

A. 钢尺　　B. 游标卡尺

C. 干漆膜测厚仪　　D. 湿膜厚度测试仪

7. 当设计对涂层厚度无要求时，涂层干漆膜总厚度：室外应为（　　）μm，室内应为（　　）μm。

A. 150　125　　B. 175　150　　C. 125　100　　D. 150　100

8. 下列焊接方法中，可焊空间位置只限于立焊的有（　　）。

A. 氩弧焊　　B. CO_2 保护焊　　C. 手工电弧焊　　D. 电渣焊

9. 埋弧自动焊生产效率高，主要是因为（　　）。

A. 采用了粗焊丝　　B. 焊件表面覆盖了一层焊剂

C. 电弧电压较高　　D. 选取了大的电流密度

10. 钢结构批量涂装应采用（　　）方法。

A. 辊涂　　B. 无气喷涂　　C. 刷涂　　D. 有气喷涂

二、简答题

1. 号料有哪些注意事项？
2. 焊接材料主要有哪些？
3. 埋弧自动焊与手工电弧焊相比有何特点？埋弧自动焊的工艺参数有哪些？
4. 钢结构手工矫正对薄板和厚板的矫正方法是否一样？是基于什么原理进行矫正的？
5. 钢结构涂装主要有哪些方法？各有什么特点？

项目3　钢结构工程安装

项目导读

钢结构建筑类型多样，其中以单层门式刚架结构、多高层钢框架结构和网架结构应用最为广泛，本项目将针对以上3种类型的钢结构建筑，分别从准备工作、安装机械选用、安装施工方法、安装质量检验等方面讲解。通过本项目的学习，同学们能够根据项目图纸和现场条件编制钢结构建筑安装施工组织设计文件，提出机械设备需求单；能够开展结构安装质量检验工作。

项目重点

1. 安装施工机械类型特点和选型要求。
2. 单层门式刚架吊装施工方法。
3. 多、高层钢结构吊装顺序及标高的传递。
4. 钢网架结构安装方法。

素养提升

通过介绍不同结构类型钢结构建筑的安装施工方法，对学生进行团队协作、求真务实、攻坚克难的思政教育，帮助学生建立严谨认真的工作态度，培养学生的工匠精神和职业道德，引导学生自觉遵守职业规范要求，理解土木工程师应承担的责任。

任务1 钢结构安装施工准备工作

任务目标

- 了解钢结构安装准备工作的内容。
- 熟悉吊装机械的工作特点。
- 掌握基础复验方法和验收标准。

技术准备是施工准备的核心。

1. 编制施工组织设计

施工组织设计是用于指导施工的技术性文件，包含实现基本建设计划和设计要求。

（1）编制依据。

1）钢结构设计图和相应的设计深化施工图。

2）设计方与业主提供的指导性文件与技术文件，如会议纪要。

3）设计方指定的施工及验收标准与技术规程。

4）施工现场踏勘资料。

5）施工企业能力，包括技术能力、设备资源情况、施工人员素质等。

（2）内容。

1）工程概况：主要包括工程名称、工程地点、建设单位、设计单位、总包单位、分包单位、工程性质、结构概况、主要结构参数（轴线、跨度、跨数、柱距、层数、主要构件标高、建筑面积等）、机械选用概况和其他概况。

2）工程量概况：包括构件名称及编号，构件截面尺寸、长度、重量、吊点位置及备注等。

3）施工平面布置图：包括柱网和跨度布置，构件现场堆放位置，吊装主要施工流水，施工机械进出场路线、停机位置及开行路线，施工现场道路情况，现场临时设施布置位置和面积，水电用量及布置等。

4）施工机械：主要包括机械种类、型号、数量，起重机械臂长、角度，起重半径，起吊有效高度，机械用途等。

5）吊装主要施工顺序：包括总体施工顺序，主要和重要构件的吊装顺序和流水，次要构件的吊装顺序的搭接等。

6）施工主要技术措施：主要包括确定构件吊点位置，计算构件重心，日照、焊接温差和施工过程中对构件垂直度影响的控制措施，轴线位移和标高的控制措施，构件地面组装方法等。

7）工程质量标准：包括国家标准、地方标准、设计方对工程质量标准的要求。

8）安全施工注意事项：主要包括垂直和水平通道畅通，立体交叉施工的安全隔离，防火、防毒、防爆、防污措施，构件临时稳定措施，施工机具安全使用要求，安全用电措施，冬夏期施工安全措施等。

9）工程材料和设备计划表：主要包括工具和设备，料具和易耗材料，安全防护设施等的需求情况。

10）劳动力计划表：主要包括工种配备、工程数量等。

11）工程进度及成本计划表：主要包括项目内容、劳动组织、劳动定额、用工数、机械台班数、工程进度计划等。

在编制施工组织设计文件时应在保证质量、安全的前提下，通过提高机械化施工程度和合理的施工顺序，尽量缩短工期，加快进度；应选择合理的施工方法，尽量减少高空作业，通过合理安排施工平面图，减少现场临时设施，减少构件的就位和运输环节；还应合理投入劳动力，避免使用量出现突变的高峰和低谷。

2. 工艺试验与工艺评定

施工前必须完成相关材料或工艺的工艺试验和工艺评定，这是保证施工质量的前提和基础。需要开展工艺试验与工艺评定的项目主要包括：

（1）焊接工艺。

（2）高强度螺栓的摩擦面工艺。

（3）高强度螺栓的扭矩系数。

（4）特殊构件的安装工艺。

（5）采用的新工艺与新材料。

（6）测量校正工艺。

一般的钢结构工程，前3项是必做的，第（4）、（5）项如果涉及就需要做，第（6）项可沿用以往工艺，但若首次使用测量校正工艺，则必须要做。

3. 现场准备工作

钢结构工程在施工安装前的现场准备工作有：钢构件的验收，仪器准备，基础复验，构件堆放，构件堆场、设备工具材料安排、组织施工力量等。

（1）构件进场验收。

钢结构安装单位需在构件制造厂质量报告的基础上，在现场安装前对钢结构构件进行复验或抽检，这项工作也称为钢构件预检。预检项目主要是施工安装质量和工效直接相关数据，预检质量以质量报告为准，预检数量要求关键构件全部检查，其他构件抽检10% ～ 20%。

构件进入施工现场后，除检查构件规格、型号、数量外，还需对运输过程中易产生变形的构件和易损部位进行专门检查，发现问题应及时通知有关单位做好签证手续以便备案，对已变形构件应予以矫正，并重新检验。

（2）机械、器具准备。

按照施工机械、器具需要量计划，组织施工机具进场，根据施工总平面图将施工机具安置在规定的地点或仓库。对于固定的机具要进行就位、搭棚、接电源、保养和调试等工作。对所有施工机具都必须在开工之前进行检查和试运转。

（3）基础复验。

钢结构安装前应对建筑物的定位轴线、基础轴线、标高、地脚螺栓的位置和规格等进行检查，此外，还应进行基础检测，合理后办理交接验收。

1）定位轴线检查。

定位轴线施工过程：做控制桩→基础混凝土浇筑→按控制桩将定位轴线引渡至柱基钢筋混凝土底板上→预检定位轴线（是否与原定位轴线重合、封闭，总尺寸是否超差，纵横定位轴线是否垂直、平行）。

预检应由监理、土建、安装三方联合进行，对检查数据要统一认可鉴证。

2）柱间距检查。

定位轴线交点是柱基中心点，是钢柱安装的基准点，是钢柱竖向间距的标准，其间距是否符合要求直接影响竖向框架梁的安装连接质量和钢柱垂直度，因此需要严格控制偏差。定位轴线确认后进行柱间距检查，采用标准尺实测柱间距。

3）柱基地脚螺栓检查。

地脚螺栓的检查内容包括螺栓长度、螺栓垂直度、螺栓间距、柱基地脚螺栓预埋方法的选择等。

4）基准标高实测。

基准标高一般设置在柱基底板的适当位置，四周加以保护，作为整个施工阶段标高的依据。考虑到施工的实际情况，设计时留有一定的间隙（50mm）以便钢柱安装时的标高调整。对钢柱柱基表面进行标高实测，将测得的标高偏差用平面图表示，作为调整依据。

（4）构件堆场。

由于施工场地的限制和构件安装流水顺序不同，必须设置构件的中转堆场，用于储存待安装的钢构件，进行构件的安装流水安排和组织供应，进行构件的检查和修复。

中转堆场的选址应尽量靠近工程现场，同市区公路相通，符合运输车辆的运输要求，并做好“三通一平”。

堆场面积既要保证施工现场吊装进度，又要保证留有一定的储备量；既能满足构件堆放，又能保证必要的构件配套、预检、拼装与修理用地；另外，还需考虑堆场办公、生活用地，但要注意面积控制。

应对进出场构件做好台账；对于堆场内的构件应绘制实际的构件堆放平面布置图，分别编好相应区、块、堆、层，便于日常查找；根据吊装流水要求，提前做好配套供应计划；对运输过程中发生变形、失落的零（构）件，应及时矫正和解决；做好堆场的防汛、防火、防爆、防腐工作，合理安排供水、供电和夜间照明。

4. 起重机械选用

起重机械主要用于钢柱的吊装、定位，是钢结构施工现场不可或缺的大型设备，选好起重机械是钢结构安装活动的关键。在工程中所用的起重机械，根据其构造和性能的不同，一般可分为以下几类：

（1）塔式起重机。

塔式起重机是指在金属塔架上装有起重臂和起重机构的一种起重机。具有提升高度高，工作半径大，工作速度快，吊装效率高，但起重量不大，转移、安装、拆除都比较麻烦等特点。按有无行走机构可分为移动式和固定式两种；按起重臂的构造特点可分为俯仰变幅起重臂（动臂）和小车变幅起重臂（平臂）两种；按回转形式可分为上回转和下回转（塔身回转）两种；按安装形式可分为整体快速拆装式和借助辅机拼装式两种；按有无塔尖的结构可分为平头塔式起重机和塔头塔式起重机。下面分别介绍各种分类标准下的塔式起重机的特点。

1）按行走机构分类的塔式起重机。

移动式塔式起重机根据行走装置的不同又可分为轨道式、轮胎式、汽车式、履带式四种。轨道式塔式起重机塔身固定于行走底架上，可在专设的轨道上运行，稳定性好，能带负荷行走，工作效率高，因而广泛应用于建筑安装工程，如图 3.1.1 所示。轮胎式、汽车式和履带式塔式起重机无轨道装置，移动方便，但不能带负荷行走、稳定性较差，目前已很少生产。

图 3.1.1　轨道式塔式起重机

固定式塔式起重机根据装设位置的不同，又分为附着自升式和内爬式两种。附着自升式塔式起重机能随建筑物升高而升高，适用于高层建筑，建筑结构仅承受由起重机传来的水平荷载，附着方便，但占用结构用钢多，如图 3.1.2 所示。内爬式塔式起重机在建筑物内部（电梯井、楼梯间），借助一套托架和提升系统进行爬升，顶升较烦琐，但占用结构用钢少，不需要装设基础，全部自重及荷载均由建筑物承受，如图 3.1.3 所示。

图 3.1.2　附着自升式塔式起重机

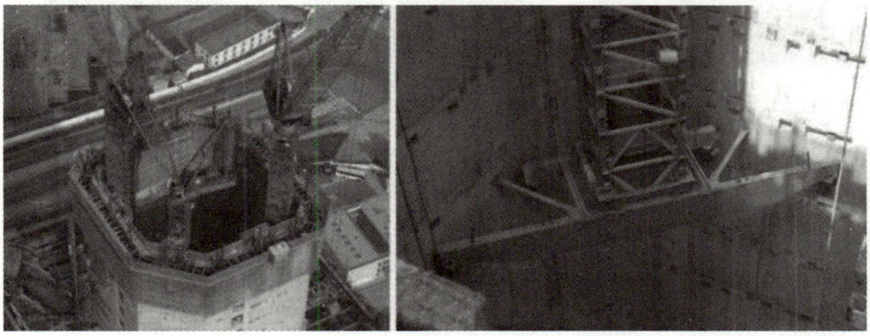

图 3.1.3　内爬式塔式起重机

2）按起重臂构造特点分类的塔式起重机。

俯仰变幅起重臂塔式起重机，也称动臂式塔式起重机，是靠起重臂升降来实现变幅的，其优点是能充分发挥起重臂的有效高度，机构简单，如图 3.1.4 所示。

图 3.1.4　动臂式塔式起重机

小车变幅起重臂塔式起重机，也称平臂式塔式起重机，是靠水平起重臂轨道上安装的小车行走来实现变幅的。其优点是变幅范围大，载重小车可驶近塔身，能带负荷变幅；缺点是起重臂受力情况复杂，对结构要求高，且起重臂和小车必须处于建筑物上部，塔尖安装高度比建筑物屋面要高出 15 ～ 20m，如图 3.1.5 所示。

图 3.1.5　平臂式塔式起重机

3）按回转形式分类的塔式起重机。

下回转式塔式起重机将回转支承、平衡重、主要机构等均设置在下端。其优点是塔身所受弯矩较少，重心低，稳定性好，安装维修方便；缺点是对回转支承要求较高，安装高度受到限制，如图 3.1.6 所示。

图 3.1.6 下回转式塔式起重机

上回转式塔式起重机将回转支承、平衡重、主要机构均设置在上端。其优点是由于塔身不回转，可简化塔身下部结构、顶升加节方便；缺点是当建筑物超过塔身高度时，由于平衡臂的影响，限制了起重机的回转，同时由于重心较高，风压增大，压重增加，使整机总质量增加，如图 3.1.7 所示。

图 3.1.7 上回转式塔式起重机

4）按安装形式分类的塔式起重机。

快速安装式塔式起重机都属于中小型下回转式塔式起重机，主要用于工期短，要求起重机频繁移动的低层建筑工程。优点是能提高工作效率，节省安装成本，省时省工省料；缺点是结构复杂，维修工作量大，如图 3.1.8 所示。

需辅机拆装的塔式起重机，主要用于中高层建筑工程及工作幅度大、起重量大的场所，是目前建筑工地上的主要机种，如图 3.1.9 所示。

图 3.1.8　快速安装式塔式起重机

图 3.1.9　需辅机安装的塔式起重机

5）按有无塔尖结构分类的塔式起重机。

平头式塔式起重机是近几年发展起来的一种新型塔式起重机，其特点是在原自升式塔式起重机的结构上取消了塔帽及其前后拉杆部分，增强了大臂和平衡臂的结构强度，大臂和平衡臂直接相连。其优点是整机体积小，安装便捷安全，降低运输和仓储成本，且起重臂耐受性能好，受力均匀一致，对结构及连接部分损坏小，部件设计可标准化、模块化，部件互换性强，减少设备闲置，提高投资效益；其缺点是在同类型塔机中平头式塔式起重机价格稍高，如图 3.1.10 所示。塔头式塔式起重机能够自行回转，但只能在塔头起仰的角度内起吊；起吊能力与位置基本无关，但起吊半径较小。塔头式塔式起重机如图 3.1.11 所示。

图 3.1.10　平头式塔式起重机

图 3.1.11　塔头式塔式起重机

（2）履带式起重机。

履带式起重机是在行走的履带底盘上装有起重装置的起重机械。主要由动力装置、传动装置、行走机构、工作机械、起重滑车组、变幅滑车组及平衡重等组成，如图 3.1.12 所示。

履带式起重机按传动方式不同可分为机械式、液压式和电动式 3 种。其优点是起重能力较大，操纵灵活，能 360° 回转，操作灵活，使用方便，在一般平整坚实的地面上可负载行驶，由于履带的作用，还可在松软、泥泞、崎岖不平的地面上作业；其缺点是稳定性较差，行驶速度慢，自重大，对路面有破坏性，因而，转移时多用平板拖车装运。履带式起重机的结构如图 3.1.13 所示。

图 3.1.12　履带式起重机

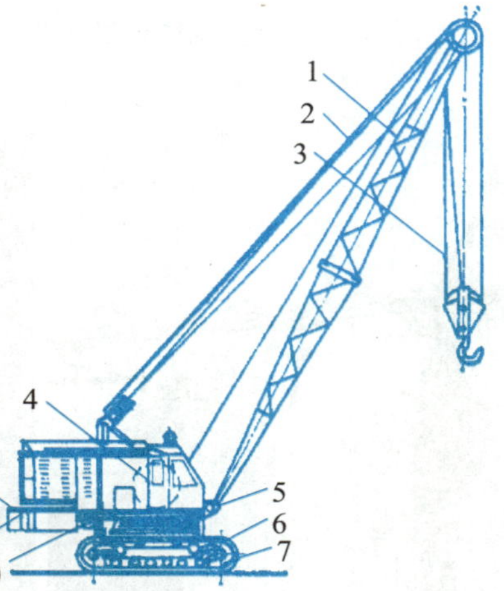

图 3.1.13　履带式起重机的结构

1—起重臂；2—变幅钢索；3—起重钢索；4—起重卷扬机；5—底盘；6—履带；
7—支重轮；8—回转台；9—平衡重；10—变幅卷扬机

（3）汽车式起重机。

汽车式起重机是将起重机构安装在普通载重汽车或专用汽车底盘上的起重机，其行驶驾驶室与起重操纵室分开设置，如图 3.1.14 所示。汽车式起重机按起重量大小分为轻型、中型和重型 3 种。起重量在 20t 以内的为轻型，50t 及以上的为重型；按传动装置形式分为机械传动、电力传动、液压传动。目前，液压传动的汽车式起重机应用较广。

汽车式起重机的底盘两侧设有 4 个支腿，可增加起重机的稳定性，具有机动性能好，运行速度快，对路面破坏性小的优点；但不能负荷行驶，吊重物时必须支支腿，对工作场地的要求较高，主要用于构件的装卸及单层钢结构的吊装。

图 3.1.14 汽车式起重机

（4）轮胎式起重机。

轮胎式起重机是利用轮胎式底盘行走的动臂旋转起重机。按传动方式分为机械式、电动式和液压式 3 种，如图 3.1.15 所示。

图 3.1.15 轮胎式起重机

与汽车式起重机相比其优点有：轮距较宽，稳定性好，车身短，转弯半径小，可在 360° 范围内工作；但其行驶时对路面要求较高，行驶速度较汽车式慢，不适于在松软泥泞的地面上工作。

（5）桥架类起重机。

桥架类起重机都是以桥形主梁的金属结构作为主要承载构件。通过起升机构、小车运行机构、大车运行机构等工作机构的组合运动，使起重机在固定跨度的盒形空间内完成物料搬运作业。

桥架类起重机主要机种有桥式起重机、门式起重机和装卸桥。桥式起重机的桥形主梁通过两个端梁直接支承在固定于建筑物的轨道上，常见的有单梁电动葫芦起重机和双梁桥式起重机，其中以双梁桥式起重机使用量最大。广泛应用于车间、仓库或露天堆料场地。常见桥架式起重机示意图如图 3.1.16 所示。

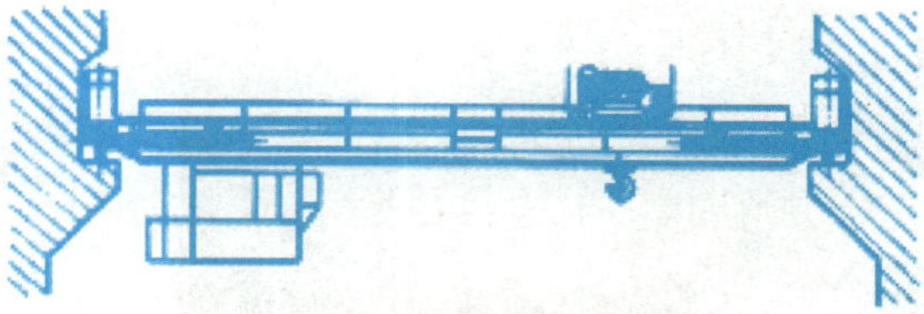

（a）桥式起重机

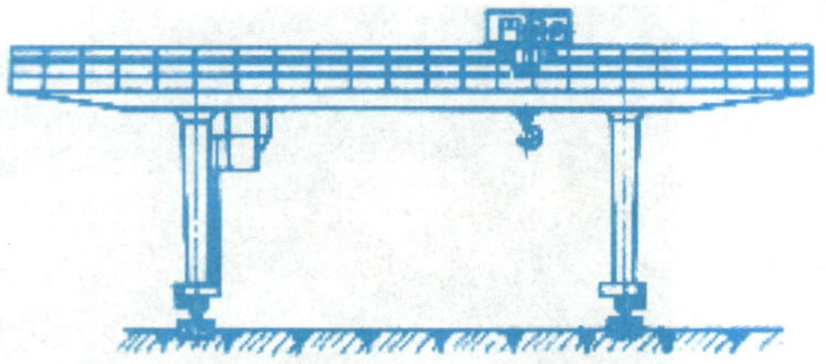

（b）龙门起重机

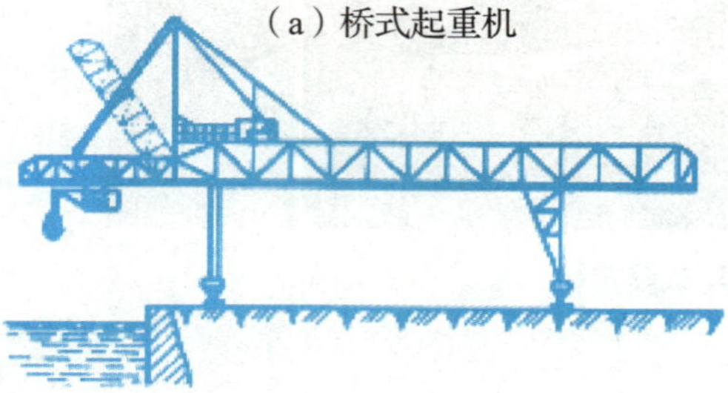

（c）运载桥

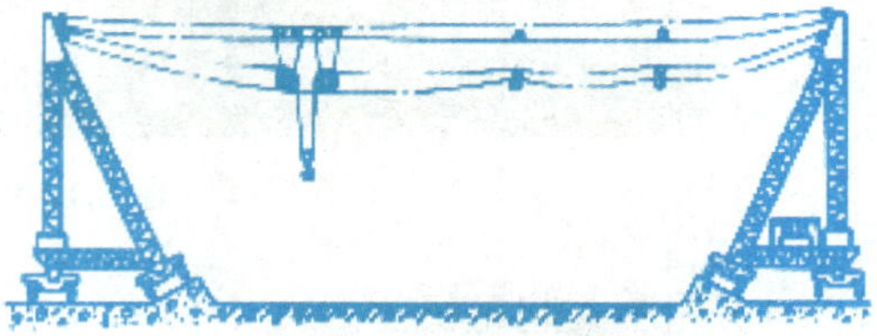

（d）缆索起重机

图 3.1.16　桥架式起重机示意图

（6）轻小型起重设备。

1）千斤顶。千斤顶是一种用钢性顶举件作为工作装置，通过顶部托座或底部托爪在行程内顶升重物的轻小起重设备。是起重高度小的最简单的起重设备之一，分为机械式和液压式两种。液压式千斤顶结构紧凑，工作平稳，可自锁，故使用广泛，特别是在大型钢结构建筑安装中可用于屋盖节点位置的同步提升。其缺点是起重高度有限，起升速度慢。常见的机械式千斤顶和液压式千斤顶如图 3.1.17、图 3.1.18 所示。

图 3.1.17　机械式千斤顶

图 3.1.18　液压式千斤顶

2）电动葫芦。电动葫芦简称电葫芦，是一种轻小型起重设备，具有体积小，自重轻，操作简单，使用方便等特点。起重量一般为 0.1 ～ 80t，起升高度为 3 ～ 30m。电动葫芦一般安装在单梁起重机、桥式起重机、门式起重机、悬挂起重机上。稍加改造，还可以作卷扬机用。因此，它是提高劳动效率，改善劳动条件的必备机械。常见形式如图 3.1.19

所示。

3）卷扬机。通过转动卷筒，使缠绕在卷筒上的钢丝产生牵引力的起重设备。可以垂直提升或水平、倾斜牵引重物。卷扬机分为手动卷扬机和电动卷扬机两种。目前常用的是电动卷扬机。电动卷扬机由电动机、联轴节、制动器、齿轮箱和卷筒组成，共同安装在机架上。在装卸量大的情况下，能令空钩快速下降，提高工作效率；在装卸敏感货物或进行设备安装时，能设置较慢的速度，保证了货物安全和安装精度。常见的卷扬机如图 3.1.20 所示。

图 3.1.19　电动葫芦

图 3.1.20　卷扬机

（7）其他机具与设备。

1）钢丝绳。钢丝绳是由多层钢丝捻成股，再以绳芯为中心，由一定数量的股捻绕成螺旋状的绳。钢丝绳是吊装作业中采用的主要绳索，具有强度高、弹性大、韧性好、耐磨、能承受冲击荷载、工作可靠等特点。结构吊装作业中常用的钢丝绳是由 6 束绳股和一根绳芯（一般为麻芯）捻成，每束绳股由多根高强钢丝捻成，如图 3.1.21 所示。

图 3.1.21　钢丝绳常见形式

2）吊钩。吊钩是起重机械中最常见的吊具之一。吊钩常借助于滑轮组等部件悬挂在起升机构的钢丝绳上，如图 3.1.22 所示。吊钩按形状分为单钩和双钩。单钩制造简单、使用方便，但受力情况不好，大多用在起重量为 80t 以下的工作场合；起重量大时常采用受力对称的双钩。

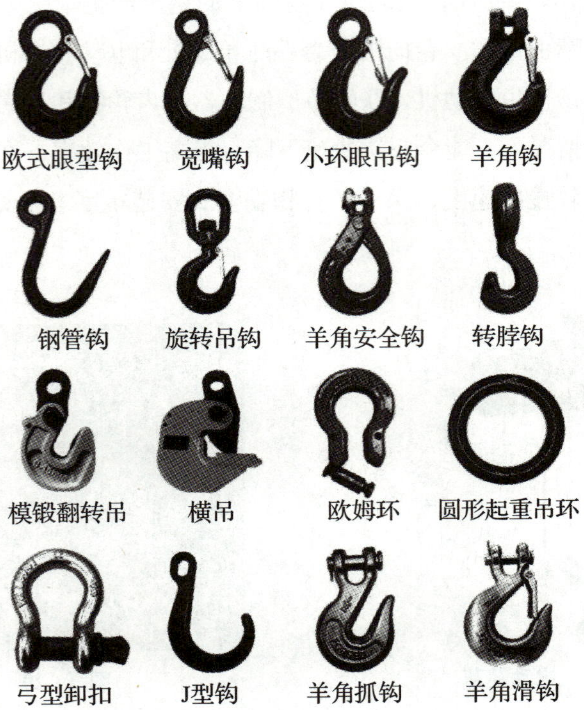

图 3.1.22　吊钩常见形式

3）地锚。地锚用来固定缆风绳、卷扬机、滑车、拔杆的平衡绳索等。常用的地锚有桩式地锚和水平地锚两种。桩式地锚是将圆木打入土中，承担拉力，用于固定受力不大的缆风绳。水平地锚是将一根或几根圆木绑扎在一起，水平埋入土中而成。如图 3.1.23 所示。

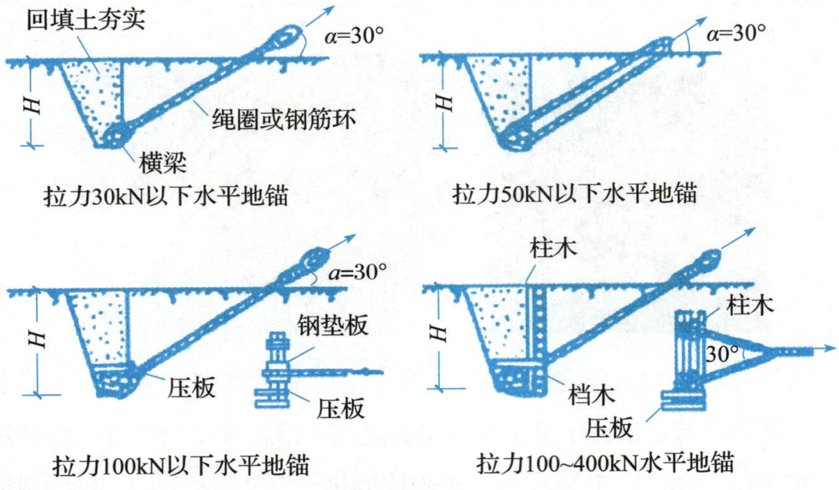

图 3.1.23　地锚常见形式

4）卡环。用于吊索之间或吊索与构件吊环之间的连接，由弯环与销子两部分组成。按连接形式分为螺栓式和活络式两种，如图 3.1.24 所示。

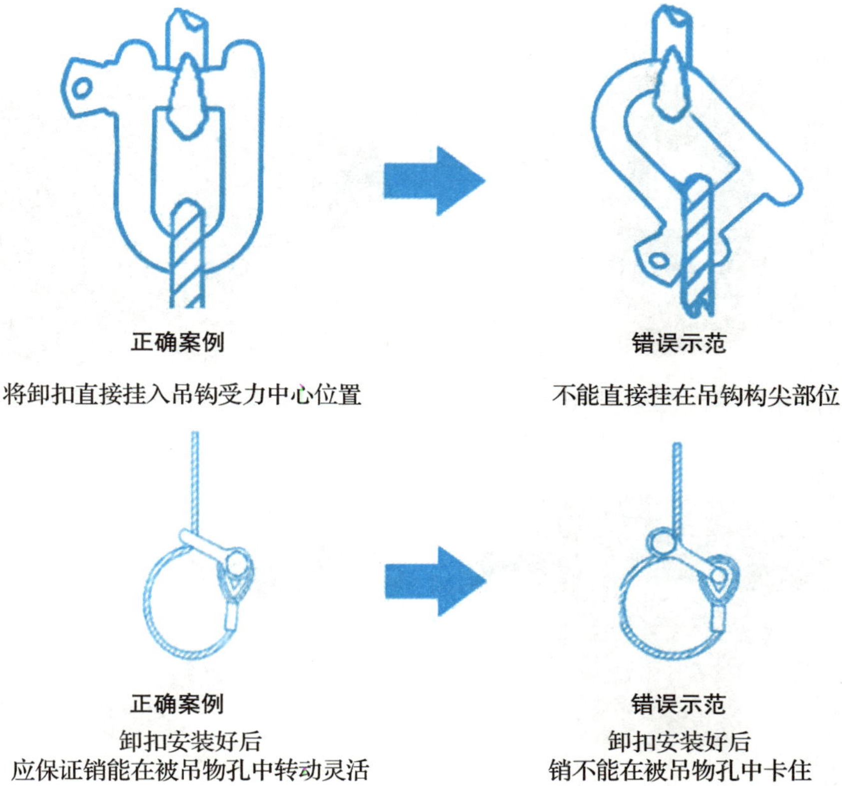

图 3.1.24　卡环的使用方法

5）电焊机。钢结构柱脚施工中，靴梁、隔板、肋板与底板及其自身之间的连接有时需要采用焊接连接，这时就需要使用电焊机械。其设备原理及施工方法详见项目 2 的任务 2。

6）气割机。钢结构柱脚组成中的靴梁、隔板、肋板、底板常需要使用切割机械在现场制作，气割能切割各种厚度的钢材，设备灵活，费用经济，切割精度也高，是目前在施工现场使用最为广泛的切割方法。其设备原理及施工方法详见项目 2 的任务 2。

7）经纬仪。经纬仪是根据测角原理设计的，是测量工作中的主要测角仪器。由望远镜、水平度盘、竖直度盘、水准器、基座等组成。按照度盘刻度和读数方式的不同，分为游标经纬仪、光学经纬仪和电子经纬仪。目前最常用的是光学经纬仪，如图 3.1.25 所示。

光学经纬仪主要用于纵、横轴线（中心线）以及垂直度的控制测量等。主要用于工程建（构）筑物建立平面控制网的测量以及厂房（车间）柱安装铅垂度的控制测量，还可用于测量纵向、横向中心线，建立安装测量控制网并在安装全过程进行测量控制。

8）水准仪。水准仪是根据水准测量原理测量地面点间高差的仪器。主要部件有望远镜、管水准器（或补偿器）、垂直轴、基座、脚螺旋。按结构分为微倾水准仪、自动安平水准仪、激光水准仪和数字水准仪（又称电子水准仪），如图 3.1.26 ～图 3.1.28 所示。

图 3.1.25　光学经纬仪

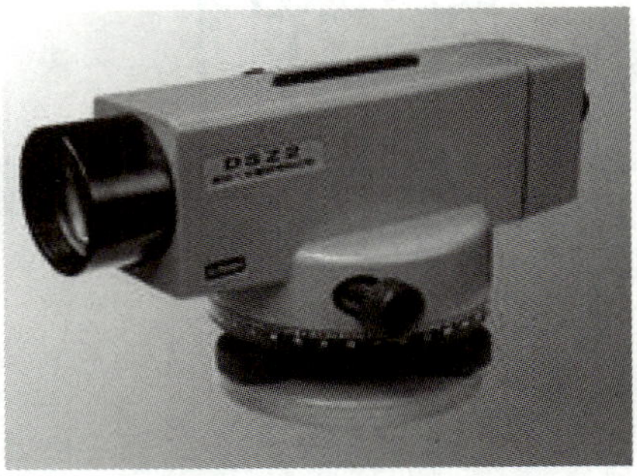

图 3.1.26　自动安平水准仪

图 3.1.27　激光水准仪

图 3.1.28　数字水准仪

9）垫木、垫铁、扳手、撬棍、扭矩扳手、千斤顶、直尺、卷尺等是在钢结构柱脚施工过程中辅助钢柱的吊装、定位、固定和柱脚组成构件施工的常用机具。由于其应用的广泛性，这里不再赘述其用途。

5. 基础复验

（1）基础复核与检查。

钢结构安装前应对建筑物的定位轴线、基础轴线、基础标高、地脚螺栓位置、规格等项目进行检查，进行基础检测并办理交接验收手续（基础施工单位与安装施工单位）。若基础工程分批交接，应保证每次交接验收为至少一个安装单元的全部柱基基础。在进行基础复核前，首先检查以下事项：

1）基础混凝土强度必须达到设计强度 75% 以上或设计要求，否则易导致安装后基础混凝土被压碎的情况。

2）基坑周围回填夯实完毕。

3）基础轴线标志和标高基准点准确、齐全，其允许偏差符合设计规定或《钢结构工程施工质量验收标准》(GB 50205—2020）规定，见表 3.1.1。

表 3.1.1　建筑物定位轴线、基础上柱的定位轴线和标高的允许偏差（mm）

项目	允许偏差	图例
建筑物定位轴线	l/20000，且不应大于 3.0	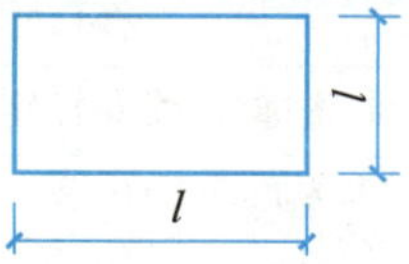
基础上柱的定位轴线	1.0	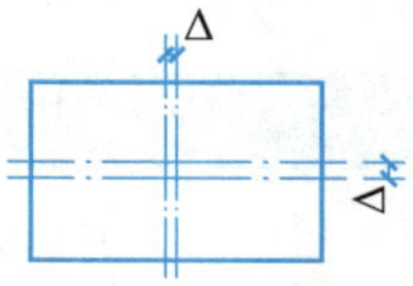
基础上柱底标高	± 3.0	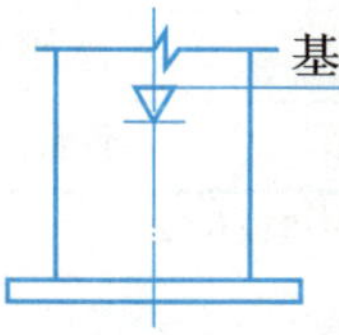

4）基础顶面直接作为柱的支承面或以基础顶面预埋钢板或支座作为柱的支承面时，应保证顶面平整，预留孔清洁，地脚螺栓（锚栓）完好，其支承面、地脚螺栓（锚栓）位置的允许偏差应符合表 3.1.2 的规定。

表 3.1.2　支承面、地脚螺栓（锚栓）位置的允许偏差（mm）

项目		允许偏差
支承面	标高	± 3.0
	水平度	l/1000
地脚螺栓（锚栓）	螺栓中心偏移	5.0
预留孔中心偏移		10.0

5）地脚螺栓（锚栓）标高轴线测量资料齐全，并经监理签证。

6）若采用二次浇灌法施工，则二次浇灌处的基础表面应凿毛。

（2）预埋件与结构安装有关尺寸的复查。

1）测量基础对角线等长情况，以保证基础形状。

2）使用水平仪和测量标尺测量所有柱和支墩处的基础标高，采用插入式或埋入式柱脚时，杯口尺寸的允许偏差应符合表 3.1.3 的规定；采用座浆垫板时，座浆垫板的允许偏差应符合表 3.1.4 的规定。

表 3.1.3　杯口尺寸的允许偏差（mm）

项目	允许偏差
底面标高	0 –5.0
杯口深度 H	± 5.0
杯口垂直度	h/1000，且不应大于 10.0
柱脚轴线对柱定位轴线的偏差	1.0

注：h 为底层柱的高度。

表 3.1.4　座浆垫板的允许偏差（mm）

项目	允许偏差
顶面标高	0 –3.0
水平度	l/1000
平面位置	20.0

注：l 为垫板长度。

3）确定基础螺栓位置是否正确，采用经纬仪测量，其偏差应符合表 3.1.5 的规定。

表 3.1.5　地脚螺栓（锚栓）尺寸的允许偏差（mm）

螺栓（锚栓）直径	项目	
	螺栓（锚栓）外露长度	螺栓（锚栓）螺纹长度
$d \leqslant 30$	0 +1.2d	0 +1.2d
d>30	0 +1.0d	0 +1.0d

（3）钢柱基础浇筑。

为保证地脚螺栓位置准确，施工时可用钢筋做固定架，将地脚螺栓安置在与基础模板分开的固定架上，然后浇筑混凝土。为保证基础顶面标高符合设计要求，可根据柱脚形式和施工条件，采用以下两种方法：

1）一次浇筑法：即将柱脚基础支承面混凝土一次浇筑到设计标高。施工时，先将混凝土浇筑到比设计标高低 20 ～ 30mm 处，然后在设计标高处设角钢或槽钢制导架，测准其标高，再以导架为依据用水泥砂浆精确找平到设计标高，如图 3.1.29 所示。采用一次浇筑法，免除了柱脚的二次浇筑工作，因此要求钢柱制作尺寸精准，且施工时保证细石混凝土与下层混凝土紧密结合。

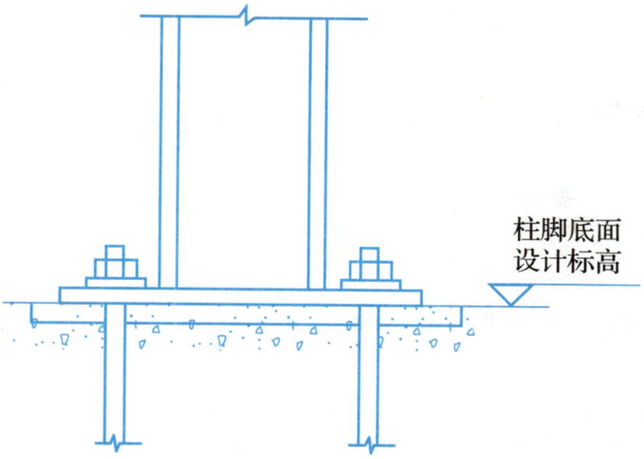

图 3.1.29 钢柱基础的一次浇筑法

2）二次浇筑法：即将柱脚基础支承面混凝土分两次浇筑到设计标高。第一次浇筑到比设计标高低 40 ～ 60mm。待混凝土达到一定强度后，放置钢垫板并精确校准钢垫板的标高，然后吊装钢柱。当钢柱校正后，在柱脚板下浇筑细石混凝土，如图 3.1.30 所示。二次浇筑法虽然多了一道工序，但钢柱容易校正，故重型钢柱多采用此法。

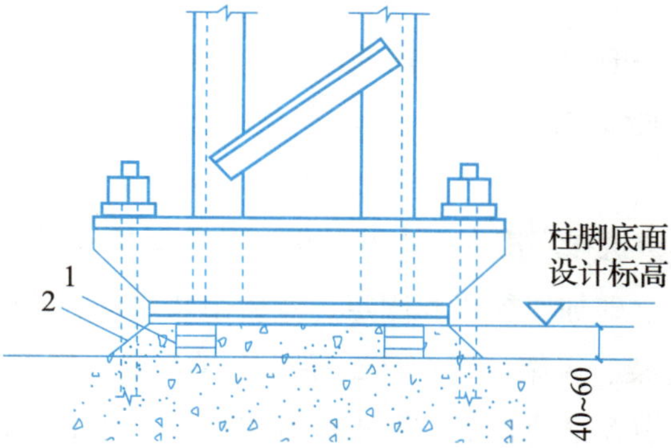

图 3.1.30 钢柱基础的二次浇筑法

1—调整柱子用的钢垫板；2—柱子安装后浇筑的细石混凝土

6. 安装方法选择

对于平面结构规则的门式刚架结构、钢框架结构、网架结构体，常用的吊装方法有分件安装法、节间安装法和综合安装法 3 种。

（1）分件安装法。

分件安装法是指起重机在一个流水施工段内每开行一次仅安装一种或两种构件。如起重机第一次开行中仅吊装全部柱子，并进行校正和最后固定。然后依次吊装地梁、柱间支撑、墙梁、吊车梁、托架、屋架、天窗架、屋面支撑和墙板等构件，直至整个建筑物吊装完成。有时屋面板的吊装也可在屋面上单独用桅杆或层面小吊车来进行。如图 3.1.31 所示为某单跨结构采用分件安装法时起重机的开行路线与停机点位。

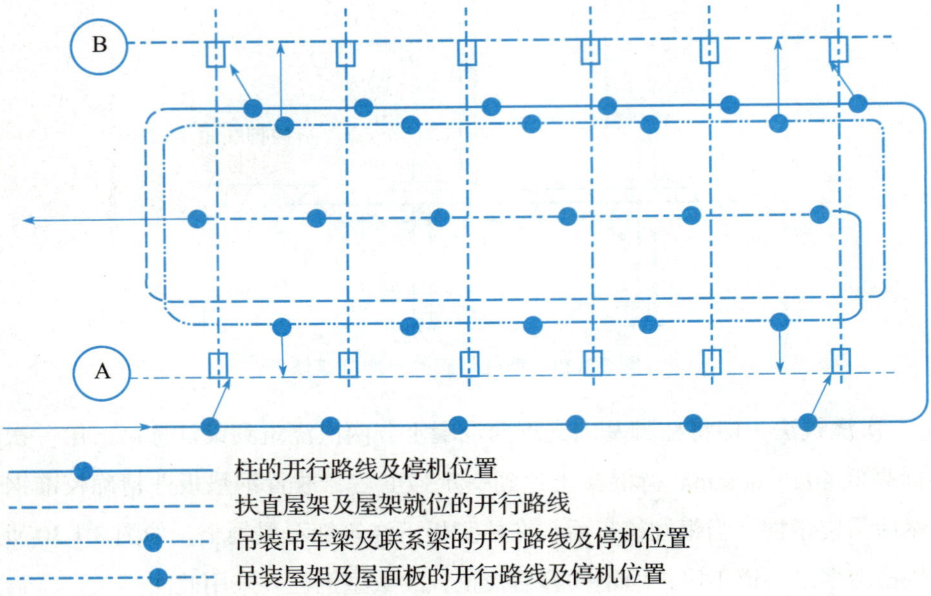

图 3.1.31　起重机开行路线与停机点位

分件安装法适用于一般中、小型厂房的吊装，或有特殊要求的结构（如门式框架）的吊装。适合采用回转式桅杆进行吊装。

（2）节间安装法。

节间安装法是指起重机在厂房内一次开行中，分节间依次安装所有各类型构件，即先吊装一个节间柱子，并立即加以校正和固定，然后吊装地梁、柱间支撑、墙梁、吊车梁、走道板、柱头系统、托架、屋架、天窗架、屋面支撑系统、屋面板和墙板等构件。一个（或几个）节间的全部构件吊装完毕后，起重机行进至下一个（或几个）节间，进行下一个（或几个）节间全部构件的吊装，直至吊装完成。如图 3.1.32 所示某钢结构采用节间安装法时的安装流程示意。

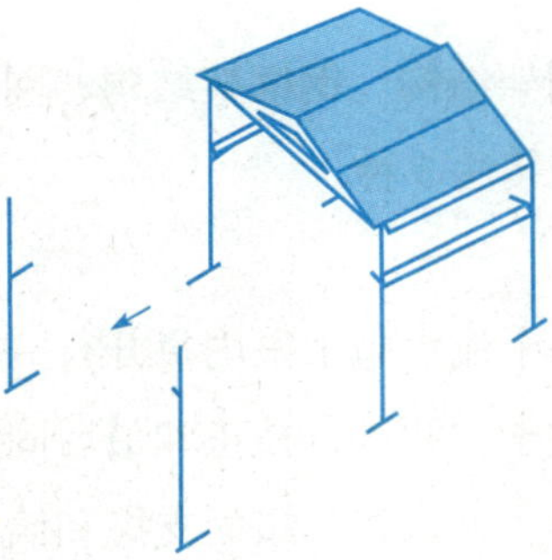

图 3.1.32　节间安装法安装流程

（3）综合安装法。

综合安装法是将全部或一个区段的柱头以下部分的构件用分件安装法吊装，即柱子吊装完毕并校正固定，再按顺序吊装地梁、柱间支撑、吊车梁、走道板、墙梁、托架，接着按节间综合吊装屋架、天窗架、屋面支撑系统和屋面板等屋面结构构件。

吊装时通常采用 2 台起重机，一台起重量大的起重机用来吊装柱子、吊车梁、托架和屋面结构系统等，另一台用来吊装柱间支撑、走道板、地梁、墙梁等构件并承担构件卸车和就位排放工作。

综合安装法结合了分件安装法和节间安装法的优点，能最大限度地发挥起重机的能力和效率，缩短工期，是广泛采用的一种安装方法。

任务 2 单层门式刚架结构安装

任务目标

- 了解单层门式刚架结构构造。
- 熟悉安装施工常用设备。
- 熟悉单层门式刚架结构安装流程。
- 掌握单层门式刚架结构安装施工技术要求。

3.2.1 门式刚架基础知识

单层门式刚架以柱、梁组成的横向刚架为主受力结构，属于平面受力体系。为保证纵向稳定，设置柱间支撑和屋面支撑。单层门式刚架具有结构简单、自重轻、受力合理、施工方便等特点，便于工厂化、标准化加工制作。适用于轻型工业建筑，无桥式起重机或仅有起重量不大于 20t 的中、轻级工作制桥式起重机或 3t 悬挂式起重机的单层房屋钢结构。

1. 结构形式

门式刚架结构由刚架斜梁、刚架柱、支撑、系杆、檩条、墙梁等组成，其空间结构构件组成如图 3.2.1 所示。刚架柱和梁一般采用 H 型钢制作，各种荷载通过柱和梁传给基础。支撑可采用刚性支撑或柔性支撑。刚性支撑采用热轧型钢制作，一般为角钢；柔性支撑一般为圆钢制作；系杆为受压圆钢管，与支撑组成受力封闭体系。檩条和墙梁一般用 C 型钢、Z 型钢制作，承受屋面板和墙面板上传递来的力，并将该力传递给柱和梁。典型的门式刚架基本形式如图 3.2.2 所示。

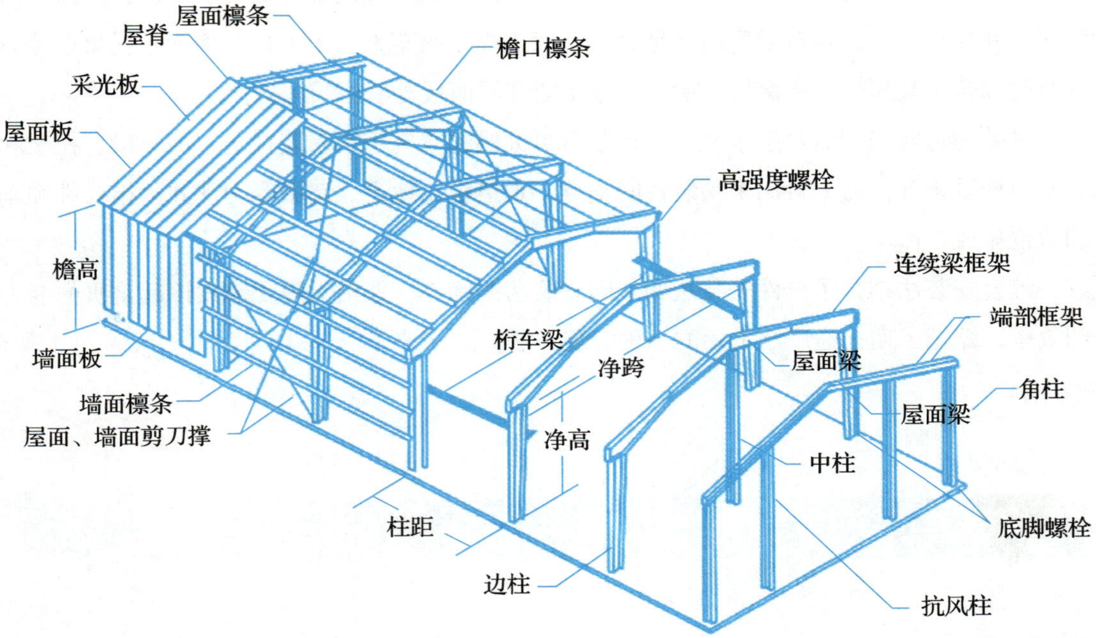

图 3.2.1 门式刚架空间结构形式

按结构类型划分，门式刚架可分为单跨〔图 3.2.3（a)〕、双跨〔图 3.2.3（b)〕、多跨〔图 3.2.3（c)〕刚架以及带挑檐的〔图 3.2.3（d)〕和带毗屋的〔图 3.2.3（e)〕刚架等形式。多跨刚架中间柱与斜梁的连接一般采用铰接，多跨刚架宜采用双坡或单坡屋盖〔图 3.2.3（f)〕，必要时也可采用由多个双坡屋盖组成的多跨刚架形式〔图 3.2.3（g)〕。其梁柱截面可为等截面或变截面，柱脚一般为铰接或刚接。

2. 结构布置

根据《门式刚架轻型房屋钢结构技术规范》（GB 51022—2015）的规定，在门式刚架轻型房屋钢结构体系中，屋盖宜采用压型钢板屋面板和冷弯薄壁型钢檩条，主刚架可采用变截面实腹刚架，外墙宜采用压型钢板墙面板和冷弯薄壁型钢墙梁。主刚架斜梁下翼缘和刚架柱内翼缘平面外的稳定性，应由隅撑保证。主刚架间的交叉支撑可采用张紧的圆钢、钢索或型钢等。

门式刚架的柱脚宜按铰接支承设计。当用于工业厂房且有 5t 以上桥式起重机时，可将柱脚设计成刚接。

门式刚架可由多个梁、柱单元构件组成。柱宜为单独的单元构件，斜梁可根据运输条件划分为若干个单元。单元构件本身应采用焊接，单元构件之间宜通过端板采用高强度螺栓连接。

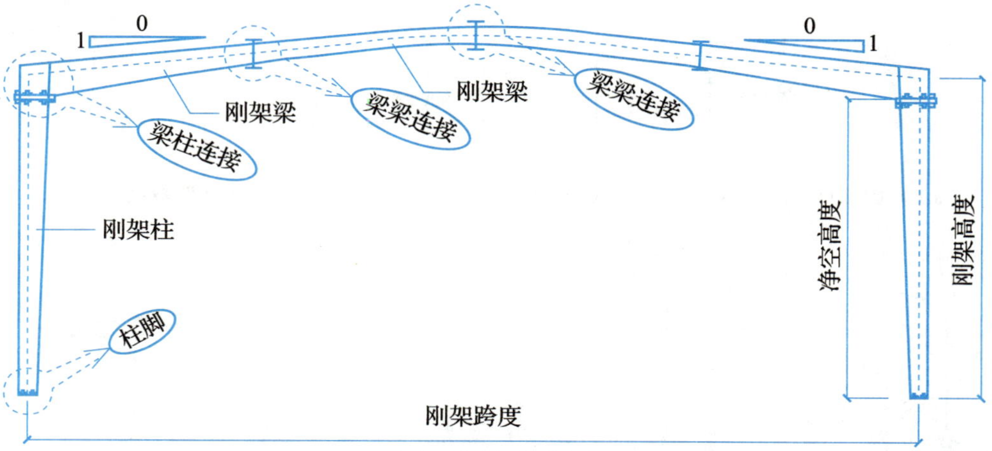

（a）无吊车门式刚架

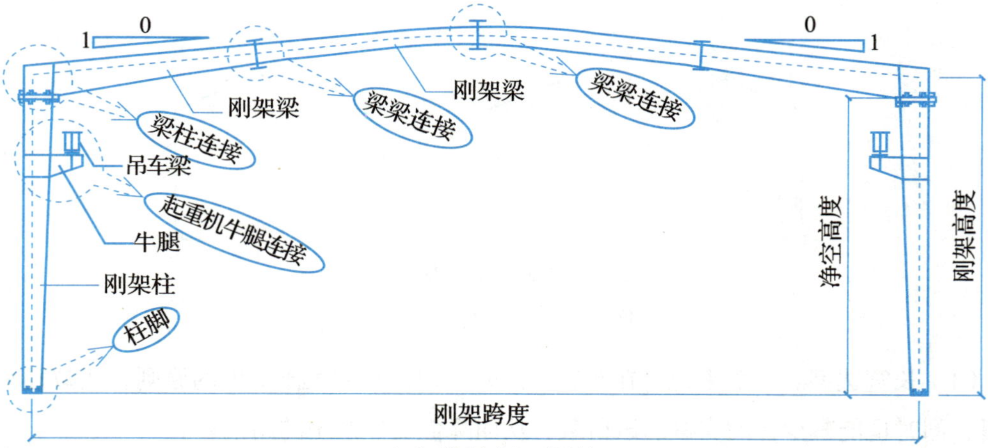

（b）带吊车门式刚架

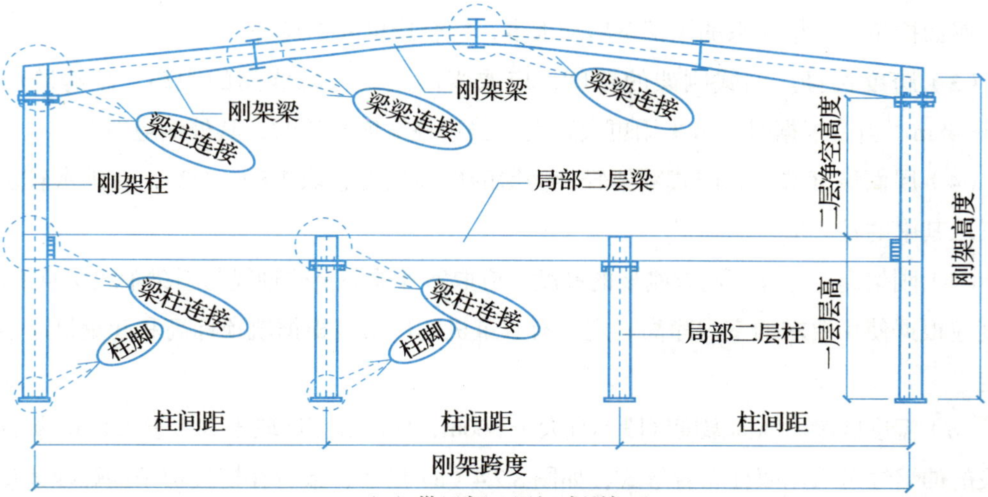

（c）带局部二层门式刚架

图 3.2.2　门式刚架基本形式

（a）单跨双坡

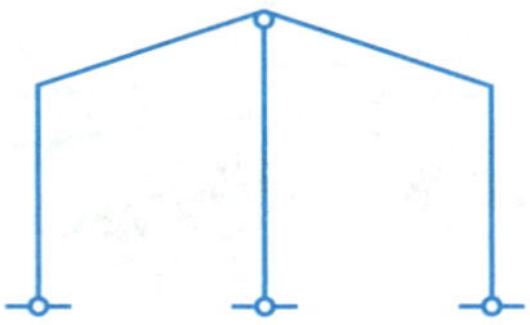

（b）双跨双坡

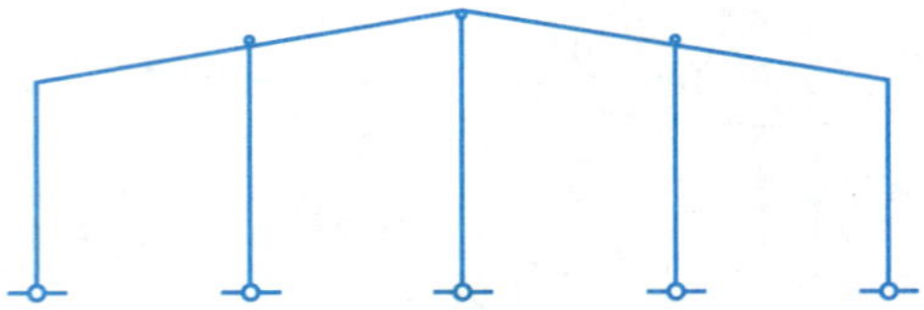

（c）四跨双坡

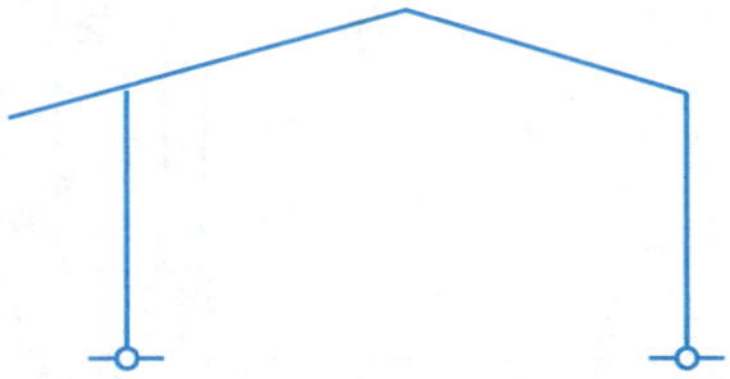

（d）单跨双坡带挑檐

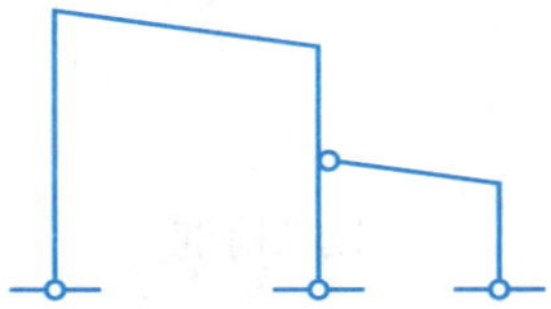

（e）双跨单坡带毗屋

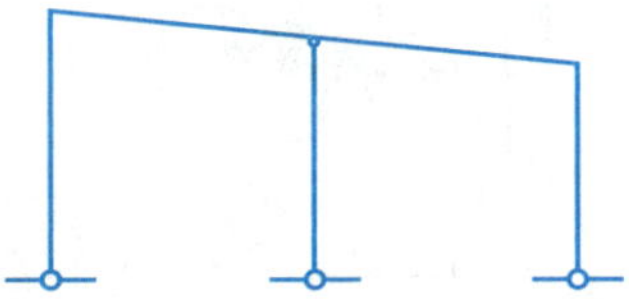

（f）双跨单坡

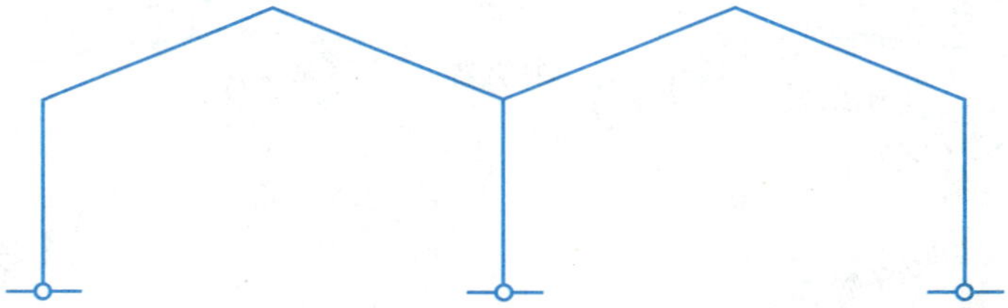

（g）双跨四坡

图 3.2.3　门式刚架结构类型

（1）长宽选型。一般来说，在布置柱网时应遵循长度大于宽度的原则，能减轻刚架用钢量，同时也能减少柱间支撑的风荷载，从而降低支撑系统的用钢量。

（2）柱距选择。门式刚架的间距，即柱网轴线在纵向的距离宜为 6 ～ 9m。超过 9m 时，屋面檩条与墙架体系的用钢量增加太多，综合造价并不经济。

（3）跨度选择。门式刚架的跨度，应取横向刚架柱轴线间的距离。单跨跨度宜为 12 ～ 48m。当有根据时，可采用更大跨度。当边柱宽度不等时，其外侧应对齐。

（4）屋面坡度选择。门式刚架轻型房屋的屋面坡度宜取 1/8 ～ 1/20，在雨水较多的地区宜取其中的较大值。

（5）刚架高度选择。门式刚架的高度，应取室外地面至柱轴线与斜梁轴线交点的高度。高度应根据使用要求的室内净高确定，有起重机的厂房应根据轨顶标高和起重机净空要求确定。

（6）温度区段。纵向温度区段不宜大于 300m，横向温度区段不宜大于 150m。纵向温度区段的伸缩缝可采用双柱布置形式，如图 3.2.4（a）所示；或者在搭接檩条的螺栓连接处采用椭圆孔式单柱伸缩缝，如图 3.2.4（b）所示。

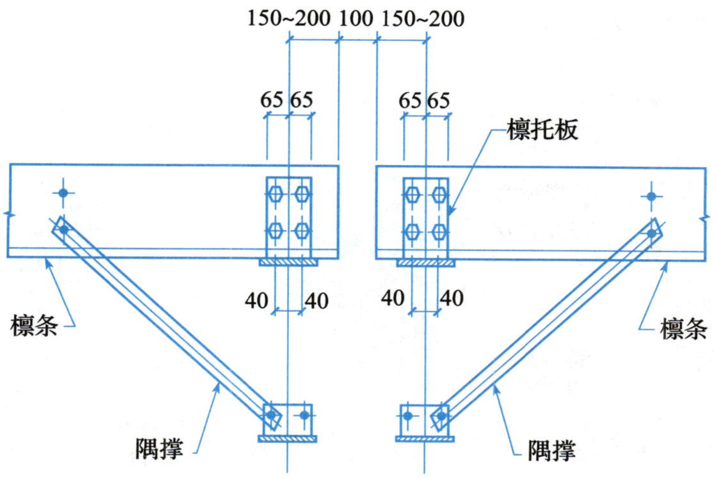

（a）双框架伸缩缝做法

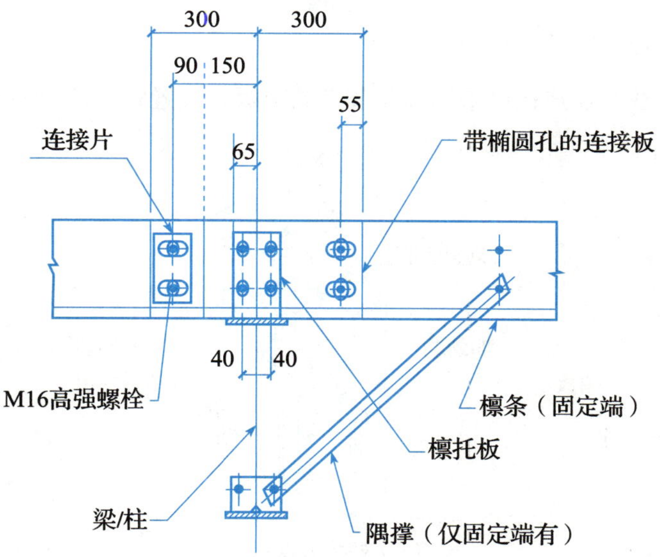

（b）单框架伸缩缝做法

图 3.2.4　门式刚架伸缩缝做法

3. 构造样式

（1）柱脚节点。

门式刚架的柱脚有铰接和刚接两种方式。铰接是只承受轴力和剪力而不承受弯矩的一种连接方式。柱脚尺寸一般较小，采用 2 ～ 4 颗 M20 ～ M24 的地脚螺栓连接，螺栓通常布置在柱脚板中心附近，如图 3.2.5（a）所示。

刚接的柱脚不仅传递轴力和剪力，还承受弯矩。柱脚尺寸相对较大，可以用地脚螺栓刚接，也可以采用插入式柱脚。当柱子高度大或者有较重的起重机时，地脚螺栓的直径会比铰接柱脚的大很多，如图 3.2.5（b)、图 3.2.5（c）所示。

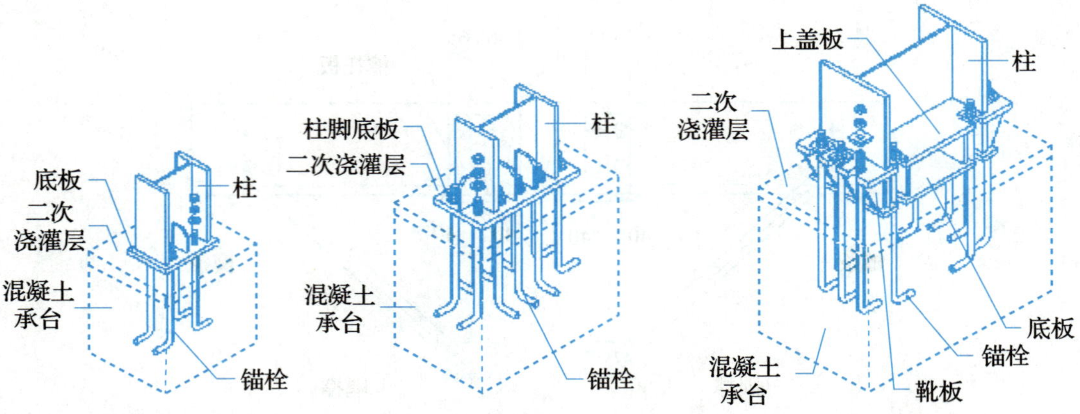

（a）铰接柱脚　（b）刚接柱脚1　（c）刚接柱脚2

图 3.2.5　门式刚架柱脚节点做法

（2）梁、柱节点。

门式刚架梁、柱节点连接可采用加厚节点域腹板、设置斜加劲肋和增大端板厚度等方法，如图 3.2.6 所示。

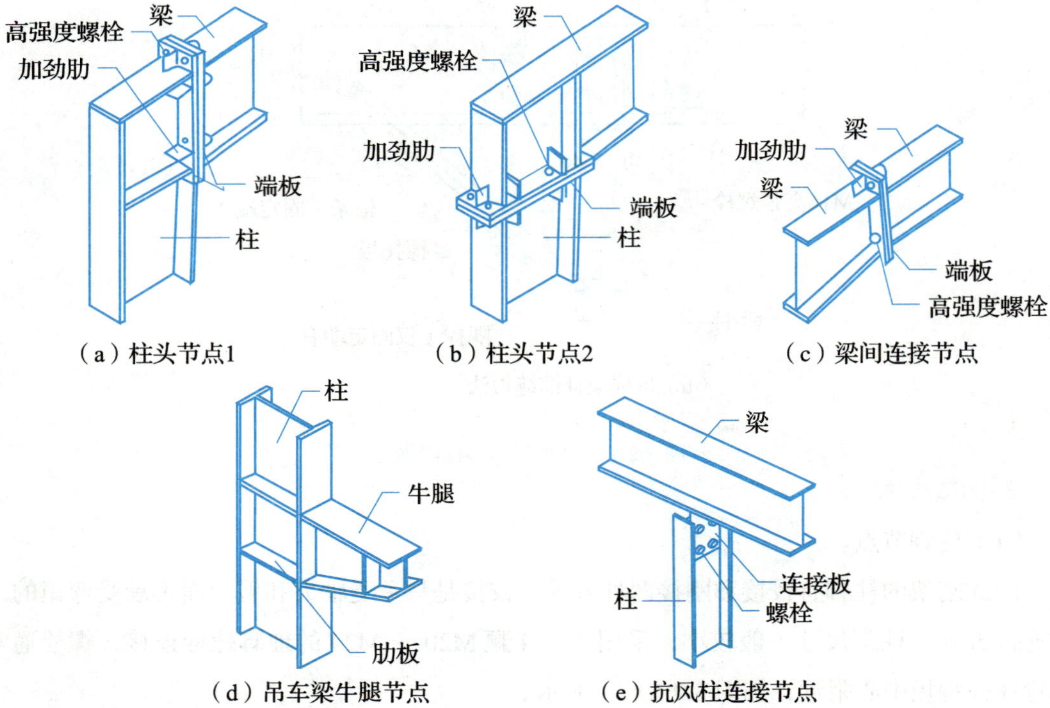

（a）柱头节点1　（b）柱头节点2　（c）梁间连接节点

（d）吊车梁牛腿节点　（e）抗风柱连接节点

图 3.2.6　门式刚架梁、柱节点做法

（3）支撑、系杆。

支撑分为柔性支撑和刚性支撑两种。柔性支撑由圆钢制作，安装时必须张紧，主要用于门式刚架结构。刚性支撑由型钢制作，用于多层框架、吊车梁下段支撑等刚度要求高的结构中，如图 3.2.7 所示。

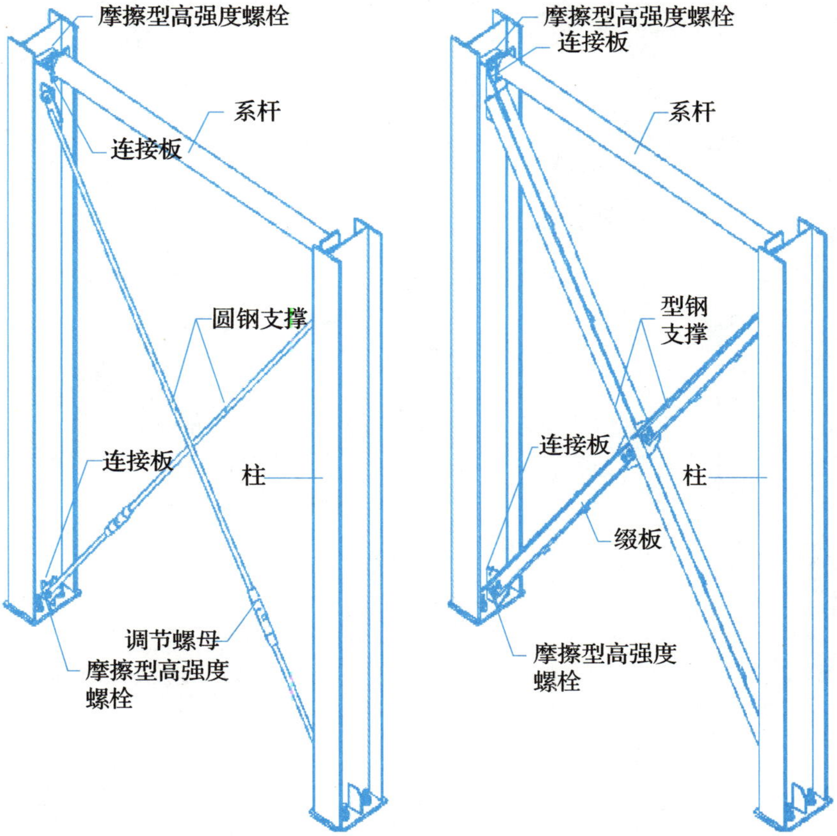

图 3.2.7　柱间支撑做法

系杆和支撑联合作用，形成封闭的受力体系。在支撑端头有刚性构件和传递压力的情况下，不需设置系杆。屋面水平支撑的做法同柱间支撑。根据需要，支撑还有人字形、八字形、K 形、V 形、门形、L 形、Y 形、单斜杆等形式。

（4）隅撑。

隅撑的作用是保证构件平面外的稳定性，减小构件平面外的计算长度。隅撑可用角钢制作或扁钢压制成型。在多层框架体系中，梁柱刚接的位置常设水平隅撑，如图 3.2.8 所示。

（5）吊车梁。

吊车梁为起重机荷载的承载构件，由钢板焊接成型，是带起重机门式刚架结构中的重要构件，其构造样式如图 3.2.9 所示。起重机吨位大时设置制动桁架或制动梁来抵抗横向水平荷载。吊车梁在边跨和中间跨时的空间构造如图 3.2.10 所示。

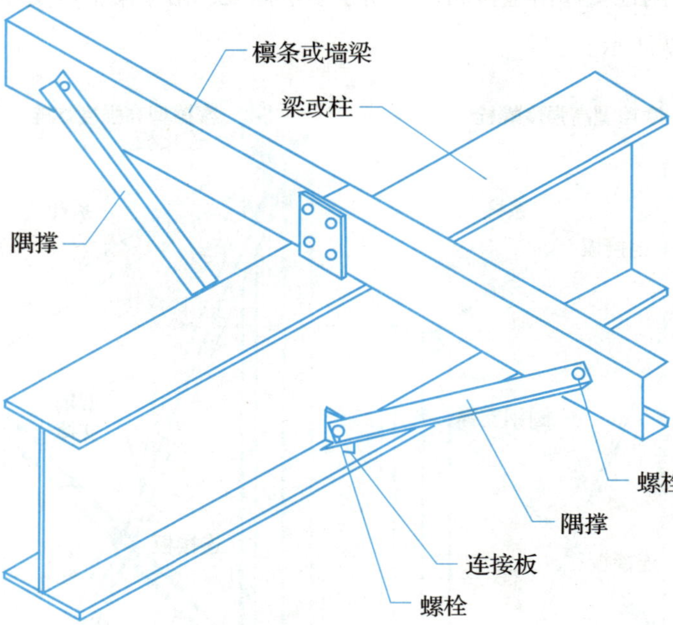

图 3.2.8　隅撑做法

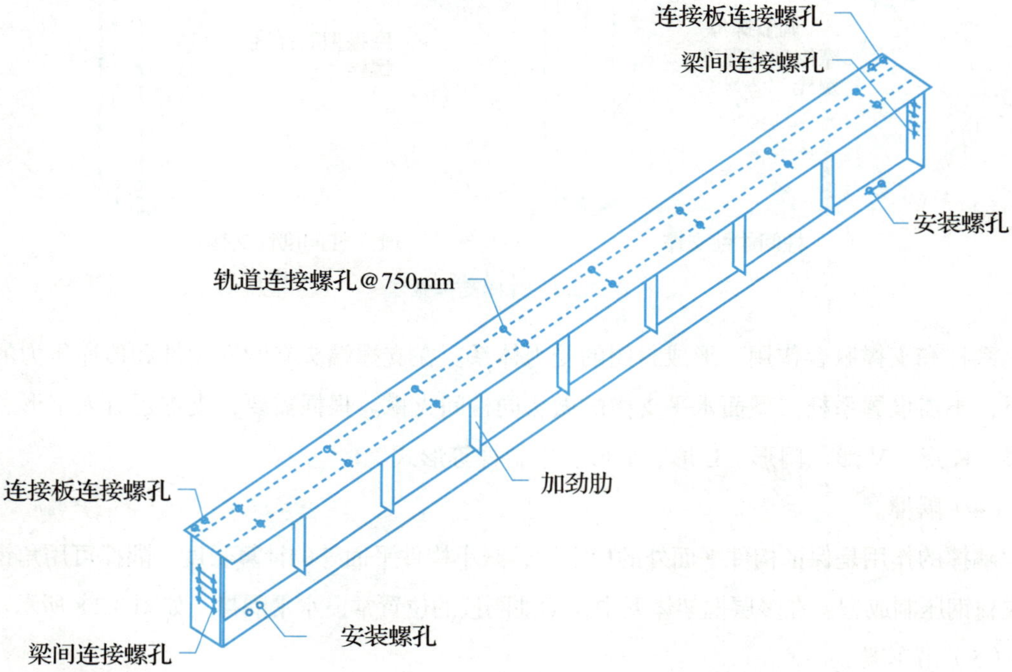

图 3.2.9　标准吊车梁构造示意图

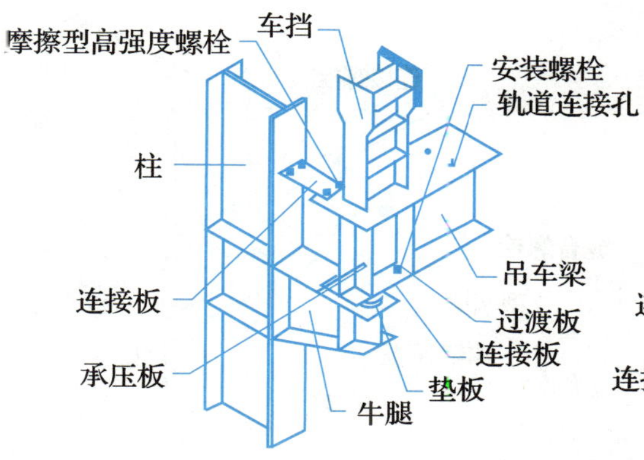

（a）吊车梁边跨构造

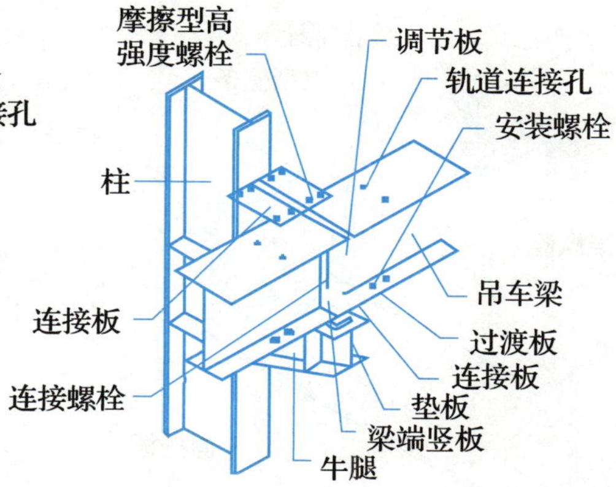

（b）吊车梁中间跨构造

图 3.2.10　吊车梁与柱空间连接做法

（6）檩条、墙梁。

门式刚架檩条和墙梁常用 C 型和 Z 型冷弯薄壁型钢制作，其安装常采用图 3.2.11 和图 3.2.12 所示的方式。

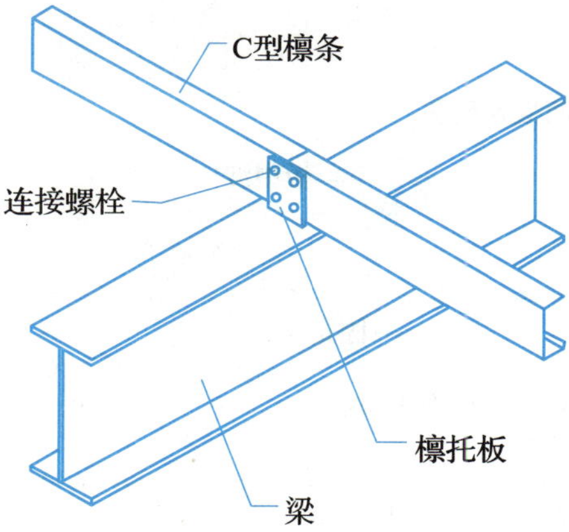

（a）檩条安装节点图

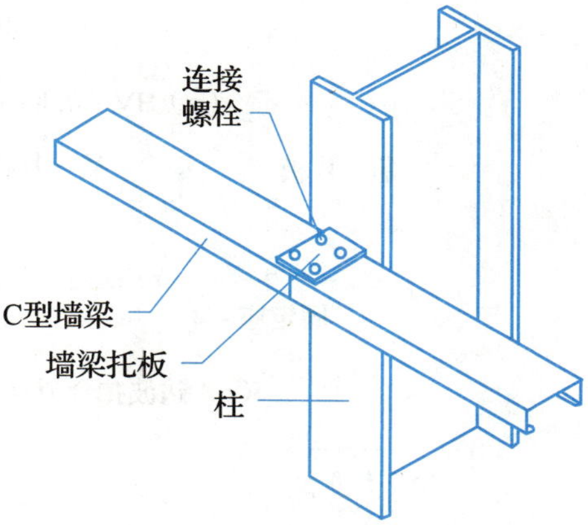

（b）墙梁安装节点图

图 3.2.11　C 型冷弯薄壁型钢檩条、墙梁安装节点图

（7）屋面、墙面压型钢板。

压型钢板有多种形式，在作屋面板和墙面板时采用自攻螺钉和屋面檩条或墙梁连接。作屋面板时，采用螺钉穿过波峰与屋面檩条的方式固定，如图 3.2.13（a）～（g）所示；作墙面板时，采用螺钉穿过靠近波峰的波谷平直段与墙梁的方式固定，如图 3.2.13（h）～（k）所示。

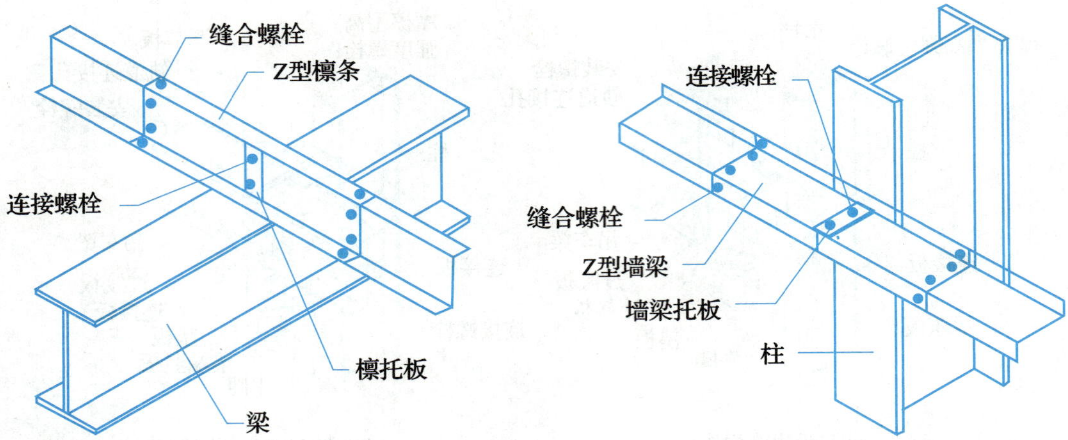

（a）檩条安装节点图　　（b）墙梁安装节点图

图 3.2.12　Z 型冷弯薄壁型钢檩条、墙梁安装节点图

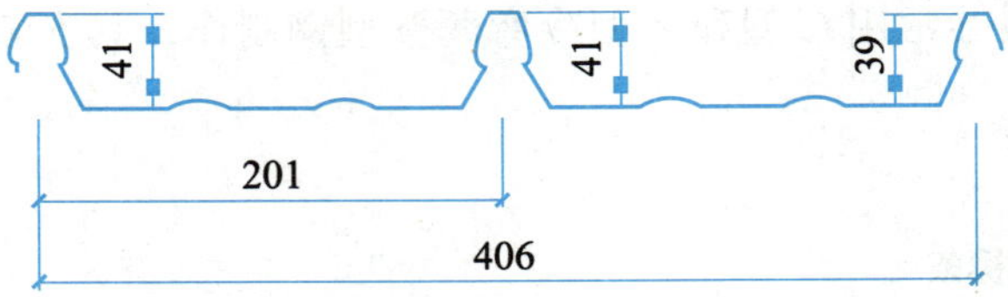

（a）HV-203KL-406屋面板版型图

（b）边波扣合节点、中波扣合节点连接图

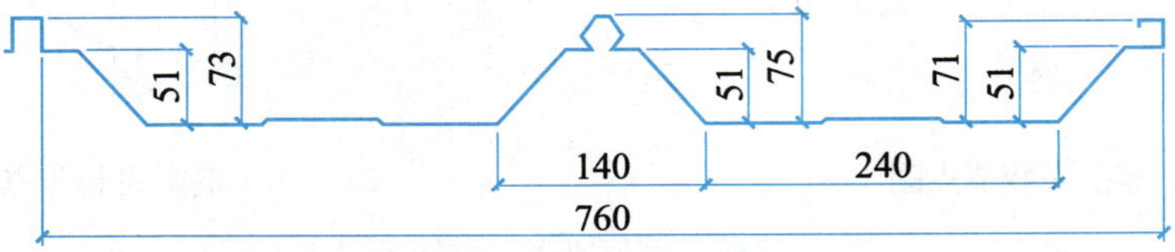

（c）HV-380SF-760屋面板版型图

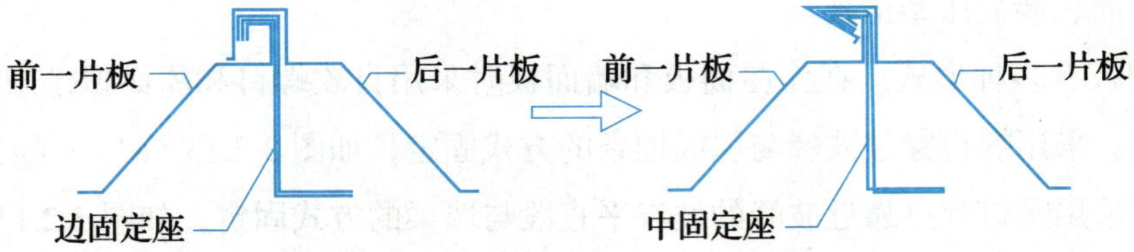

（d）边波锁缝节点连接图

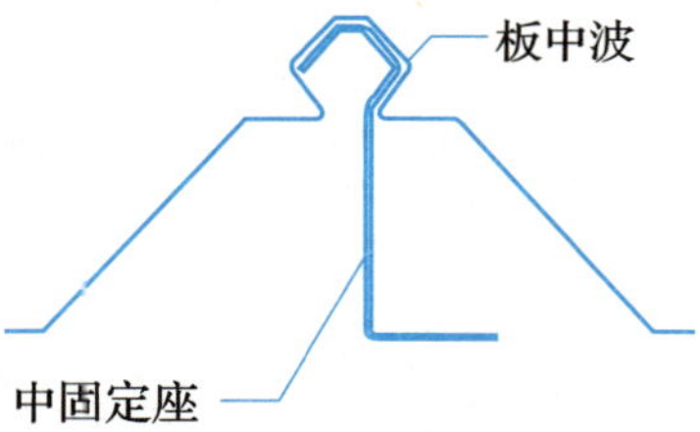

（e）中波扣合节点连接图

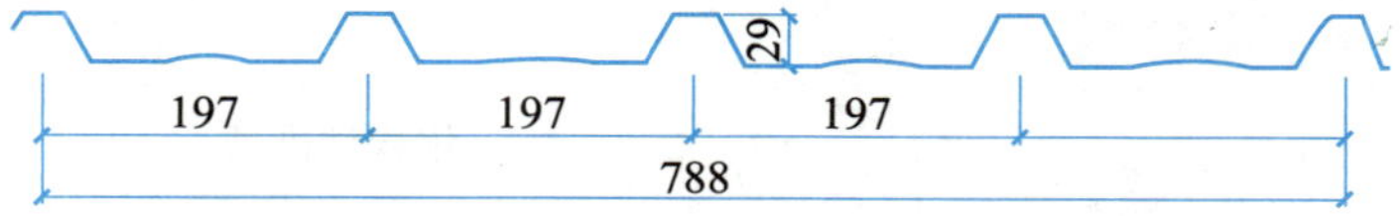

（f）HV-197TD-788屋面板、墙面板版型图

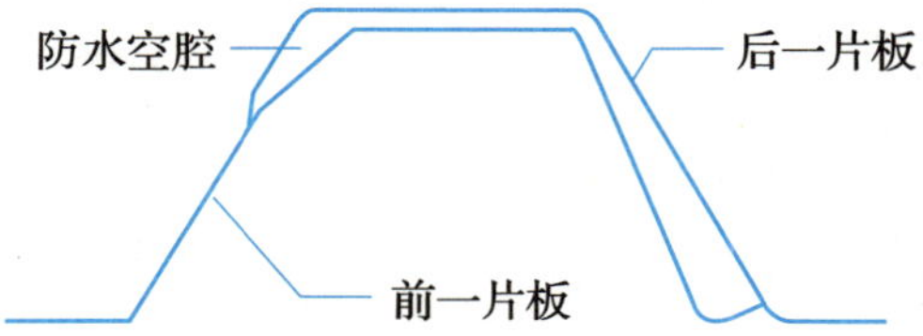

（g）连接节点图

（h）HV-360TC-360墙面板版型图

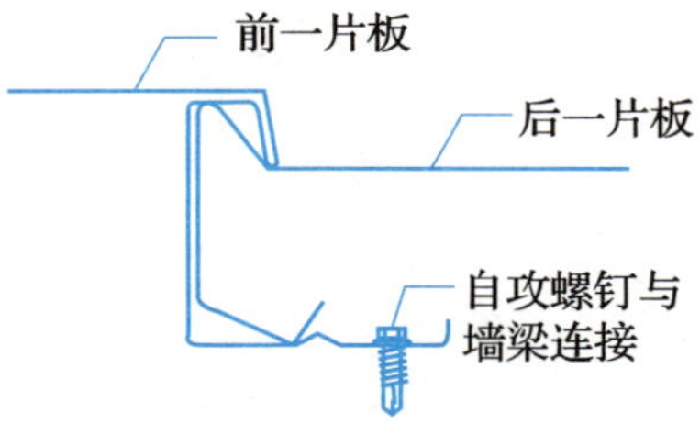

（i）连接节点图

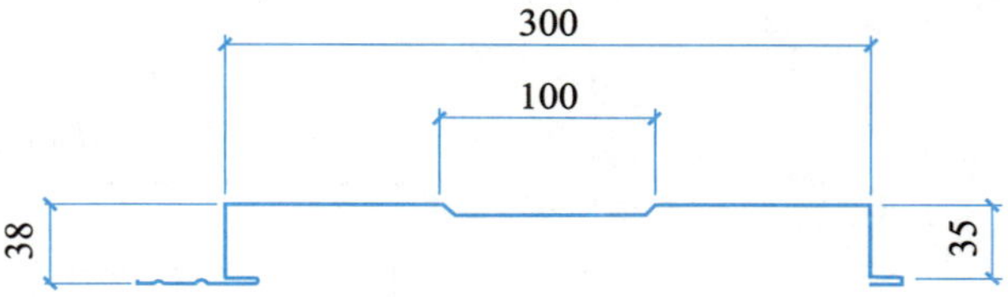

（j）HV-300YC-300墙面板版型图

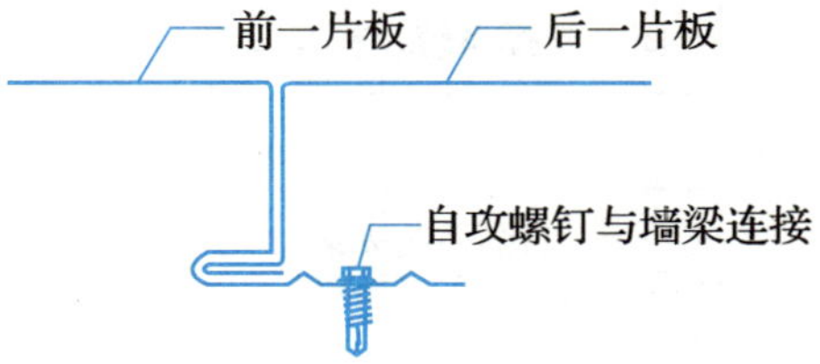

（k）连接节点图

图 3.2.13　压型钢板连接节点图

3.2.2　单层门式刚架安装流程

单层钢结构门式刚架安装原则为：安装程序必须保证结构形成稳定的空间体系，并不导致结构永久变形。

由于工程具有个体性，在安装前，应熟悉图纸，了解结构特点，确定安装总体程序；还应了解次结构材料的使用，如拉杆、隅撑的设置等。如图 3.2.14 所示为典型的单层门式刚架安装流程图。

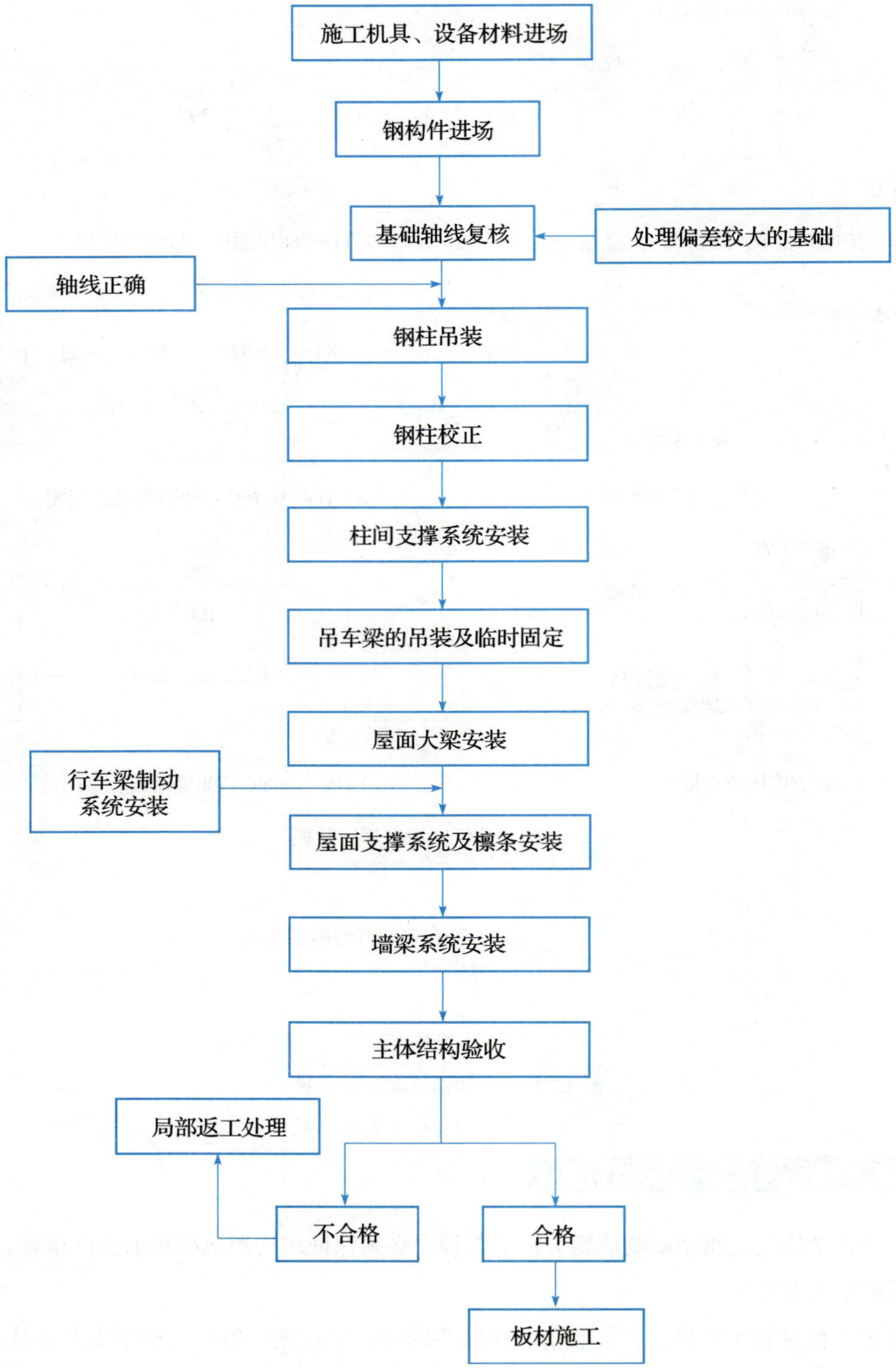

图 3.2.14　典型的单层门式刚架安装流程图

对于单体构件，其施工顺序如下：

（1）安装单根钢柱→柱高调整→纵横十字轴线位移→垂直偏差矫正→初拧锚栓螺母→固定→超差调整→固定。

（2）斜梁地面连接组装。

（3）靠山墙有柱间支撑的两榀刚架安装→安装本间檩条→支撑安装→隅撑安装→复测刚架垂直偏差与钢柱跨度→高强螺栓固定→沿柱跨度方向重复刚架安装过程。

（4）除最初安装的两榀刚架外，其余刚架间檩条、墙梁和檐檩螺栓均应校准后再拧紧。

（5）若跨间较长，也可从中间开始安装。安装顺序为：两榀刚架→柱、柱间梁→屋面斜梁→支撑→檩条→重复刚架安装。

3.2.3 门式刚架主体安装施工工艺

门式刚架在其基础浇筑完毕 14 天（冬季）或 7 天（夏季），完成人员准备、材料准备、机械设备工具准备、施工组织设计文件准备、现场施工环境准备后，一般可进行上部结构安装。

总体安装顺序是：先吊装有水平支撑和垂直支撑的区间，校正后再吊装其他区间，以减小累计误差和后期刚架调整的工作量，保证工期。例如先吊装钢柱，再吊装大梁，然后是吊车梁和其他屋、墙面构件。

1. 钢柱吊装

吊装前检查钢柱编号、尺寸，以防误吊；检查螺栓丝扣，保证完好；检查各种工具，特别是钢丝绳的安全情况。

对于钢柱单体构件，安装过程包括绑扎、起吊、对位（就位）、临时固定、校正、固定。钢柱旋转法单机吊装流程图如图 3.2.15 所示。

（1）绑扎。

钢柱绑扎时需考虑绑扎点的数量和绑扎位置，应根据钢柱形状、长度、断面、起重机性能等条件选择。

吊点选择：一般钢柱弹性较好，可采用一点起吊，吊耳放置在柱顶处，柱身垂直、易于对线校正。若受到起重臂的长度限制，吊点也可设置在柱的 1/3 处，吊点斜吊，此时由于钢柱倾斜，对线校正比较困难。对于长细钢柱，为防止钢柱变形，可采用二点或三点起吊。

（2）起吊。

起吊方法应根据钢柱类型、起重设备和现场条件确定。起重设备可采用单机、双机、三机等。起吊方法可采用旋转法、滑行法、递送法。

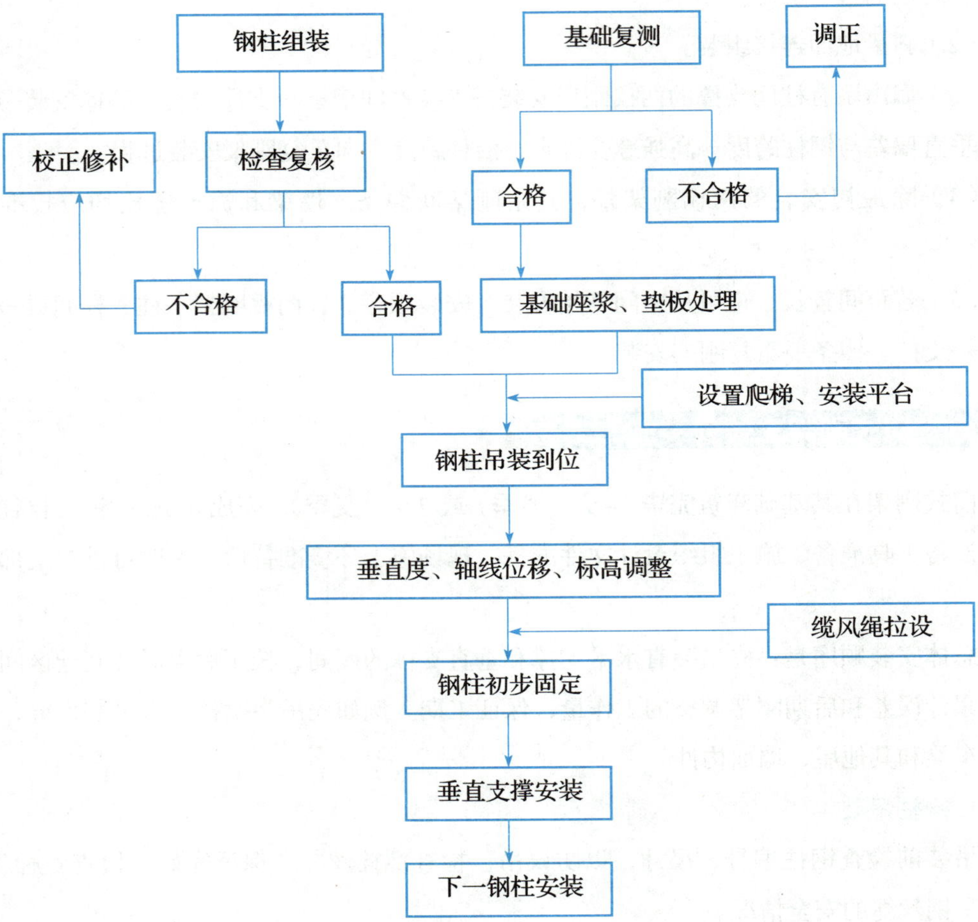

图 3.2.15　钢柱旋转法单机吊装流程图

1）旋转法：起重机边起钩边回转，柱脚不动而立起，吊离地面后，转臂插入杯口。起吊时应在柱脚下面放置垫木，以防止与地面发生摩擦，同时保证吊点、柱脚基础均在起重机吊杆回旋的圆弧上。

单机抬吊时，柱的平面布置宜使柱脚靠近基础，柱的绑扎点、柱脚中心与基础中心三点宜位于起重机的同一起重半径上，如图 3.2.16 所示；双机抬吊时，双机先同时提升吊钩，待钢柱距地 m+0.3m 后，同时向杯口旋转，再落钩插入杯口，如图 3.2.17 所示。

2）滑行法：可采用单机或双机抬吊钢柱，起重机只起钩，钢柱柱脚在预先铺好的滑道上滑行。用于钢柱较重、较长，起重机回转半径不足、场地紧张无法按旋转法排放的情况，如图 3.2.18 所示。

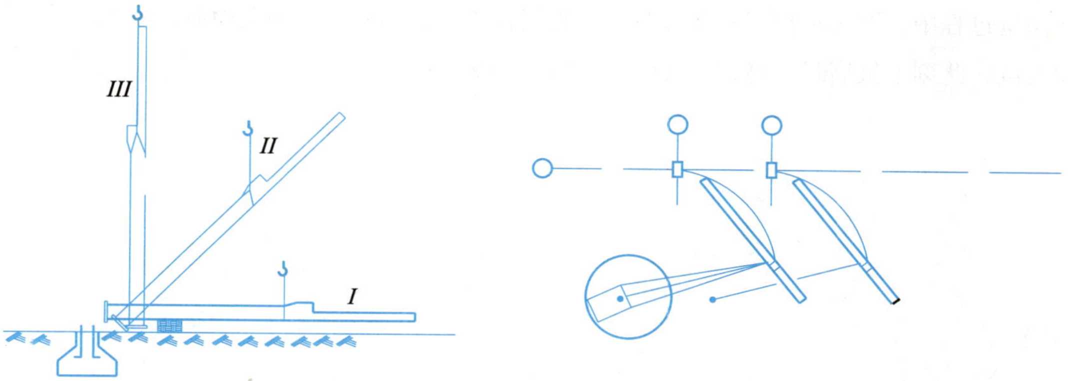

（a）旋转过程　　　　（b）平面布置

图 3.2.16　钢柱旋转法单机吊装示意图

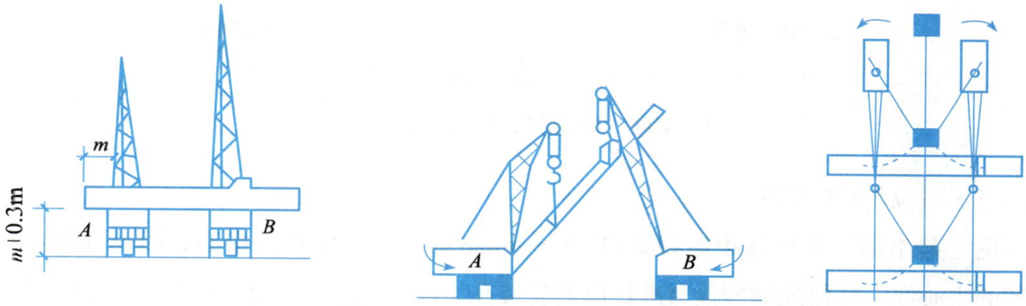

图 3.2.17　钢柱旋转法双机吊装示意图

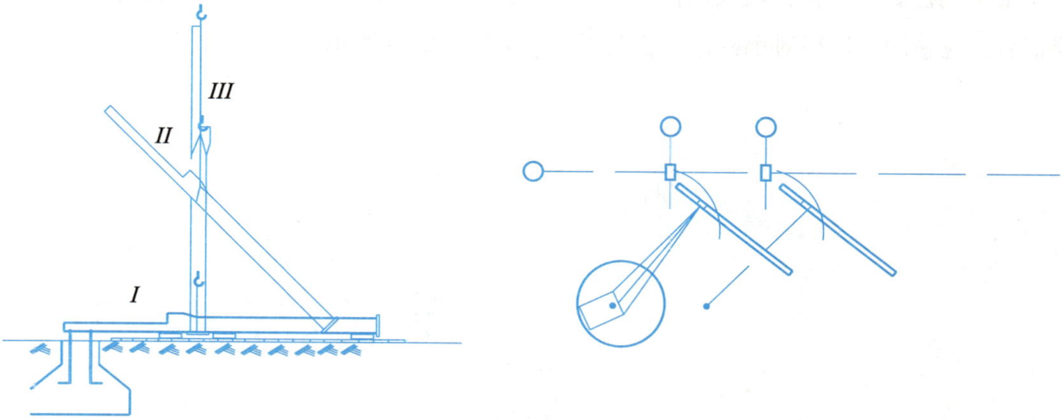

（a）滑行过程　　　　（b）平面布置

图 3.2.18　钢柱滑行法单机吊装示意图

3）递送法：采用双机或三机抬吊，为减少钢柱柱脚与地面的摩阻力，其中一台为副机，吊点选择在钢柱下面，起吊时配合主机起钩，随着主机的起吊，副机要行走或回转。

在递送过程中，副机承担了一部分荷载。将钢柱脚递送到钢柱基础上面后，副机摘钩，卸掉荷载，此刻主机满载，将钢柱就位，如图 3.2.19 所示。

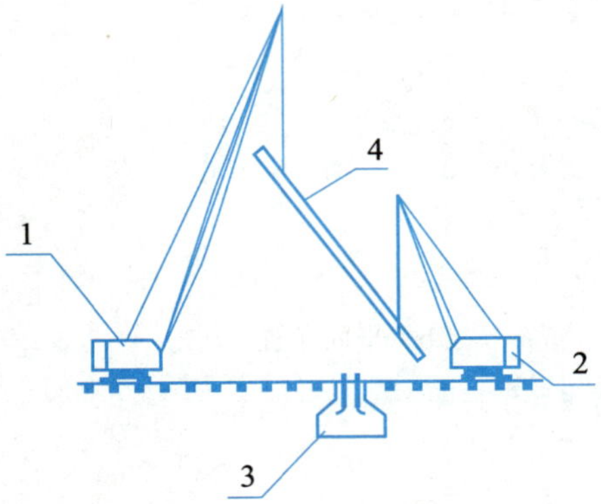

（a）滑行过程

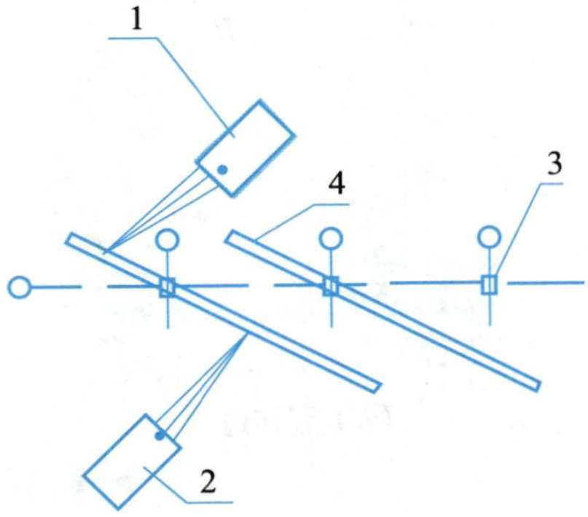

（b）平面布置

图 3.2.19　钢柱递送法吊装示意图

1—主机；2—副机；3—基础；4—钢柱

（3）对位与临时固定。

钢柱起吊后，当柱脚距地脚螺栓 30 ～ 40cm 时扶正，使柱的中心轴线对准基础顶面安装的中心线，并使地脚螺栓对准柱脚的安装孔，注意钢柱垂直度，达到要求后，缓缓落钩下降使钢柱就位。

由于钢柱属于细长比较大的构件，容易受到水平荷载的影响而发生倾覆，因此在对位校正后，应采用缆风绳对钢柱进行临时固定，如图 3.2.20 所示。

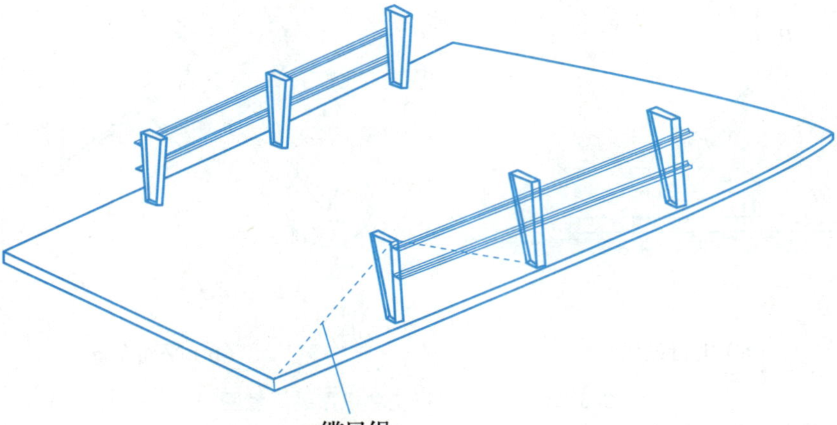

图 3.2.20　钢柱临时固定示意图

（4）校正。

钢柱的校正工作一般包括平面位置校正、垂直度校正及标高校正三个方面。其中，校正垂直度和复查标高为主要工作内容。

1）平面位置校正。需首先校正，保证钢柱柱底轴线和基础轴线重合。校正时，先松开地脚螺栓，再采用撬杠、大锤、链条葫芦、千斤顶等工具使柱子移动。

2）垂直度校正。钢柱垂直度用经纬仪或吊线坠检验，当有偏差时采用液压千斤顶或丝杆千斤顶进行校正。为了便于调整柱的垂直度，在预埋螺栓上先拧上数个螺母，再在校正过程中不断调整柱底板下螺母。钢柱初校完毕后将柱底板上面的 2 个螺母拧上，缆风绳松开，使柱身呈自由状态，再用经纬仪复核。如有小偏差，微调下螺母，无误后将上螺母拧紧，如图 3.2.21 所示。

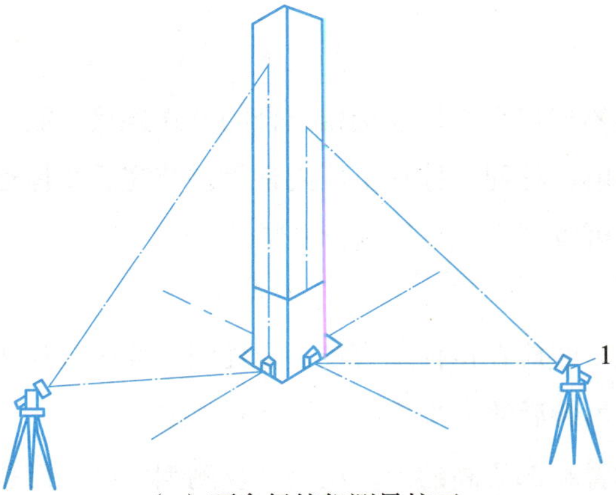

（a）两台经纬仪测量校正

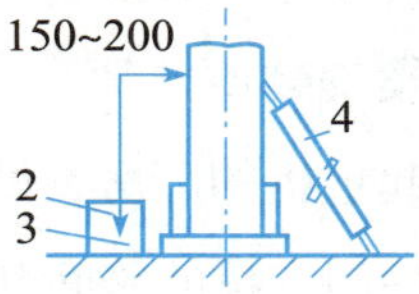

（b）线坠测量

图 3.2.21　钢柱校正示意图

1—经纬仪；2—线坠；3—水桶；4—调整螺杆千斤顶

3）标高校正：标高的控制与校正应在基础准备中和柱吊升就位前完成。钢柱标高以大梁中线或牛腿标高为准。吊装时，用一台水准仪观测和控制标高校正。如有偏差，采用增减柱底板垫片的方法调整，使每根柱子的标高观测标志尽量控制在同一水平面上，为后期吊车梁的校正创造条件。

（5）固定。

柱脚校正无误后立刻紧固地脚螺栓，并将承重钢垫板上下定位焊固定，当吊车梁、屋盖结构安装完毕，并经整体校正检查无误后，在结构节点固定之前，再在钢柱脚底板下浇筑细石混凝土固定，如图 3.2.22 所示。

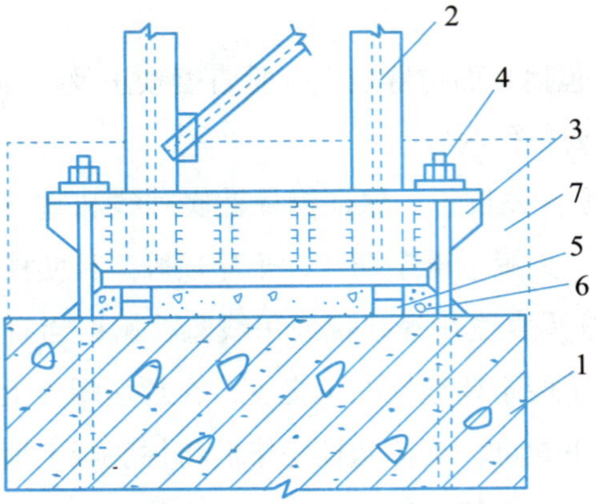

图 3.2.22　用预埋地脚螺栓固定

1—柱基础；2—钢柱；3—钢柱脚；4—地脚螺栓；5—钢垫板

6—二次灌浆细石混凝土；7—柱脚外包混凝土

2. 柱间支撑安装

柱间支撑与钢柱采用节点板螺栓连接和焊接连接相结合的方式连接，制作工艺及钢柱安装偏差对其安装可能有较大的影响。柱间支撑在工厂内整榀拼装完后整体运输到现场进行安装。柱间支撑吊装重量较轻，可以利用汽车吊进行吊装。

3. 吊车梁安装

对于有起重机的厂房，吊车梁安装应在钢柱垂直校正及柱间支撑安装完毕后进行，安装顺序从有柱间支撑的跨间开始，吊装后的吊车梁应进行临时固定。

吊车梁吊装前需实测吊车梁搁置端部梁高的制作误差，复测钢柱吊装后位移和垂直度偏差，复测吊车梁纵横轴线并进行调整，调整牛腿面标高为统一标高。

（1）绑扎。

钢吊车梁一般采用两点绑扎，对称起吊，如图 3.2.23 所示。吊钩应对称于梁的重心，以便使梁起吊后保持水平，梁的两端用溜绳控制，以防吊升就位时左右摆动，碰撞柱子。

对梁上设有预埋吊环的钢吊车梁，可采用带钢钩的吊索直接钩住吊环起吊；对梁自重较大的钢吊车梁，应用卡环与吊环吊索相互连接起吊。

梁上未设置吊环的钢吊车梁，可在梁端靠近支点处用轻便吊索配合卡环绕钢吊车梁下部左右对称绑扎吊装，或用工具式吊耳吊装，如图 3.2.24 所示。

当起重能力允许时，也可将吊车梁与制动梁（或桁架）及支撑等组成一个大部件进行整体吊装，如图 3.2.25 所示。

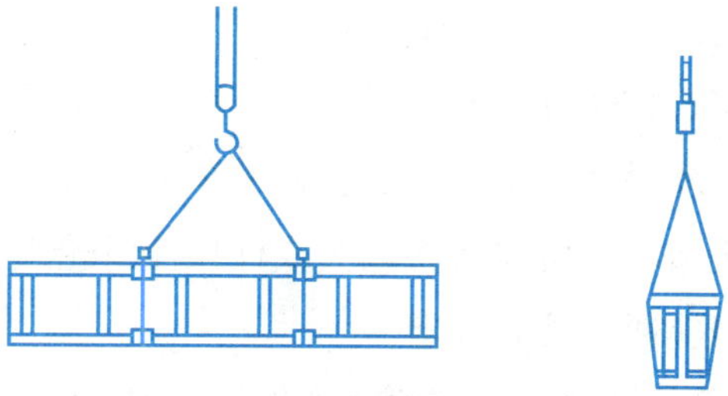

（a）单机起吊绑扎

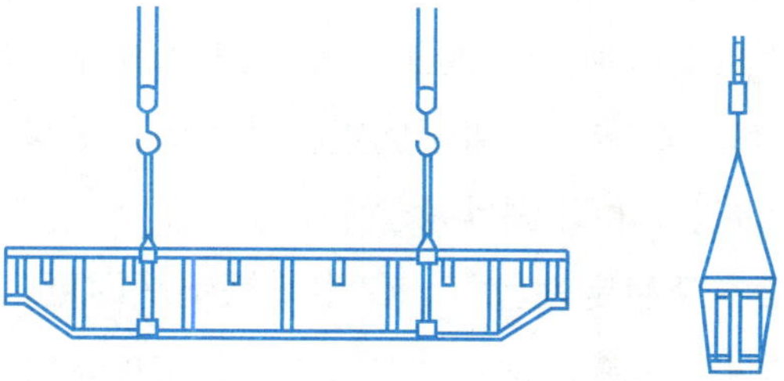

（b）双机抬吊绑扎

图 3.2.23　吊车梁吊装绑扎

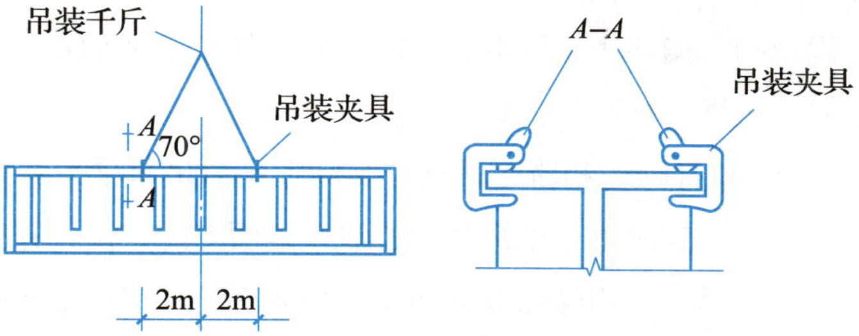

图 3.2.24　利用工具式吊耳吊装

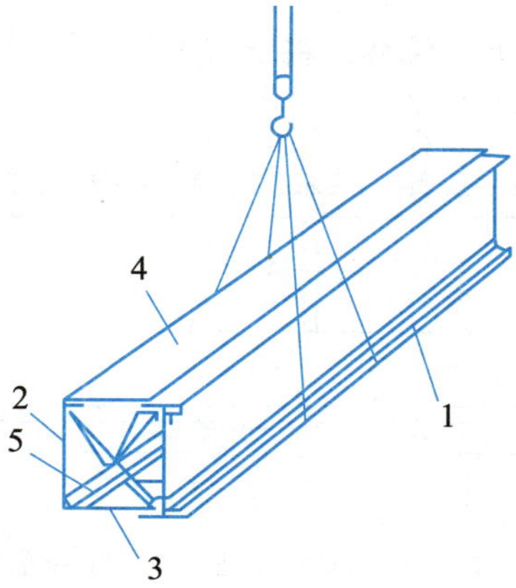

图 3.2.25　钢吊车梁的组合吊装

1—钢吊车梁；2—侧面桁架；3—底面桁架；4—上平面桁架及走台；5—斜撑

（2）对位和临时固定。

吊车梁应在柱子固定、柱间支撑安装后进行。在屋盖吊装之前安装钢吊车梁时，可采用各种起重机进行。在屋盖吊装完毕之后安装钢吊车梁时，可采用短臂履带式起重机或独脚桅杆起吊，如无起重机械，也可在屋架端头或柱顶拴滑轮组来安装钢吊车梁，采用此法时对屋架绑扎位置或柱顶应通过验算确定。

钢吊车梁布置宜接近安装位置，使梁重心对准安装中心。安装顺序可由一端向另一端，或从中间向两端顺序进行。

当梁吊升至设计位置离支座顶面约20cm时，用人力扶正，使梁中心线与支承面中心线（或已安装相邻梁中心线）对准，使两端搁置长度相等，缓缓下落，如有偏差，稍稍起吊后用撬杠调正，如支座不平，可用斜铁片垫平。

吊车梁就位后，因梁本身稳定性较好，仅用垫铁垫平即可，不需采取临时固定措施。当梁高度与宽度之比大于4，或遇五级以上大风时，脱钩前，宜用钢丝将钢吊车梁捆绑在柱子上临时固定，以防倾倒。

（3）校正。

钢吊车梁校正一般在梁全部安装完毕，且屋面构件校正并最后固定后进行。但对重量较大的钢吊车梁，因脱钩后撬动比较困难，宜采取边吊边校正的方法。

校正内容包括平面位置、标高、垂直度等。

1）平面位置校正：包含轴线和跨距两项，实际上是对吊车梁吊装中心线的校对。首先，根据结构的定位轴线，定出吊车梁吊装中心线在地面上的方位，并检查两列吊车梁的跨距是不是与设计相符。其次，用经纬仪自两头将地面上的吊车梁吊装中心线投影到两头的柱上，据此检查、校对两头吊车梁的吊装误差。最后，在已校对的两头吊车梁上架设经纬仪或拉通线，逐根校对中间各根吊车梁的吊装中心线的误差，如图3.2.26所示。如有偏差，用千斤顶和手拉葫芦进行轴线位移，将下垫的铁楔调整、垫实。

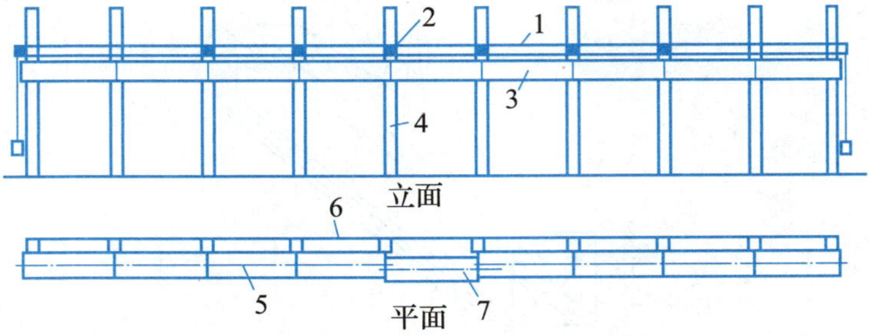

图3.2.26　拉钢丝法校正吊车梁的平面位置

1—钢丝；2—圆钢；3—吊车梁；4—柱；5—吊车梁设计中线；

6—柱设计轴线；7—偏离中心线的吊车梁

2）标高校正：吊车梁标高的校正在钢柱安装时已经完成。当一跨即两排吊车梁全部吊装完毕后，将一台水准仪架设在某一钢吊车梁上或专门搭设的平台上，进行每梁两端的高程测量，计算各点所需垫板厚度，或在柱上测出一定高度的水准点，再用钢尺或样杆量出水准点至梁面铺轨需要的高度，根据测定标高进行校正。

3）垂直度校正：在校正标高的同时，用靠尺或线锤在吊车梁的两端进行垂直度校正即可，如有超差，可在支座处加铁片垫平。

（4）固定。

钢吊车梁校正完毕后应立即将钢吊车梁与柱牛腿上的预埋件焊接牢固，或将螺母拧紧，将支座与牛腿垫板焊接进行最后固定。

4. 屋面大梁安装

同跨的两侧钢柱安装好后，开始安装该榀刚架大梁。由于运输的关系，大梁的每段尺寸一般在 12m 以内，因此，需要在施工现场地面先完成大梁拼接，安装好高强度螺栓，再进行吊装。

钢大梁吊装时，首先将钢丝绳固定在钢梁上，吊车起吊 1m 左右，检查钢丝绳固定位置是否合适，若不合适，则卸吊，并移动起吊位置，直至合适。起吊、安装钢梁至钢柱上，连接好高强度螺栓，并在大梁上拉缆风绳，防止钢梁倾覆。吊车送钩，完成钢大梁的安装。结合上面同跨的两根钢柱的安装，一榀刚架吊装完成。用同样的安装方法安装第二榀刚架，这样，第一个内开间就完成了。

第一个内开间的正确位置至关重要，它将直接影响后续刚架的安装，当第一个内开间被正确校正和设置支撑后，其余构件会在很大程度上自动调正和校直。在第一个内开间结构完成后，将所有檩条、围梁、屋檐支梁安装在装好支撑的开间，在进行下一步骤前将整个开间调正、校直并张紧支撑。最后检测建筑调正状况时，如有必要可再做适当调整。调整方法如下：

调整结构时用经纬仪从柱子的两条轴线观测。在翼缘板内侧通过经纬仪可直接观测到不垂直的地方，用调整对角斜撑的方法来调整柱的垂直度。所有的测量应从翼缘的中线开始，如图 3.2.27 所示。

以上第一个区间完成后，进行其余区间钢大梁的安装。钢梁隅撑建议用螺栓固定到横梁上，但不拧紧，随刚架梁同时吊起。

（1）当天吊装完成的刚架必须用檩条连成整体，并有可靠支撑，否则，遇大风天气可能会造成严重变形，第二天施工时又需重新校正。

（2）钢结构吊装必须由起重工统一指挥。

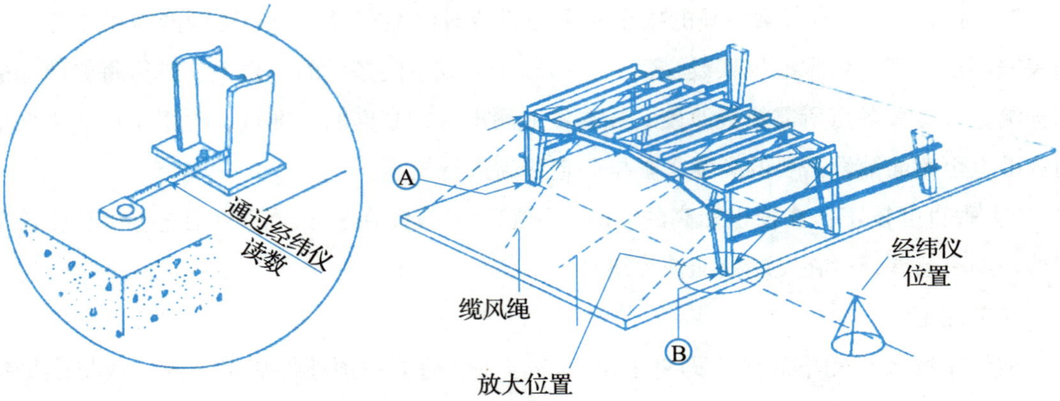

图 3.2.27　从翼缘中线开始测量

A—左侧刚架柱脚螺栓调节螺母；B—右侧刚架柱脚螺栓调节螺线

5. 檩条安装

刚架安装完毕后，一般按照从建筑一端向另一端的安装方式进行檩条安装。檩条吊装前，应按跨间需求量将檩条成捆运至梁、柱对应位置。因为檩条单重小，且为线性杆件，多采用一钩多吊的方法来提高工作效率。檩条的安装顺序一般如下：檩托安装→檩条安装→屋面系统的安装。

檩托焊接在钢结构梁和支撑上。檩托定位方法如下：根据檩距和轴线确定出檩条和钢结构梁的交线（放线弹出的定位线），该交线即为檩托板的安装线。

如图 3.2.28 所示，檩托定位后，其与钢梁的翼板平面的夹角要保证为 90° ± 1°，位置偏差在 5mm 内。在焊接过程中要采取减小变形的措施，先对称定位焊，检查檩托的角度，合格后再焊接，不合格的要校正角度。定位焊要牢固。焊条直径为 4mm，焊条型号为 E5016。焊接时电流要适当，焊缝成型后不能出现气孔和裂纹，也不能出现咬边和焊瘤，焊缝尺寸应达到设计要求，焊波应均匀，焊缝成型应美观。

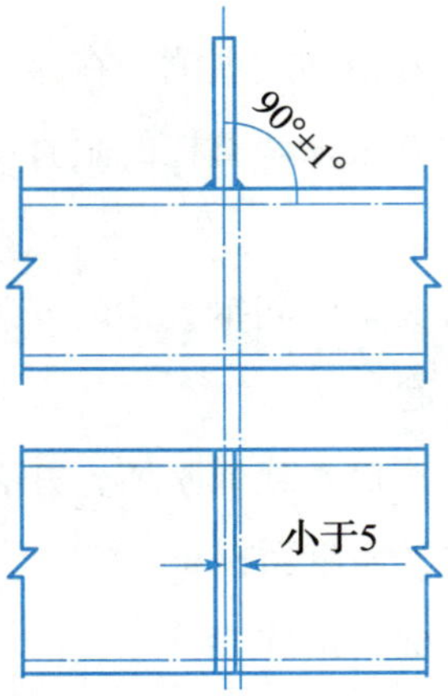

图 3.2.28　檩托安装要求

焊接后应对焊缝及其四周进行防腐处理，防腐材料选用符合设计要求的油漆涂料，要求涂刷两道。防腐前清除干净焊缝表面的药皮和污物。为便于后期统一调整，螺栓不需拧紧。刚架檩条安装效果如图 3.2.29 所示。

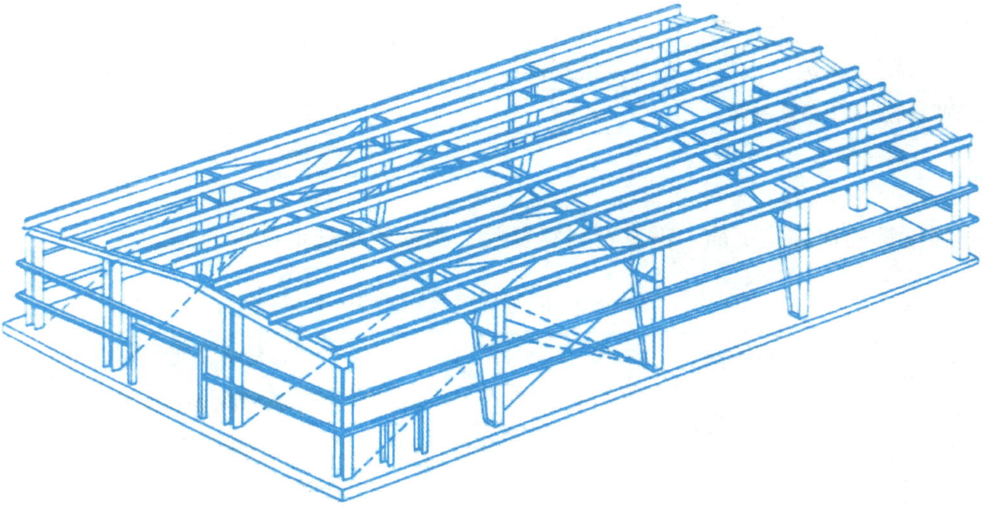

图 3.2.29　刚架檩条安装

由于檩条侧向刚度较小，容易在安装中发生弯曲，故应注意以下安装事项：

（1）安装过程设临时支撑。

在安装屋面板和屋面保温层前，为确保檩条垂直，应在柱距一半处放至少一排临时撑木，必要时增加几排撑木以便使临时支撑的檩条保持平直，并随檩条安装而移动。

（2）安装抗风斜撑。

对角斜撑圆钢应按图纸要求安装且必须拉紧，以提高建筑物整体刚度，但也应注意不能拉得过紧，以防结构构件弯曲变形过大。

6. 高强度螺栓连接施工

（1）高强度螺栓施工流程。

钢结构安装中，主要承重构件的节点连接一般采用高强度螺栓。按照高强度螺栓的受力特征，将其分为摩擦型高强度螺栓和承压型高强度螺栓，其预拉力是通过拧紧螺帽实现的，施工中一般采用扭矩法、转角法和扭断螺栓尾部法来控制预拉力。

摩擦型高强度螺栓抗滑移系数的大小则与连接板间摩擦面处理方式、钢材材质、表面质量、表面清洁度有关，施工前需将连接板间的焊渣、氧化铁皮、污垢等不良影响因素去除，按表 3.2.1 取值计算。

表 3.2.1　高强度螺栓抗滑移系数 μ 取值

表面处理方式	钢号		
	Q235	Q345、Q390	Q420
喷砂	0.45	0.50	0.50
喷砂后涂无机富锌漆	0.35	0.40	0.40
喷砂后生赤锈	大于 0.45	0.50	0.50
钢丝刷除锈后的干净轧制面	0.30	0.35	0.40
红丹漆	∠ 0.15		

高强度螺栓连接施工前，需进行材料复验，复验项目规定见表 3.2.2。

表 3.2.2　高强度螺栓复验项目

类别	复验项目
高强度大六角头螺栓	连接副扭矩系数复验
	摩擦面抗滑移系数复验
扭剪型高强度螺栓	连接副预拉力复验
	摩擦面抗滑移系数复验

如图 3.2.30 所示为典型的高强度螺栓连接施工的工艺流程。

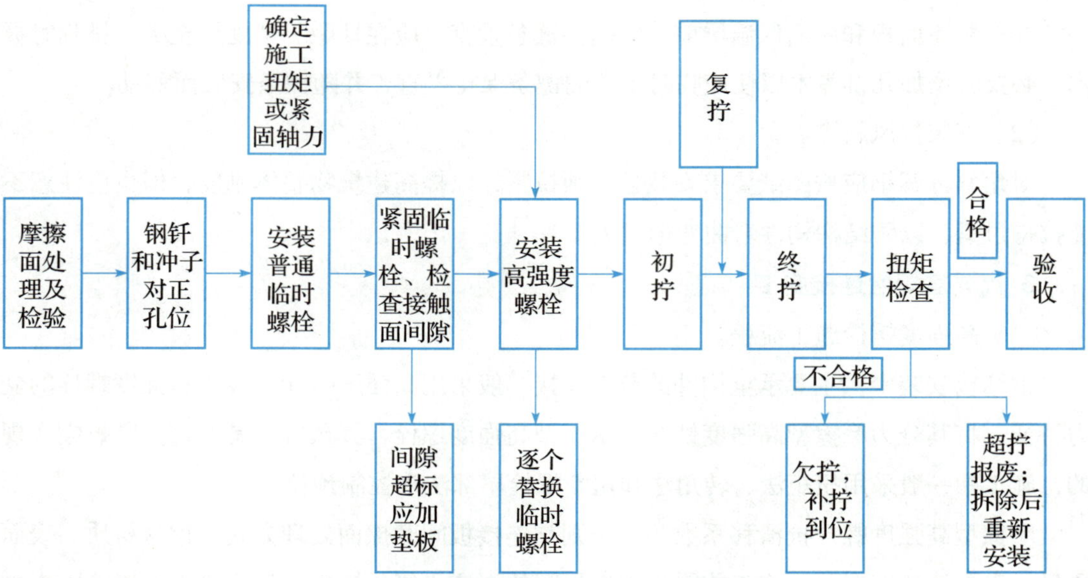

图 3.2.30　高强度螺栓连接工艺流程

（2）高强度大六角头螺栓连接施工。

高强度大六角头螺栓一般采用扭矩法和转角法进行连接施工。扭矩法施工过程和质量要求如下：

1）用普通扳手初拧，初拧扭矩可取终拧值的 50% 左右，目的是使连接件密贴。

2）使用扭矩扳手按施工扭矩值进行终拧。对于较大的连接接点，可以按初拧、复拧及终拧的次序进行。

3）拧紧的顺序一般从中间向两边或四周进行。初拧和终拧的螺栓均应做不同的标记，避免漏拧、超拧，且便于检查。

4）施拧及检查用扭矩扳手，扳前必须校正标定，扳后必须校验，以确定此扳手在使用过程中扭矩未发生变化。若校验后发现扭矩误差超出允许范围，则应视采用此扳手施工的螺栓全部不合格。应将扳手重新校验，重新检查，对于欠拧螺栓应重新施拧，对超拧螺栓应全部更换，重新按要求施拧。

5）终拧结束后 1h 内应进行检查校验，应采用“小锤敲击法”对螺栓（螺母处）逐个敲检，且应进行扭矩随机抽检。

“小锤敲击法”是用手指紧按住螺母的一个边，按的位置尽量靠近螺母近垫圈处，然后采用 0.3 ～ 0.5kg 重小锤敲击螺母相对应的另一个边，即手按对侧，如手指感到轻微颤动为合格，颤动较大即为欠拧或漏拧，完全不颤动即为超拧。

扭矩检查采用“松扣、回扣”法，即先在螺母螺杆的相对应位置划一条细线，然后将螺母拧松约 60°，再拧到原位时测得的扭矩，该扭矩与检查扭矩的偏差在检查扭矩的 ±10% 范围内为合格。

48 小时内应进行终拧扭矩检查，扭矩检查为随机抽样，按节点数抽查 10%，且不应少于 10 个；每个被抽查节点按螺栓数抽查 10%，且不应少于 2 个。如不符合要求，应重新抽样 10% 检查，如仍为不合格，欠拧、漏拧的，应该重新补拧；超拧的，应予以更换并重新施拧。

高强度大六角头螺栓转角法是用控制螺栓应变（即控制螺母的转角）来获得规定的预拉力的施工方法。施工过程不需专用扳手，简单易行。高强度螺栓转角法施工分初拧和终拧两步（必要时可增加复拧），初拧的目的是消除板缝影响，给终拧创造一个大体一致的基础。初拧扭距一般取终拧扭距的 50%，原则是以板缝密贴为准，终拧角度可预先测定。如图 3.2.31 所示。

转角法施工工艺顺序如下：

1）初拧：按规定的初拧扭矩值，从节点或栓群中心向四周拧紧螺栓，并用小锤敲击检查，防止漏拧。

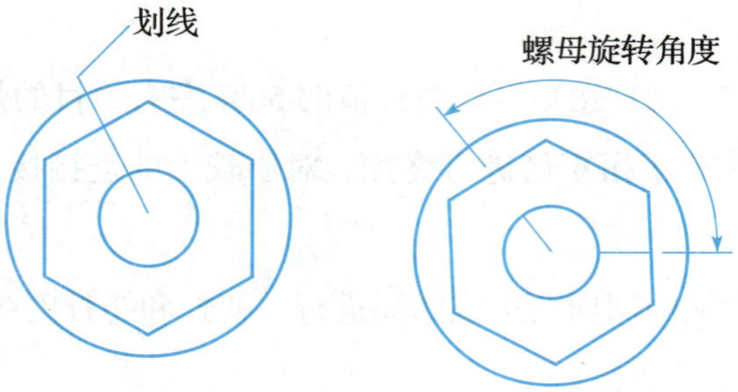

图 3.2.31　转角法施工示意图

2）划线：初拧后对螺栓逐个进行划线。

3）终拧：用扳手使螺母再旋转一个额定角度，并划线。

4）检查：检查终拧角度是否达到规定的角度。

5）标记：对已终拧的螺栓做出明显的标记，以防漏拧或重拧。

（3）扭剪型高强度螺栓连接施工。

扭剪型高强度螺栓施工相对于高强度大六角头螺栓连接施工简单得多。它是采用专用的电动扳手进行施工的，并以梅花头拧掉为施工结束标志。

扭剪型高强度螺栓的拧紧可分为初拧和终拧，对于大型节点分为初拧、复拧、终拧。初拧采用手动扳手或专用定矩电动扳手，初拧值为预拉力标准值的 50% 左右。复拧扭矩等于初拧扭矩值。初拧或复拧后的高强度螺栓应用颜色在螺母上涂上标记。然后用专用电动扳手进行终拧，直至拧掉螺栓尾部梅花头，读出预拉力值，如图 3.2.32 所示。

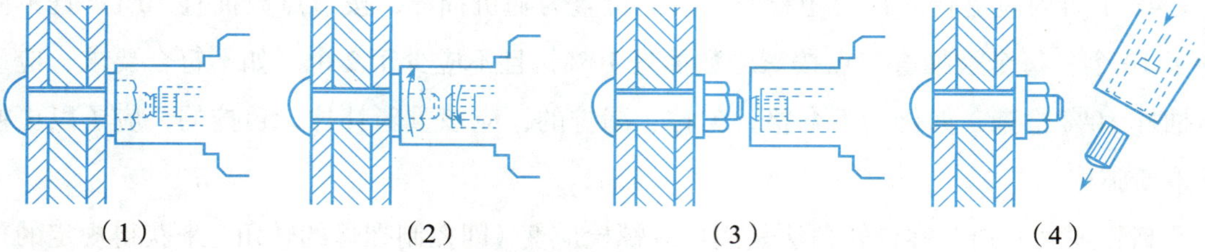

图 3.2.32　扭剪型高强度螺栓连接施工过程示意图

扭剪型高强度螺栓施工检验时采用观察尾部梅花头拧掉情况的方法。尾部梅花头被拧掉可视同为终拧扭矩达到合格质量标准，未被拧掉者应按照扭矩法或转角法检验。

7. 屋面、墙面压型钢板安装

门式刚架轻型房屋中的屋面与墙面板材主要采用压型钢板，其在主要结构构件和次要结构构件安装完毕，校正工作完成并且拧紧所有螺栓，构件现场涂装完成后即可开始安装。以屋面压型钢板施工为例，工序如图 3.2.33 所示。

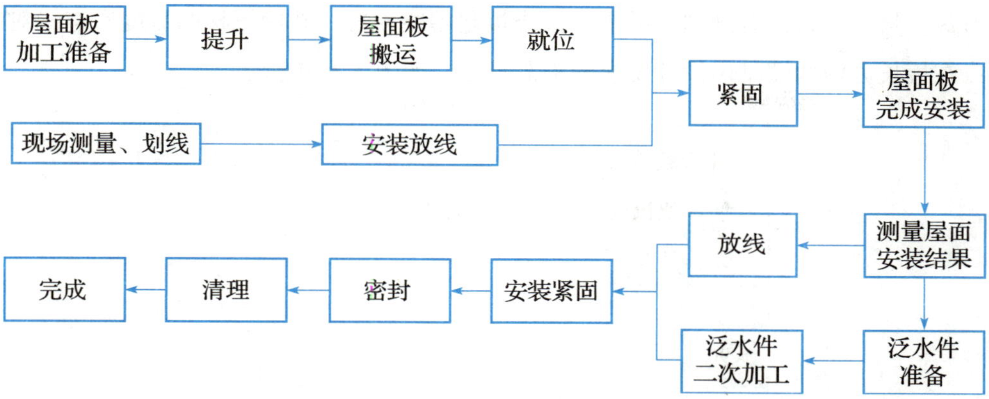

图 3.2.33 屋面工程的施工工序

（1）压型钢板面积计算。

以压型钢板所覆盖的平面面积来计算工程量。

施工单位需要在施工前进行铺板面积的计算，实际订货所需的压型板面积应以施工详图规定的压型板规格和数量进行计算。即：

$$F=(B\times L\times n)+(B\times L_1\times n)$$

式中：F——总面积，m^2；

B——压型钢板覆盖宽度，m；

L——压型钢板长度，m；

L_1——端部搭接长度，m；

n——压型钢板块数。

夹芯板的面积计算与单层压型钢板计算方法相同。

（2）排板放线。

安装放线前先对安装面上的已有建筑成品进行测量，根据排板设计确定排板起始线的位置。屋面施工中，先在檩条上标定出起点，即沿跨度方向在每个檩条上标出排板起点，各个点的连线应与建筑物的纵轴线垂直，然后在板的宽度方向每隔几块板标注一次，以限制和检查板的宽度安装偏差积累，如图 3.2.34 所示。

墙板安装也应用类似的方法放线，除此之外还应标定其支承面的垂直度，以保证形成墙面的垂直平面。

屋面板及墙面板安装完毕后，对配件的安装做二次放线，以保证檐口线、屋脊线、门窗口和转角线等的水平度和垂直度。

（3）板材安装。

首先，实测安装板材的长度，按实测长度核对对应板号的板材长度，必要时对该板材进行剪裁。然后，将提升到屋面的板材按排板起始线放置，并使板材的宽度标志线对准起始线；在板长方向两端排出设计要求的构造长度，如图 3.2.35 所示。

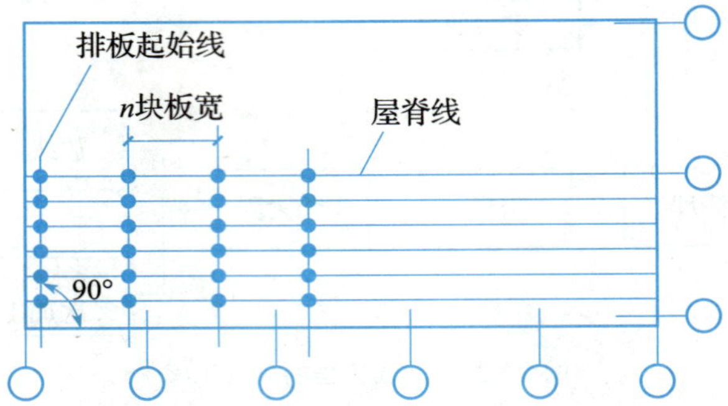

图 3.2.34　安装放线示意图

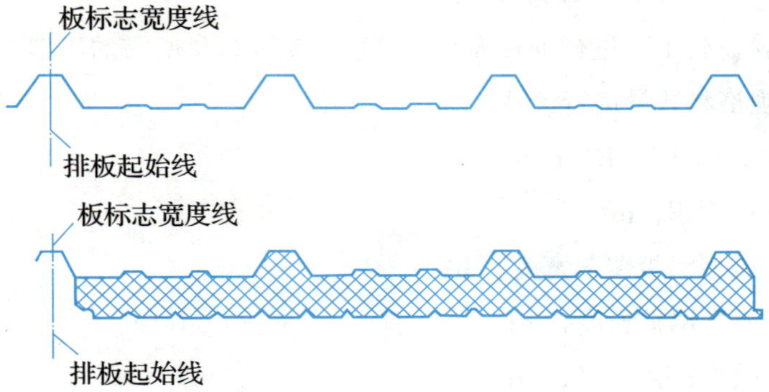

图 3.2.35　板材安装示意图

接下来，用紧固件紧固板材两端，然后安装第二块板。其安装顺序为先自左至右或自右至左，后自上而下。板与板之间的连接必须处理严密，否则会成为渗漏雨水的源头。

安装到下一放线标志点处时，复查本标志段内板材安装的偏差，满足要求后进行全面紧固。紧固自攻螺钉时应掌握紧固的程度，紧固过度会使密封垫圈上翻，甚至将板面压得下凹而积水；紧固不够会使密封不到位而出现漏雨。

确定好屋面板外伸长度后，进行屋面保温层安装，将屋面钢丝网拉结到适当平直但不宜过紧，将保温材料固定在一侧边墙上，并卷出保温材料横越檩条，将隔气层放置在建筑物内侧，拉伸保温材料使其内表面绷紧并平滑，如图 3.2.36 所示。

屋面板的纵、横向搭接，应按设计要求铺设密封条和密封胶，并在搭接处用自攻螺钉或带密封胶的拉铆钉连接，紧固件应设在密封条处。纵向搭接（板短边之间的搭接）时，可将夹芯板的底板在搭接处切掉搭接长度，并除去压盖部分的芯材。屋面板纵、横向连接节点构造如图 3.2.37、图 3.2.38 所示。

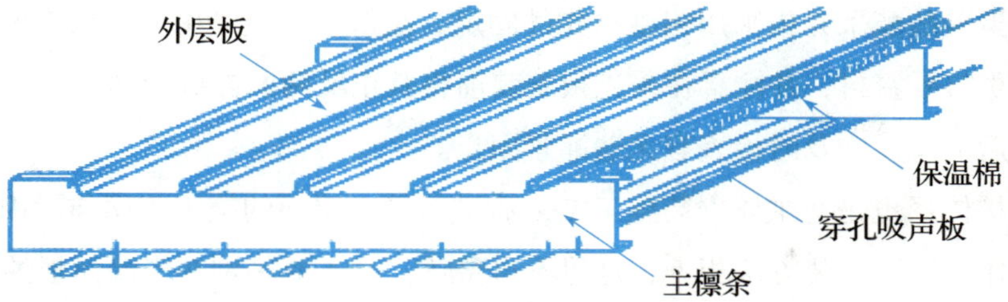

图 3.2.36　双层屋面板安装做法示意图

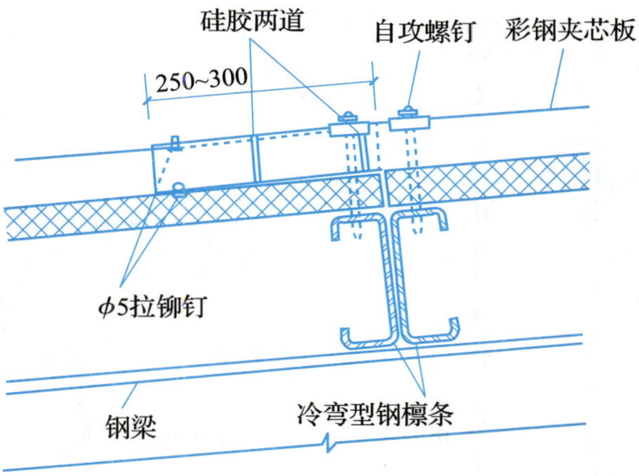

图 3.2.37　屋面板纵向搭接节点

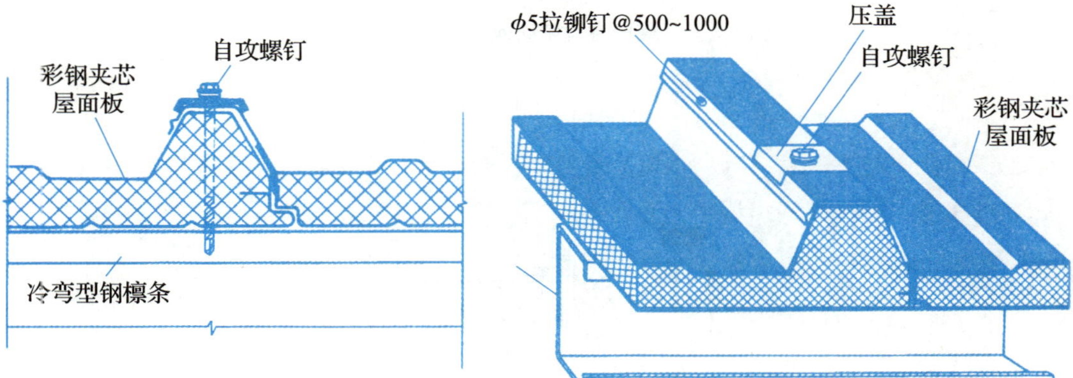

（a）屋面板横向搭接节点构造　　（b）屋面板横向搭接节点透视图

图 3.2.38　屋面板横向搭接节点

某些轻钢结构屋面体系中带有采光板，采光板按材料分为玻璃纤维增强聚酯采光板、聚碳酸酯制成的蜂窝状或实心板等，其安装步骤同屋面板。

由于采光板材料的特殊性，安装时应注意避免引起材料开裂。不同的采光板有不同的固定方法，聚碳酸酯采光板采用铝型材扣件固定，波形采光板采用采光板支架和自攻螺钉连接固定，再打胶密封，并注意在采光板安装前将其正反两面擦拭干净。

安装完后的屋面应及时检查有无遗漏紧固点。

墙面围护体系也是在主体安装施工结束后进行的。墙面的施工工序与屋面类似，其测量、放线工作与屋面安装方法相近，这里不再赘述，其主要区别在于墙面板的安装工艺。

墙面板多用平板夹芯板材，一般采用横向布置，节点构造如图 3.2.39 所示。墙面板底部表面应低于室内地坪 30 ～ 50mm，且应在底表面抹灰找平后安装，如图 3.2.40 所示。

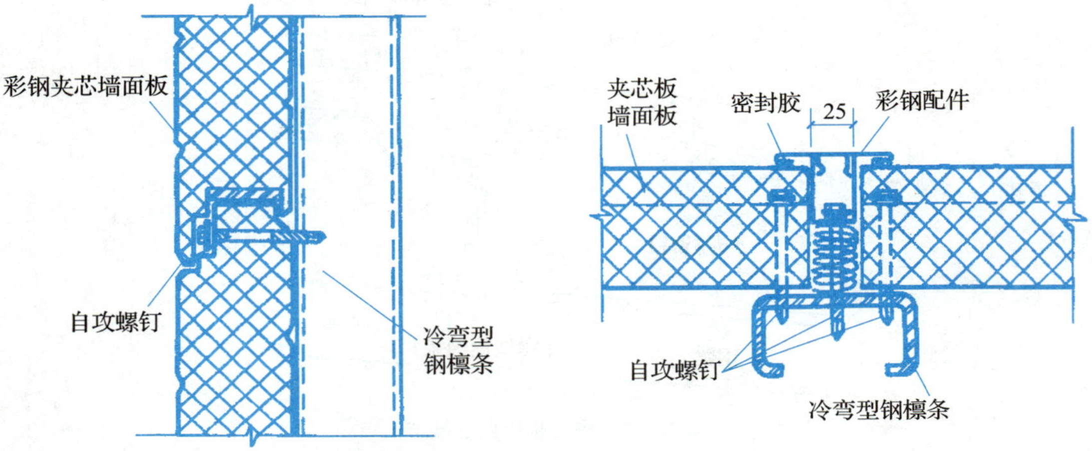

（a）横向布置墙面板水平缝节点　　（b）横向布置墙面板竖缝节点

图 3.2.39　横向布置墙面板水平缝与竖缝节点

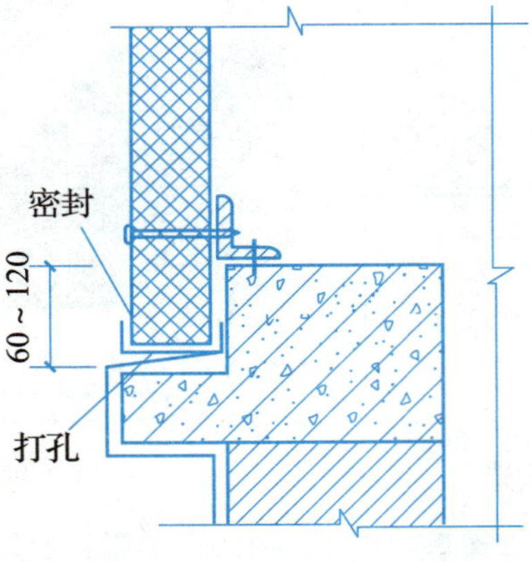

图 3.2.40　墙面基底构造示意图

铺设墙面板时可从建筑的任意一端开始，通常按板的习惯视向铺设可以避免侧向搭接缝过于明显。在大风季节施工时，应沿逆风方向铺设，第一块板安装必须垂直，板之间的搭接应松紧合适，如图 3.2.41 所示。

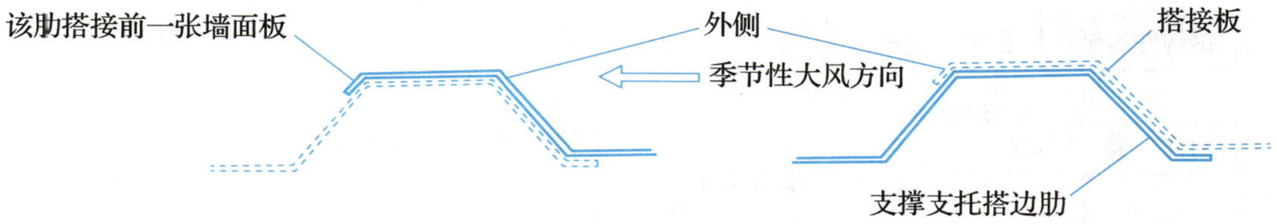

图 3.2.41　墙面板铺设示意图

墙面螺钉紧固时必须对准。每天施工结束后，应清除板面铁屑避免生锈。采用自攻螺钉紧固时需松紧合适，将紧固件拧紧直至垫圈牢牢定位。

墙面保温材料安装与外墙面板安装一般同时进行，以确保侧向接缝严密。为保证保温材料使用效果，在安装时应选择没有雨水的天气，施工完后还应做好相应的成品保护工作。

任务 3　多、高层钢框架结构安装

任务目标

- 了解多、高层钢结构构造特点。
- 熟悉多、高层钢结构安装流程。
- 掌握多、高层钢结构安装施工技术要求。

3.3.1　多、高层钢结构安装施工流程

多、高层钢结构建筑较单层钢结构厂房类建筑在结构特点上有较大区别，多为框架、框剪、筒中筒等结构类型，且高度方向尺寸较大。因此现场安装施工中常按建筑物的平面形状、结构形式和现场施工条件等因素，在平面上和立面上均划分流水段。

流水段划分的总原则是：平面流水段划分应考虑钢结构安装过程中的整体稳定性和对称性，安装顺序一般由中央向四周扩展，以减少焊接误差。在竖向上一般以一节钢柱（一般 2 ～ 3 个楼层高）为一个施工段，对每一节钢柱内的各类构件，编制吊装顺序图。被划分的每节施工过程类似，具有一定的单体特征，每节之间又互相联系，体现总体施工特点。每节流水段的基本施工流程如图 3.3.1 所示。

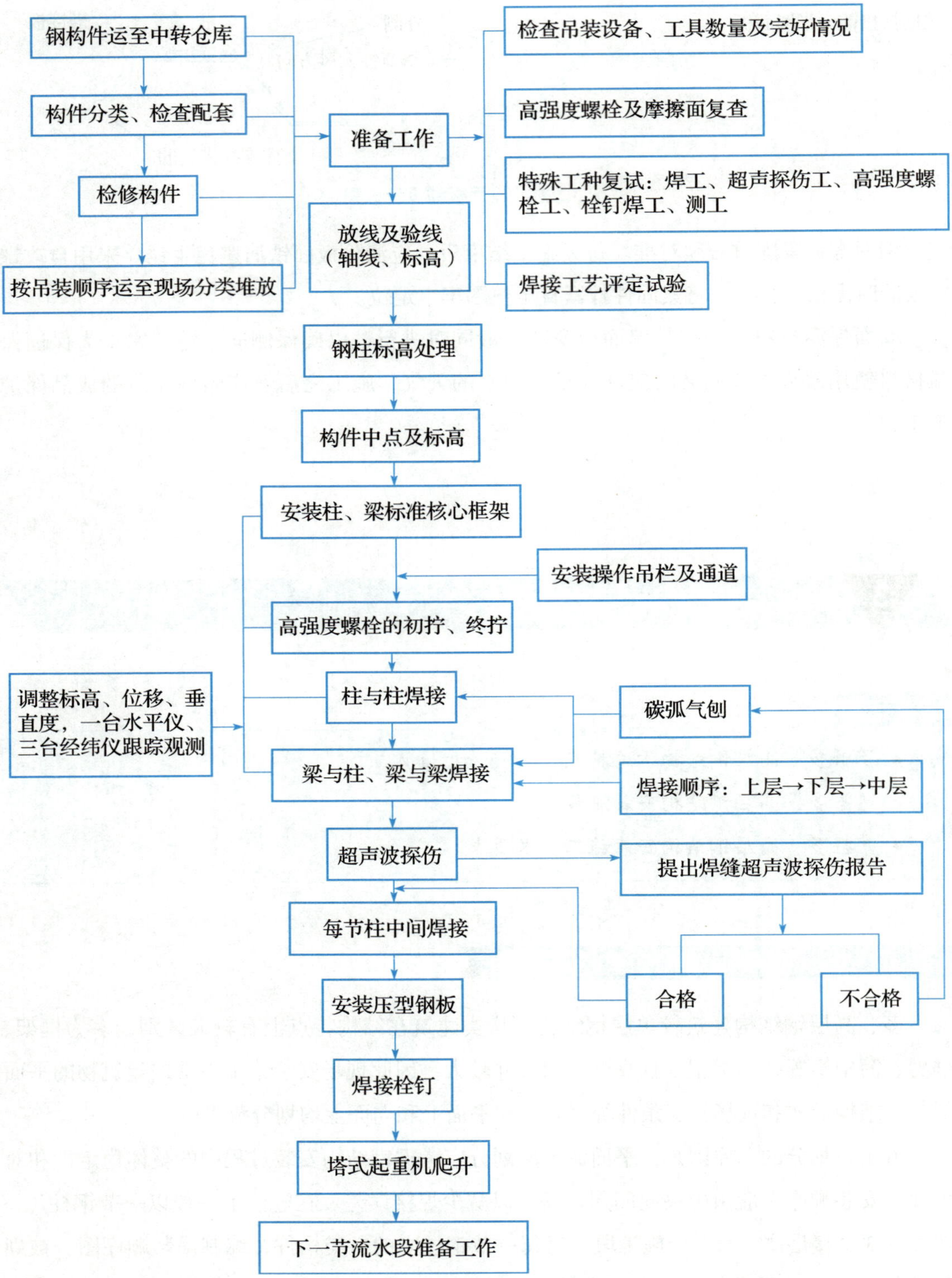

图 3.3.1　多层、高层钢结构安装工艺流程图

1. 流水段划分注意事项

多、高层钢结构现场施工流水段的划分对于顺利组织安装施工至关重要，一般依据框架吊装节数而制定，在划分流水段时必须注意以下问题：

（1）塔式起重机各项参数能满足流水段内最重构件的吊装要求。

（2）塔式起重机爬升高度能满足下一节流水段的构件起吊高度。

（3）每一流水段内柱高应满足构件制作单位的制作条件和运输及堆放条件。

（4）工程复杂时，应划分出主要流水区域和次要流水区域，并保证多台塔式起重机在施工中都能协调工作，互不影响。

2. 施工前准备工作

施工准备包括技术准备、资源准备、管理协调准备等内容。由于施工准备工作具有相似性，多、高层钢结构准备工作内容可参见“项目 3　任务 2　单层门式刚架结构安装”相关内容。

3.3.2 多、高层钢结构安装机具选择

1. 起重机械

在多层与高层钢结构安装施工中，由于建筑较高、较大，吊装机械多以塔式起重机为主。选择时应根据多层与高层钢结构的工程结构特点、平面布置，起重机械的吊装重量、吊装高度、回转半径、抗风性能，卷扬机滚筒的容绳量、吊钩的升降速度等因素合理选择塔式起重机的型号。

起重机数量的选择应根据现场施工条件、建筑布局、单机吊装覆盖面积和吊装能力综合决定。多台塔吊共同作业时防止出现吊装死角。

2. 其他机具

在多层与高层钢结构施工中，除了起重机外，还会用到以下机具：千斤顶、葫芦、卷扬机、滑车及滑车组、电焊机、熔焊栓钉机、电动扳手、全站仪、经纬仪等。

3.3.3 多、高层钢结构安装方案的选择

1. 节间综合安装法

节间综合安装法就是在标准节框架中，选择一个节间作为标准间，先安装 4 根钢柱后立即安装此节间的主钢梁、次钢梁和支撑体系等。再由下及上逐间构成空间标准间，并进行校正和固定。然后以此标准间为基础，按规定方向进行安装，逐步向四周扩大框架，每安装 2 根钢柱，就进行这个节间的安装，直至该施工层完成。在同一节钢柱范围内的各种构件，一般先安装柱子，再安装上层主梁，然后安装中层与下层主梁；在 4 根主梁围成的

一个范围内，若还有次梁，仍应先安装上层次梁，再安装中、下层次梁。这种安装方法对现场管理要求较为严格，一般随吊随运，不设堆场。

节间综合安装法是高层施工中常用到的安装方法，此法安装精确度与效率较高，应用较为广泛。

2. 大流水安装法

此法是按照构件分类，在形成的标准节框架中先安装钢柱，再安装钢梁，然后安装其他构件，按层进行，从下至上，最终形成结构。此法安装灵活性强，能够在构件不按计划供应的情况下继续进行安装，有机动余地，管理和施工人员容易适应，因此施工现场多用此法。

3.3.4 多、高层钢结构安装工艺

1. 安装阶段的测量放线

（1）建立基准控制点。

根据施工现场条件，建筑物基准点测量有两种测设方法。

一种为外控法，即将测量基准点设在建筑物外部，适用于开阔场地。根据建筑物平面形状，在轴线延长线上设立控制点，控制点一般在距建筑物 0.8 ～ 1.5 倍的建筑物高度处。引出交线形成控制网，并设立控制桩。

另一种为内控法，即将测量基准点设在建筑物内部，适用于作业面积较小，无法采用外控法的现场，如图 3.3.2 所示。控制点的位置、数量根据建筑物平面形状而定。

图 3.3.2　结构内位置控制点

（2）平面轴线控制点的竖向传递。

地下部分：高层钢结构工程，通常有一定层数的地下部分，对地下部分可采用外控法，建立十字形或井字形控制点，组成一个平面控制网。

地上部分：控制点的竖向传递采用内控法时，投递仪器可采用全站仪或激光准直仪。在控制点架设仪器对中调平。在传递控制点的楼面上预留孔，孔上设置光靶。传递时仪器

从 0°、90°、180°、270° 四个方向向光靶投点，定出 4 点，找出 4 点对角线的交点作为传递上来的控制点。

（3）柱顶平面放线。

利用传递上来的控制点，用全站仪或经纬仪进行平面控制网放线，把轴线放到柱顶上。

（4）悬吊钢尺传递高程。

利用高程控制点，采用水准仪和钢尺测量的方法引测，如图 3.3.3 所示。需要注意：柱的定位轴线应从地面控制线引测，不得从下层柱的定位轴线引测，避免累积误差。

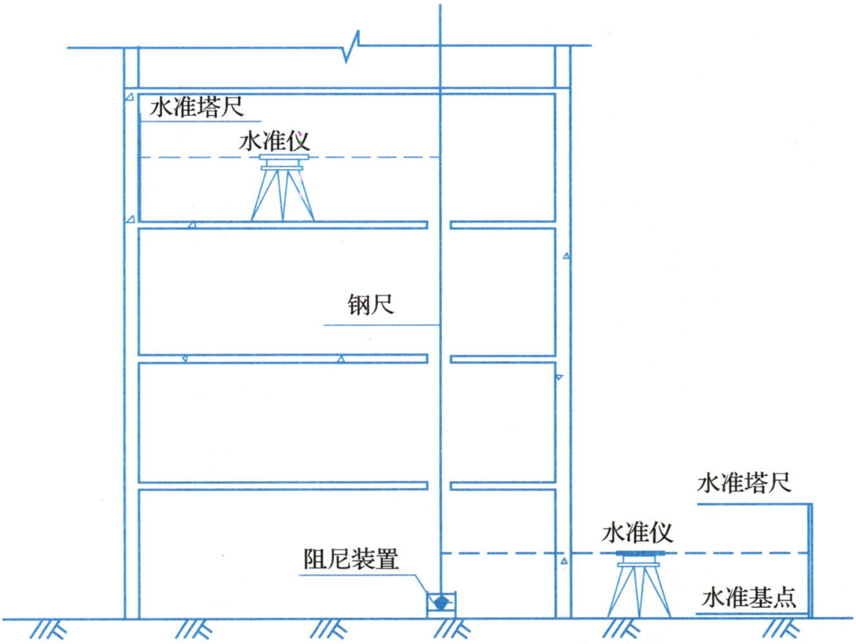

图 3.3.3　悬吊钢尺传递高程示意图

2. 钢柱吊装施工

钢柱吊装前应根据《钢结构工程施工质量验收标准》（GB 50205—2020）的规定，对下一节柱的标高与轴线进行复验，仔细检验钢构件的外形和几何尺寸，如有偏差，在吊装前应设法消除。钢柱的吊装流程如图 3.3.4 所示。

（1）吊装准备。

吊装前应清除柱身上的油污、泥土等杂物以及连接面上的浮锈。

检查钢柱质量，符合设计要求和现行标准后，在柱身上测放出十字中心线并在上下端适当部位用白色或红色油漆标出中心标记，以便就位对中和校正钢柱垂直偏差。

在构件弹线的同时，应按照施工图，核对构件上的编号标记，对于不齐全、不明显的，应加以补编；不易判别方向的，应在构件上标明，以免装错。

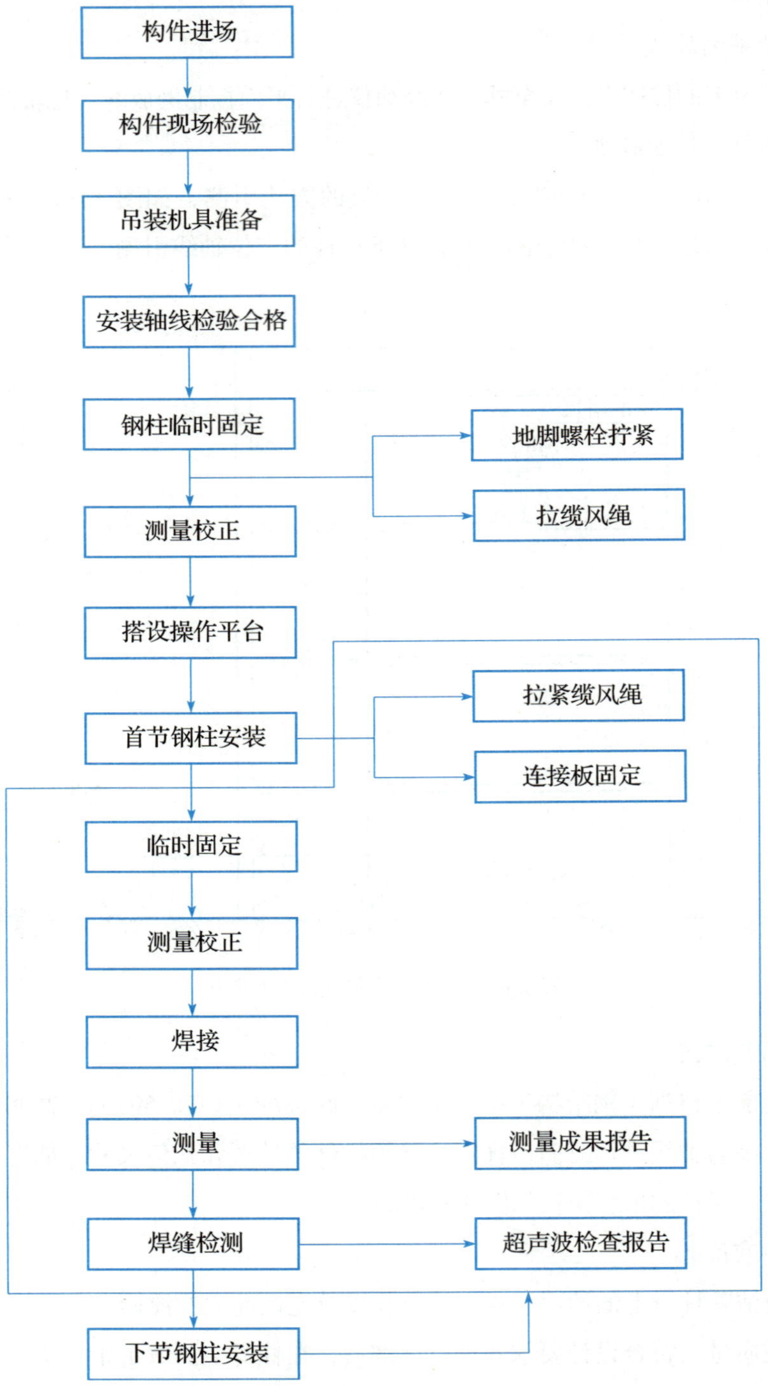

图 3.3.4　钢柱吊装流程

将吊索具、防坠器、缆风绳、爬梯、溜绳等，固定在钢柱的相应位置上，固定要牢靠。准备好柱脚螺母的扳手及加力杆、柱脚板下的调整垫铁。

（2）首节钢柱的安装与校正。

首节钢柱安装前，应对建筑物的定位轴线、首节柱的安装位置、基础的标高和基础混凝土强度进行复检，合格后才能进行安装。方法与“项目 3　任务 2　单层门式刚架结构安装”要求相同，这里不再赘述。

（3）下节钢柱的安装与校正。

下节钢柱安装时，利用柱身中心线就位，为使上下柱不出现错口，尽量做到上下柱定位轴线重合。上节钢柱就位后，按照先调整标高，再调整位移，最后调整垂直度的顺序校正。

下节柱校正时，常采用缆风绳法校正或无缆风绳法校正。目前多采用无缆风绳法校正，如图 3.3.5 所示，即利用塔吊、钢楔、垫板、撬棍以及千斤顶等工具，在钢柱呈自由状态下进行校正。此法施工简单，校正速度快，易于吊装就位和确保安装精度。为适应无缆风绳法校正，应特别注意钢柱节点临时连接耳板的构造。上下耳板的间隙宜为 15 ～ 20mm，以便于插入钢楔。

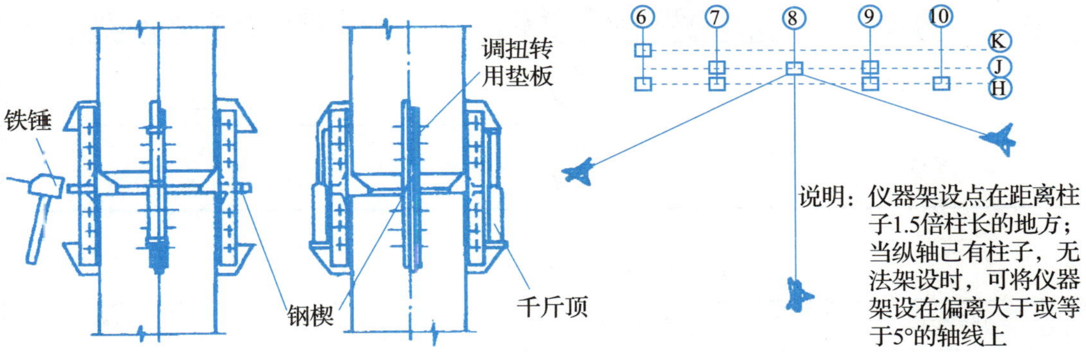

图 3.3.5　无缆风绳校正法示意图

1）标高调整。

上节钢柱一般采用相对标高安装、设计标高复核的方法。钢柱吊装就位后，合上连接板，穿入高强度大六角头螺栓，但不夹紧，通过吊钩起落与撬棍拨动调节上下柱之间的间隙。量取上柱柱根标高线与下柱柱头标高线之间的距离，符合要求后在上下耳板间隙中打入钢楔限制钢柱下落。正常情况下，标高偏差调整至零。若钢柱制造误差超过 5mm，则应分次调整。

2）位移调整。

上节钢柱定位轴线应从地面控制轴线直接引上，不得从下层柱的轴线引上。钢柱轴线偏移时，可在上柱和下柱耳板的不同侧面夹入一定厚度的垫板加以调整，然后微微夹紧柱头临时接头的连接板。钢柱的位移每次只能调整 3mm，若偏差过大只能分次调整。起重机至此可松吊钩。校正位移时应注意防止钢柱扭转。

3）垂直度调整。

用两台经纬仪在相互垂直的位置投点，进行垂直度观测。调整时，在钢柱偏斜方向的同侧锤击钢楔或微微顶升千斤顶，在保证单节柱垂直度符合要求的前提下，将柱顶偏轴线位移校正至零，然后拧紧上下柱临时接头的高强度大六角螺栓至额定扭矩。

注意：为达到调整标高和垂直度的目的，临时接头上的螺栓孔应比螺栓直径大 4.0mm。由于钢柱制造允许误差一般为 –1 ～ +5mm，螺栓孔扩大后能有足够的余量将钢柱校正准确。

（4）钢柱质量控制与检验标准。

钢柱质量检验时应遵守《钢结构工程施工质量验收标准》（GB 50205—2020）。其地脚螺栓的尺寸偏差应符合表 3.3.1 的规定；钢柱安装的允许偏差应符合表 3.3.2 的规定。

表 3.3.1　地脚螺栓（锚栓）尺寸的允许偏差（mm）

螺栓（锚栓）直径	项目	
	螺栓（锚栓）外露长度	螺栓（锚栓）螺纹长度
$d \leqslant 30$	0 +1.2d	0 +1.2d
$d>30$	0 +1.0d	0 +1.0d

表 3.3.2　钢柱安装的允许偏差（mm）

项目	允许偏差	图例	检验方法
柱脚底座中心线对定位轴线的偏移 Δ	5.0	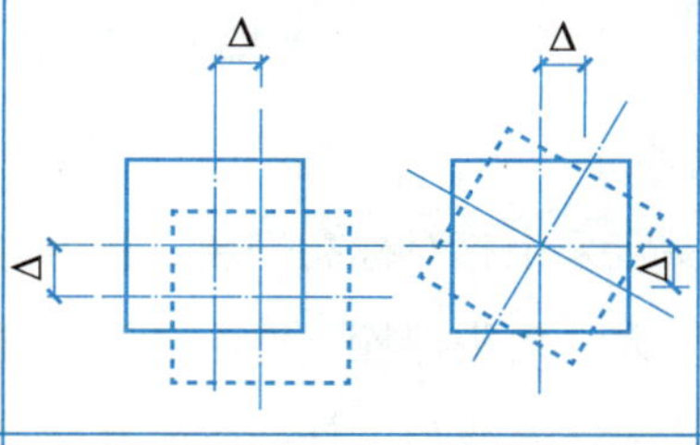	用吊线和钢尺等实测
柱子定位轴线 Δ	1.0	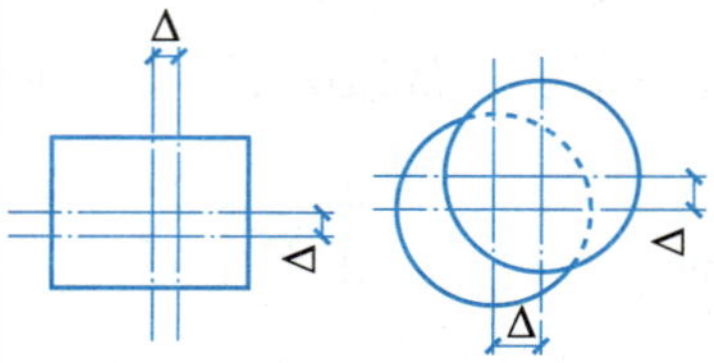	—

续表

<table>
<tr><th colspan="3">项目</th><th>允许偏差</th><th>图例</th><th>检验方法</th></tr>
<tr><td rowspan="2">柱基准点标高</td><td colspan="2">有吊车梁的柱</td><td>+3.0
−5.0</td><td rowspan="2">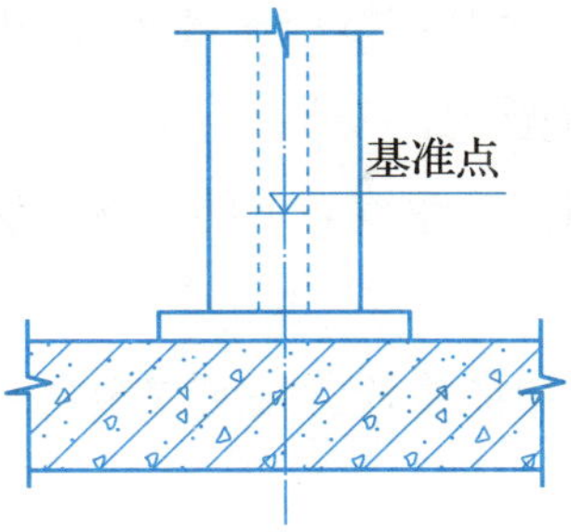</td><td rowspan="2">用水准仪等实测</td></tr>
<tr><td colspan="2">无吊车梁的柱</td><td>+5.0
−8.0</td></tr>
<tr><td colspan="3">弯曲矢高</td><td>H/1200，且不大于 15.0</td><td>—</td><td>用经纬仪或拉线和钢尺等实测</td></tr>
<tr><td rowspan="3">柱轴线垂直度</td><td>单层柱</td><td colspan="2">H/1000，且不大于 25.0</td><td rowspan="3">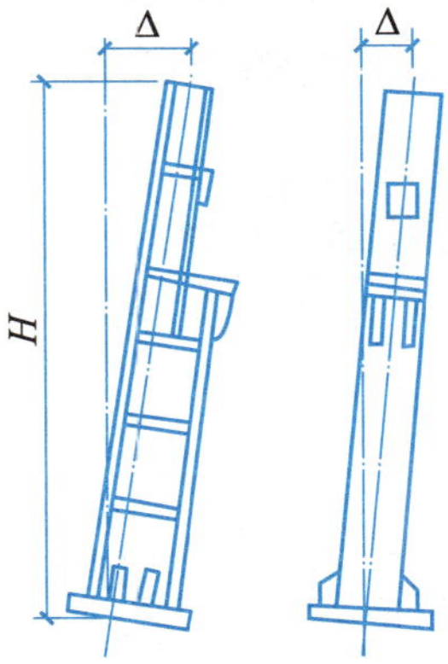</td><td rowspan="3">用经纬仪或吊线和钢尺等实测</td></tr>
<tr><td rowspan="2">多层柱</td><td>单节柱</td><td>H/1000，且不大于 10.0</td></tr>
<tr><td>柱全高</td><td>35.0</td></tr>
<tr><td colspan="3">钢柱安装偏差</td><td>3.0</td><td>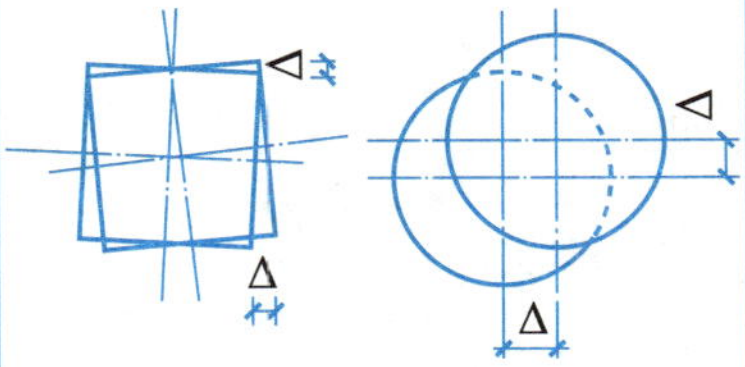</td><td>用钢尺等实测</td></tr>
<tr><td colspan="3">同一层柱的各柱顶高度差 Δ</td><td>5.0</td><td>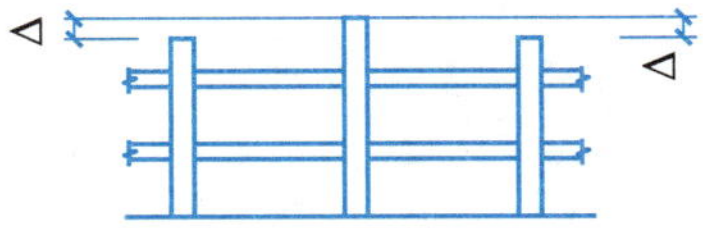</td><td>用全站仪、水准仪等实测</td></tr>
</table>

3. 钢梁吊装施工

（1）钢梁的吊装顺序。

钢梁吊装工作紧随钢柱进行，当钢柱构成一个单元后，应将该单元的框架梁由下而上与柱连接，组成空间刚度单元，校正紧固，符合要求后，依次向四周扩展。

（2）吊装准备。

1）吊装前，必须对钢梁定位轴线、标高、编号、长度、截面尺寸、螺孔直径及位置，节点板表面质量，高强度螺栓连接处的摩擦面质量等进行全面复核，符合设计施工图和规范规定后，才能进行附件安装。

2）用钢丝刷清除摩擦面上的浮锈，保证连接面平整、无毛刺、飞边、油污、水、泥土等。

3）节点连接用的螺栓，按所需数量装入帆布包并挂在梁端节点处，一个节点用一个帆布包。

4）在梁上装溜绳、扶手绳（待钢梁与柱连接后，将扶手绳固定在梁两端的钢柱上）。

（3）钢梁的附件安装。

1）钢梁要用两点起吊，以吊起后钢梁不变形、平衡稳定为宜。

2）为确保安全，钢梁在工厂制作时，在距梁端约 0.3*L*（梁长）的位置焊好两个临时吊耳，供装卸和吊装用。

3）吊索角度选用 45º ～ 60º，如图 3.3.6 所示。

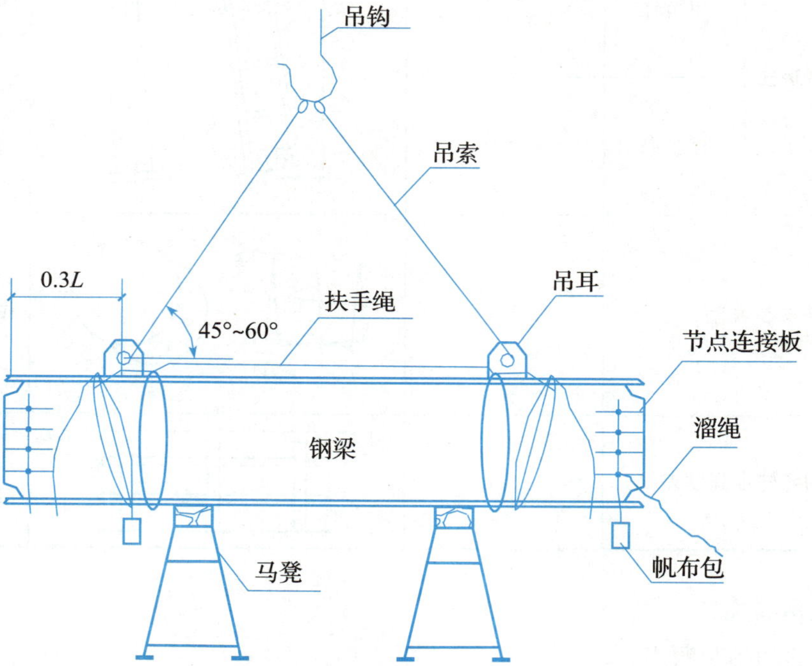

图 3.3.6　钢梁的绑扎与起吊示意

（4）钢梁的起吊、就位与固定。

钢梁起吊到位后，按设计施工图要求进行对位，要注意钢梁的轴线位置和正反方向。同一列柱，应先从中间跨开始对称地向两端扩展；同一跨钢梁，应先安上层梁再安中、下层梁。钢梁到位后，可先用冲钉定位，然后用与永久螺栓同直径的普通螺栓临时固定，普通螺栓数量不少于节点螺栓总数的 1/3，且不少于 2 个，否则不能拆除吊梁索具。安梁时应用冲钉将梁的孔打紧对正，每个节点上用不少于两个临时螺栓连接紧固，在初拧的同时调整好柱子的垂直偏差和梁两端焊接坡口间隙。

（5）连接方法。

钢柱间的连接：通常采用坡口焊连接。

主梁与钢柱的连接：通常翼缘用坡口焊连接，腹板用高强度螺栓连接。

次梁与主梁的连接：通常是在腹板处用高强螺栓连接，有时在翼缘处用坡口焊连接，如图 3.3.7 所示。

图 3.3.7　钢构件现场连接方法

（6）施工顺序。

1）柱与梁的焊接顺序：顶部梁柱节点→底部梁柱节点→中间部分的梁柱节点。

2）高强螺栓连接的紧固顺序：主要构件→次要构件。

3）工字形构件的紧固顺序：上翼缘→下翼缘→腹板。

4）同一节柱上各梁柱节点的紧固顺序：上部的梁柱节点→下部的梁柱节点→柱子中部的梁柱节点。

（7）钢梁的校正。

在安装和校正柱与柱之间的主梁时，可先把柱子撑开，跟踪测量、校正，预留接头焊接收缩量，柱产生的内力在焊接完毕焊缝收缩后也就消失了。需要注意的是，对钢梁的标高及中心线要反复校正至符合要求。

需每天安装的构件，应形成空间稳定体系，确保安装质量和结构安全。

4. 楼层压型钢板施工

压型钢板是一种经冷压或冷轧成型的薄钢板，具有单位重量轻、强度高、抗震性能好、施工快速、外形美观等优点，是良好的建筑材料和构件。压型钢板在高层钢结构施工中可用作现浇钢筋混凝土楼板的模板，与楼板混凝土形成压型钢板——混凝土组合楼板，且其在安装后不再拆除，因此在高层钢结构工程中被广泛采用。其主要由楼面层、组合楼板与钢梁等部分组成，构造如图 3.3.8 所示。

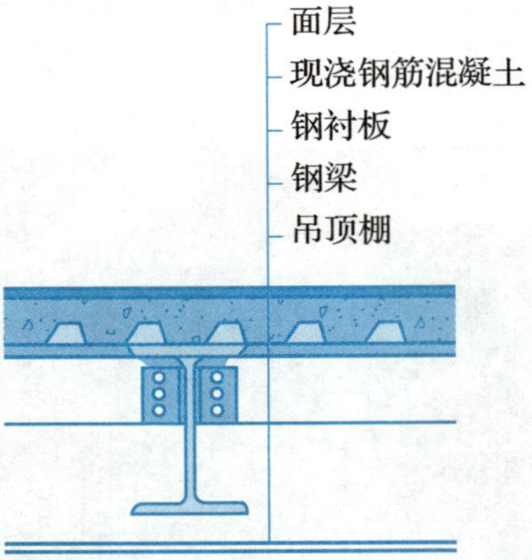

图 3.3.8　压型钢板——混凝土组合楼板构造示意图

压型钢板——混凝土组合楼板体系施工流程如图 3.3.9 所示。

（1）施工机具。

压型钢板施工的专用机具有栓钉焊机、带锯机（压型钢板切割）、电钻（压型钢板钻孔）、手提式砂轮机、钣金工剪刀等。

（2）压型钢板铺设图设计。

压型钢板安装前，应绘制铺设图。铺设图中应体现柱、梁、压型钢板三者的相互关系，并注明压型钢板尺寸、数量、搁置长度、板与柱相交处的切口尺寸、板与梁连接方法，以减少现场切割工作量。

（3）安装前的准备工作。

准备好压型钢板铺设图后，还需做好材料、机具设备、人员、施工环境等方面的准备工作才可开展压型钢板施工。

施工前再次核验各类材料的规格、数量、质检证书，对有弯曲和扭曲的压型钢板进行矫正；对于安装施工涉及的机具设备，在安装前必须进行检查，保证其正常运转；并认真清扫钢梁顶面，保证无油污和其他杂物。

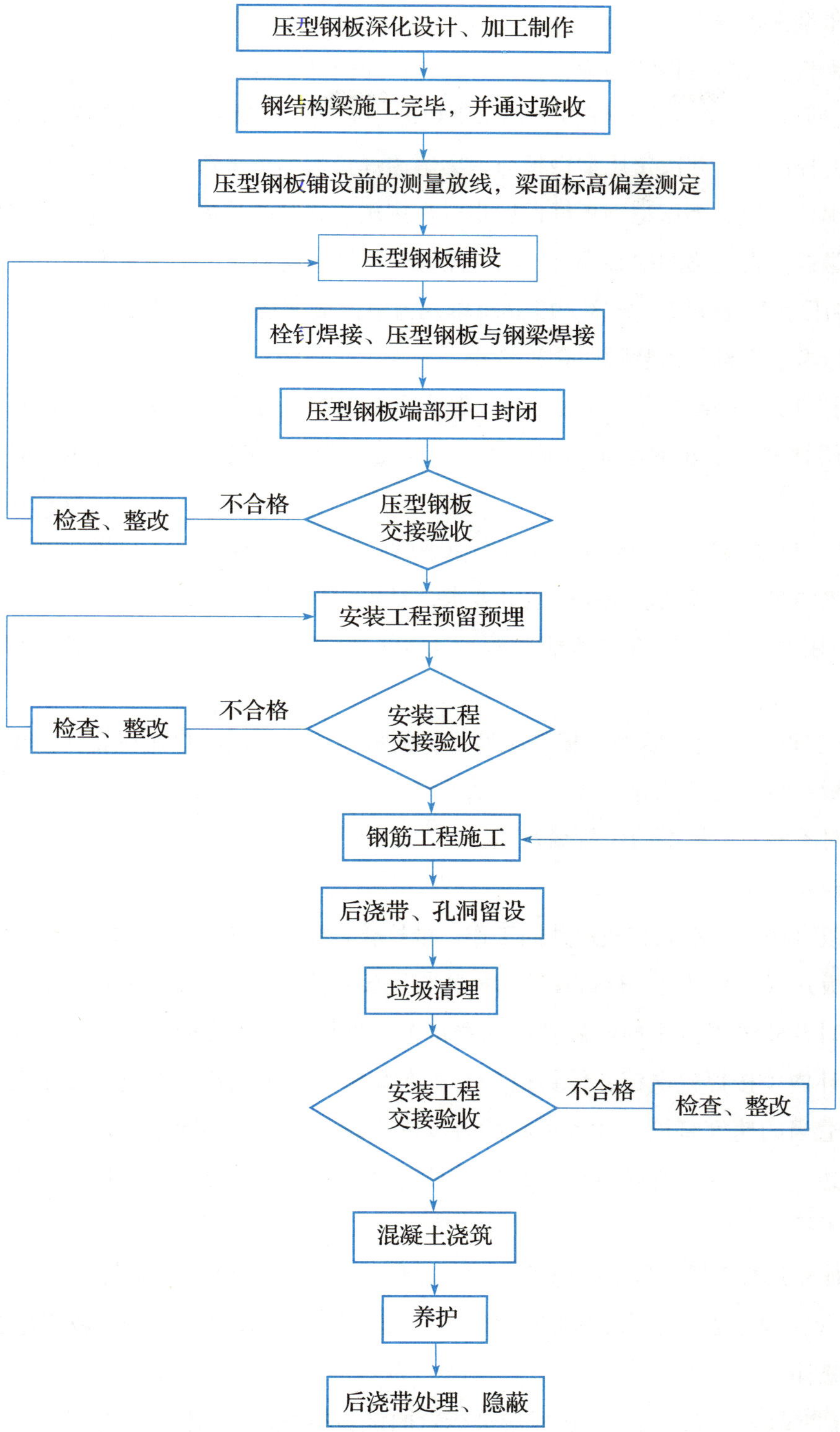

图 3.3.9　压型钢板——混凝土组合楼板施工工艺流程

（4）压型钢板安装。

压型钢板安装应在钢结构验收合格后进行。并按以下施工步骤安装：

1）压型钢板安装前需在铺板区弹出钢梁的中心线。主梁的中心线是铺设压型钢板时固定位置的控制线，并决定压型钢板与钢梁熔透焊接的焊点位置；次梁的中心线决定熔透焊栓钉的焊接位置。因压型钢板铺设后难以观察次梁翼缘的具体位置，故将次梁的中心线及次梁翼缘返弹在主梁的中心线上，固定栓钉时再将其返弹在压型钢板上。

2）将压型钢板分层、分区，以安装单元为单位成捆运至施工指定部位，厂家提供的布置图将压型钢板按照铺装顺序叠放整齐。

3）用专用软吊索吊运。吊运时，应保证压型钢板板材整体不变形、局部不卷边。为此，应使用软吊索或在钢丝绳与板接触的转角处加胶皮或在钢板下加垫木，但必须捆绑牢固。

4）按设计要求铺设。压型钢板铺设应平整、顺直、波纹对正，设置位置正确；压型钢板与钢梁的锚固支承长度应符合设计要求，且不应小于 50mm。

5）采用等离子切割机或剪板钳裁剪边角。裁剪放线时，富余量应控制在 5mm 范围内。

6）压型钢板固定。压型钢板与压型钢板侧板间连接采用咬口钳压合，使单片压型钢板连成整板；然后用定位焊将整板侧边及两端头与钢梁固定，最后采用栓钉固定。为了浇筑混凝土时不漏浆，端部肋作封端处理。

（5）栓钉焊接施工。

为使组合楼板与钢梁有效地共同工作，抵抗叠合面间的水平剪力作用，通常将栓钉穿过压型钢板并焊于钢梁上。栓钉焊接的材料与设备有栓钉、焊接瓷环和栓钉焊机。

焊接时，先将焊接用的电源及制动器接上，把栓钉插入焊枪口，栓钉下端置入母材上面的瓷环内。按焊枪电钮，栓钉被提升，在瓷环内产生电弧，在电弧发生后规定的时间内，用适当的速度将栓钉插入母材的融池内。焊完后，立即除去瓷环，并除去焊缝的周围的卷边，检查栓钉焊接部位。栓钉焊接工序如图 3.3.10 所示，焊接施工现场情形如图 3.3.11 所示。

对于栓钉焊接需进行外观与弯曲方面的质量检查，其检查要求如下：

1）外观检查：栓钉根部焊脚应均匀，对于焊脚立面的局部未熔合处或不足 360° 的焊脚应进行修补。

2）弯曲试验检查：栓钉焊接后应进行弯曲试验检查，可用锤敲击以使栓钉从原来轴线弯曲 30° 或采用特制的导管将栓钉弯曲 30°，若焊缝及热影响区没有肉眼可见的裂纹，即为合格。

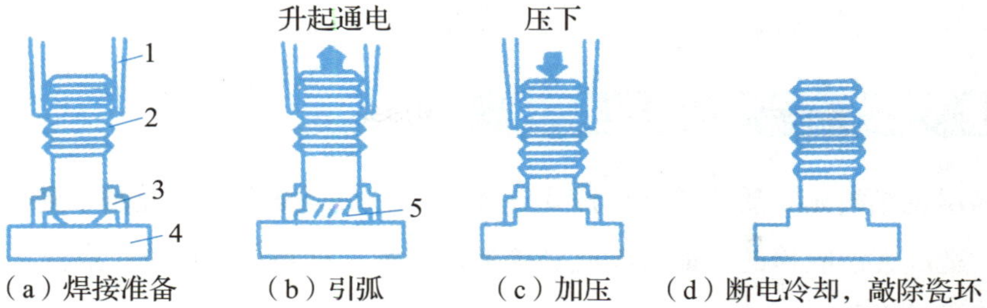

图 3.3.10　栓钉焊接工序

1—焊枪口；2—栓钉；3—焊接保护瓷环；4—母材；5—电弧

图 3.3.11　栓钉焊接施工现场

压型钢板及栓钉安装完毕后，即可绑扎钢筋，浇筑混凝土。

（6）压型钢板面开孔作业。

1）工地现场所需压型钢板的切割工作，如切斜边、切角、留孔及处理一些不规则面等，均应使用等离子切割机，避免破坏钢板表面镀层。

2）压型钢板的开孔应尽量施作于波谷平板处，以不破坏波肋为原则。

3）对单一开孔未切到压型钢板波峰者，无须补强。

4）严格按施工详图要求进行补强作业。

（7）临时支撑设置。

是否需搭设临时的支顶架由施工组织设计确定。如搭设，应待混凝土达到一定强度后方可拆除。临时支撑不能为点式支撑。临时支撑可考虑以下 3 种模式：

1）底部临时支撑。

2）压型板下设临时梁。

3）从压型板上方设临时吊挂。

（8）钢筋混凝土部分施工。

每层楼板待压型钢板、栓钉验收合格后，方可进行钢筋工程的施工。组合楼板的混凝土部分施工与纯混凝土楼板施工工艺类似，在此不做详细说明。

3.3.5 多、高层钢结构安装质量要求

多、高层钢结构施工质量控制难度大、要求高，一旦某个环节控制不到位，将会影响后续施工，造成无法收拾的局面，因此必须加以重视，特别是质量关键点。

1. 现场焊接关键点

（1）钢材质量保证书的验证。

（2）钢材的材料复试。

（3）焊接工艺评定和焊接工艺的控制。

（4）焊工培训和焊接设备的选用与控制。

（5）焊接用材料的进货检验控制。

（6）焊接用材料的烘焙和保温控制。

（7）焊接施工环境和施工条件控制。

（8）焊缝质量检验控制。

2. 高强螺栓施工要点

高强螺栓的连接分摩擦型连接和承压型连接两种。螺栓连接通常是先安装临时螺栓，然后安装高强度螺栓。其质量控制要求如下：

（1）高强度螺栓安装前，应检查连接处钢板表面，保证表面干燥、整洁，无飞边、毛刺、焊渣飞溅物、焊疤、氧化铁皮、油垢等。

（2）工地安装时，按照当天高强度螺栓连接副需要使用的数量领取。当天安装剩余的要交回库房保管，避免乱扔、乱放。在安装过程中，不得碰伤螺纹，避免沾染脏物，防止扭矩系数发生变化。

（3）安装时，严禁强行穿入螺栓。如果不能自由穿入，可用铰刀修整孔径，修整后的孔径应小于 1.2 倍螺栓直径。修孔前将四周螺栓全部拧紧，使板叠密贴后再进行修整，以防止铁屑落入板缝。

（4）高强度螺栓终拧后，检查螺栓节点，梅花头均应在终拧时拧掉，丝扣外露 2～3 扣。

3. 测量与校正要点

（1）为达到正确的符合精度要求的测量与校正成果，施工中用于测量和校正的全站仪、经纬仪、水平仪、钢尺等设备或工具，在使用前必须经计量部门检定，并按规定周期进行检定。

（2）钢结构安装时，土建部门已完成基础施工，为确保钢结构安装质量，进场后首先要求土建部门提供建筑物轴线、标高及轴线基准点、标高基准点，依此复测轴线及标高。

（3）在测量工作进行之前，针对每个具体的测量步骤制定详细的、科学的技术交底。

（4）严格遵循“先整体后局部”和“前一道测量未检查，不得进行下一道放样”的测量规则。

（5）在钢结构测量控制点周围做防护，加以严格保护，并加以醒目标识；对作业人员进行交底，防止人为破坏测量控制点。安排专人负责控制点的保护。

（6）定期对测量控制点进行校核，一旦出现控制点闭合差超限的情况，应从原始点位对误差点位进行改正。

（7）测量平台在进行定位放样时，周围应尽可能避免材料搬运作业，因为震动有可能导致误差偏大。

（8）高空测量时，应严防跌倒或摔落仪器。操作仪器时，应左手护着仪器，右手操作照准部。高温条件下，应撑遮阳伞。温度高于 35℃时，尽量避免测量，防止温度影响仪器的测距精度。仪器淋雨后，装箱前应将水擦干。经常对仪器的物镜及目镜进行护理；每次用完后，及时盖上镜头盖。

3.3.6 多、高层钢结构安装安全要求

高层和超高层钢结构建筑施工，安全问题十分突出，应该采取有力措施以保证安全施工。

（1）对于柱、梁安装后而未设置压型钢板的楼板，为便于人员行走和施工方便，应在钢梁上铺设适当数量的走道板。

（2）在钢结构吊装期间，为防止人员、物料和工具坠落或飞出造成安全事故，应铺设安全网。安全网分平网和竖网。

（3）为便于接柱施工，并保证操作工人的安全，在接柱处要设操作平台，平台固定在下节柱的顶部。

（4）钢结构施工需要许多设备，如电焊机、空气压缩机、氧气瓶、乙炔瓶等，这些设备应随着结构安装而逐渐升高。为此，应在刚安装的钢梁上设置存放施工设备的平台。固定平台钢梁的临时螺栓数要根据施工荷载计算确定，不能只投入少量的临时螺栓。

（5）为便于施工登高，吊装钢柱前要先将登高钢梯固定在钢柱上。为便于进行柱梁节点高强度螺栓紧固和焊接，应在柱梁节点下方安装吊篮脚手架。

（6）施工用的电动机械和设备均须接地，绝对不允许使用破损的电线和电缆，严防设备漏电。施工用电器设备和机械的电缆应集中在一起，并随楼层的施工而逐节升高。每层楼面应分别设置配电箱，供施工用电需要。

（7）高空施工，当风速达到 10m/s 时，有些吊装工作要停止；当风速达到 15m/s 时，一般应停止所有的施工工作。

（8）施工期间应该注意防火，配备必要的灭火设备和消防人员。

任务4 钢网架结构安装

任务目标

- 了解单层门式刚架结构构造。
- 熟悉单层门式刚架结构安装流程。
- 掌握单层门式刚架结构安装施工技术要求。

3.4.1 钢网架结构特点

1. 网架结构形式

钢网架结构根据形成单元的不同，可分为平面桁架网架、三角锥体系网架、四角锥体系网架、六角锥体系网架等形式，如图 3.4.1 所示。按照网架与周边支座的位置关系，可分为两向正放正交网架、两向正放斜交网架、三向网架等。

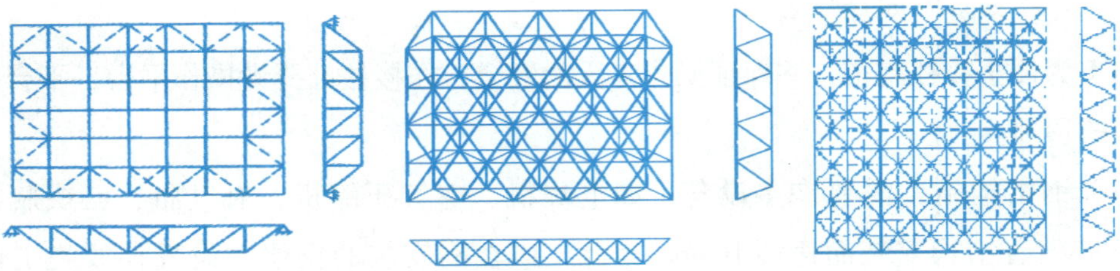

（a）平面桁架网架　（b）三角锥体系网架　（c）四角锥体系网架

图 3.4.1　钢网架结构示意图

2. 钢网架节点构造

在整个网架中，节点数量多、用钢量大、质量与网架结构质量息息相关，节点用钢量占整个网架用钢量的 20% ～ 25%。一般可分为焊接钢板节点、焊接空心球节点、螺栓球节点和支座节点等。

（1）焊接钢板节点。

一般由十字节点板和盖板组成。十字节点板可用两块带企口的钢板对插焊接而成，也可由三块焊成，如图 3.4.2 所示。

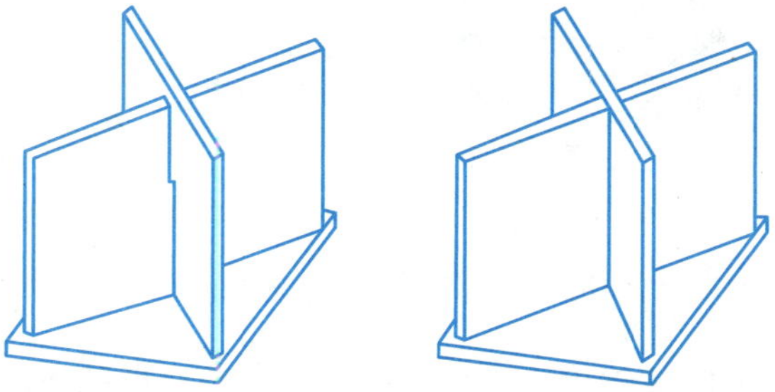

（a）企口对插焊接　　（b）三块钢板焊接

图 3.4.2　焊接钢板节点形式

焊接钢板节点可用于两向网架和由四角锥体组成的网架。常用焊接形式如图 3.4.3 和图 3.4.4 所示。

图 3.4.3　两向网架焊接节点

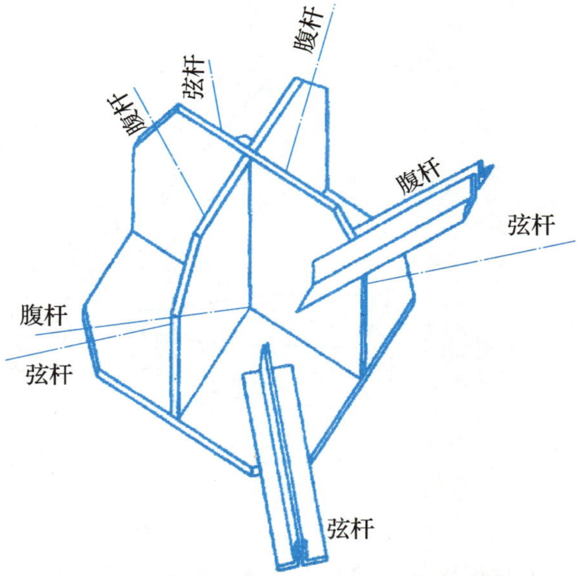

图 3.4.4　四角锥网架焊接节点

焊接钢板节点的优点是刚度较大，造价较低，制作时不需要大量机械加工，是一种便于就地制作的节点形式。但现场焊接量大，且仰焊、立焊占一定比例，需要采取措施控制焊接变形和节点偏心。

（2）焊接空心球节点。

空心球是由两个压制的半球焊接而成的，分为加肋和不加肋两种，适用于钢管杆件的连接，如图 3.4.5 所示。

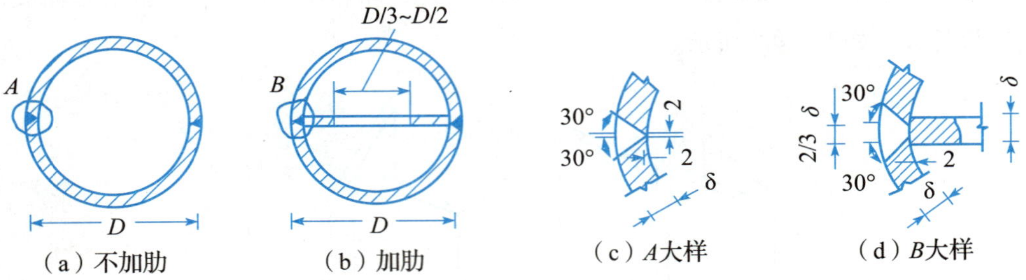

图 3.4.5　焊接空心球节点形式

焊接空心球节点的半圆球宜用机床加工成坡口。焊接后的成品球的表面应光滑平整，不得有局部凸起或折皱，其几何尺寸和焊接质量应符合设计要求。成品球应按 1% 抽样进行无损检查。

（3）螺栓球节点。

螺栓球节点是通过螺栓将管形截面的杆件和钢球连接起来的节点，一般由螺栓、钢球、销子、套管和锥头或封板等零件组成，如图 3.4.6 所示。

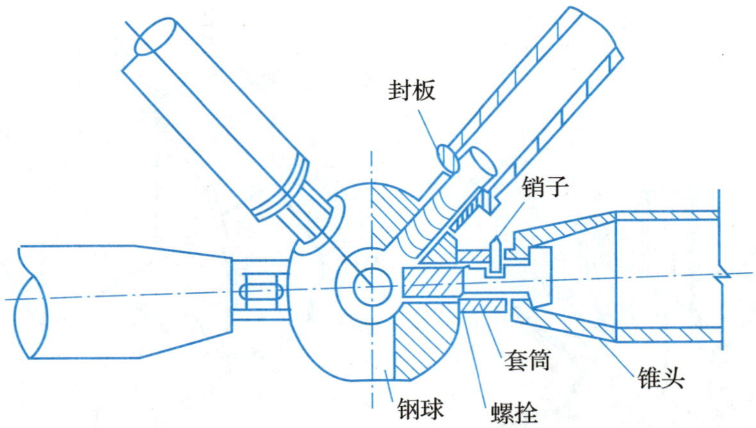

图 3.4.6　螺栓球节点

与焊接空心球节点相比，螺栓球节点可避免现场焊接作业，具有运输和安装方便的优点，但抗拉承载力低，适用于连接钢管杆件，但不适用于大跨度结构。

（4）支座节点。

常用的支座节点主要有平板压力支座节点、单面弧形压力支座节点、双面弧形压力支座节点、球形铰压力支座节点、板式橡胶支座节点等形式。

1）平板压力支座节点如图 3.4.7 所示，适用于较小跨度网架的压力支座。

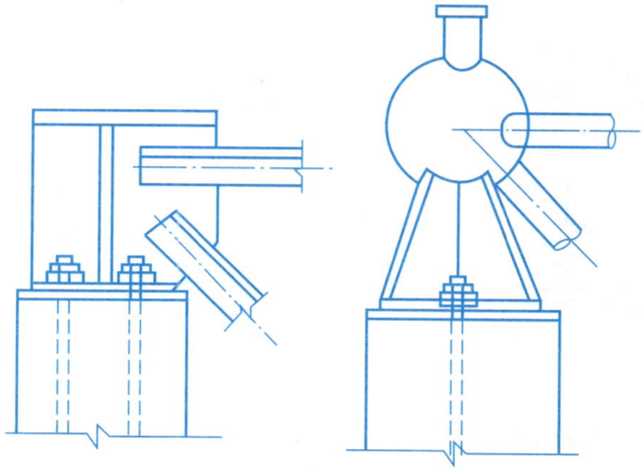

（a）角钢杆件支座　　（b）钢管杆件支座

图 3.4.7　平板压力支座节点

2）单面弧形压力支座节点如图 3.4.8 所示。弧形支座板的材料一般用铸钢，也可以用厚钢板加工而成，适用于中小跨度网架的压力支座。

（a）两个螺栓连接　　（b）四个螺栓连接

图 3.4.8　单面弧形压力支座节点

3）双面弧形压力支座节点如图 3.4.9 所示，适用于跨度大、下部支撑结构刚度大的网架的压力支座，其特点是既可转动也可平移。

4）球形铰压力支座节点如图 3.4.10 所示，适用于多支点的大跨度网架的压力支座。

5）板式橡胶支座节点。通过橡胶垫的压缩和剪切变形，支座既可转动又可平移。如果在一个方向加限制，支座为单向可侧移式，否则为两向可侧移式，适用于大中跨度网架，如图 3.4.11 所示。

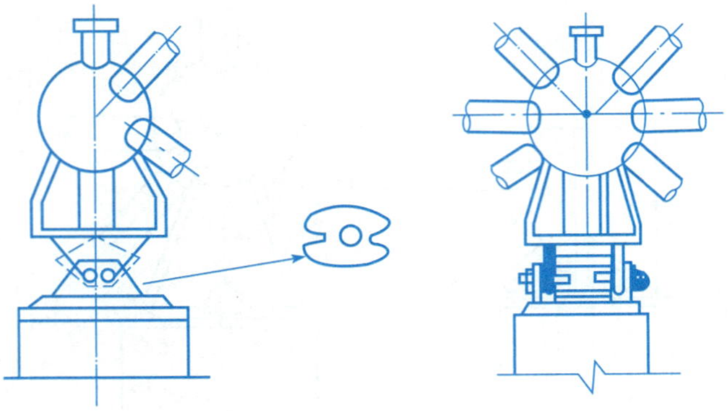

（a）侧视图　　（b）正视图

图 3.4.9　双面弧形压力支座节点

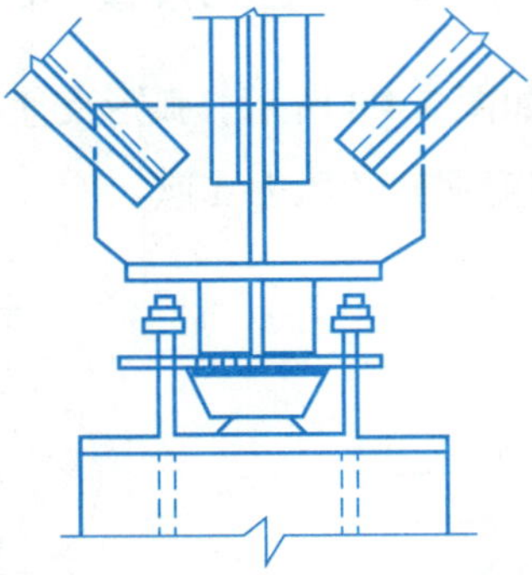

图 3.4.10　球形铰压力支座节点

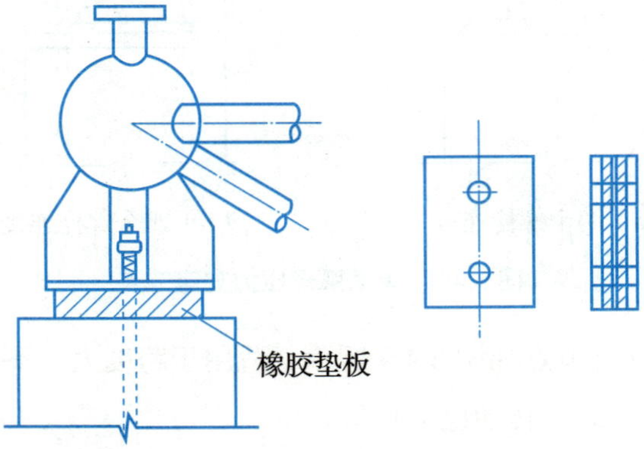

图 3.4.11　板式橡胶支座节点

（5）杆件。

网架的杆件一般采用普通型钢和薄壁型钢，有条件时应尽量采用薄壁管形截面杆件。其尺寸应满足下列要求：

1）普通型钢一般不宜采用小于 L45mm × 3mm 或 L56mm × 36mm × 3mm 的角钢。

2）薄壁型钢厚度不应小于 2mm；杆件的下料、加工宜采用机加工方法进行。

3.4.2 钢网架施工

1. 工艺流程

（1）刚架拼装工艺流程。

作业准备→钢球、杆件检验→小拼单元→中拼单元→焊接→拼装单元验收。

（2）钢网架安装艺流程。

作业准备→基础验收→钢网架试安装→钢网架正式安装→钢网架验收。

2. 施工要点

（1）钢网架结构拼装。

钢网架结构拼装的施工原则如下：

1）合理分割，即把网架根据实际情况合理地分割成各种单元体，以便经济地拼成整个网架。可有下列几种方案：

①直接由单根杆件、单个节点总拼成网架。

②由小拼单元总拼成网架。

③小拼单元→中拼单元→总拼成网架。

2）尽可能在工厂或预制场地焊接，尽量减少高空作业量。因为这样可以充分利用起重设备将网架单元翻身而能较多地进行平焊。

3）节点尽量不单独在高空就位，而是和杆件连接在一起拼装，在高空仅安装杆件。

（2）钢网架小拼单元。

1）钢网架小拼单元一般是指焊接球网架的拼装。螺栓球网架在杆件拼装、支座拼装之后即可以安装，不进行小拼单元。

2）准备好小拼场地，针对小拼单元的尺寸、形态、位置进行放样、划线。根据编制好的小拼方案制作拼装胎位。

3）焊接拼装胎位并控制变形，复验各部拼装尺寸。钢网架拼装用胎架应经常检查，防止因胎模变形而造成小拼单元变形。

4）焊接球网架有加衬管和不加衬管两种，凡需加衬管的部位，应备好衬管，并在球上定位固定。

5）焊接球钢网架小拼形式：一球一杆型、二球一杆型、一球三杆型、一球四杆型。

6）焊接球网架小拼的焊缝要饱满，确保焊透，焊坡均匀一致。焊缝经外观检查后，根据设要求进行无损探伤。

7）小拼单元的尺寸一般应控制在负公差，如果正公差累积会使网格尺寸增大，使轴线偏移。

8）拼装好的钢球和杆件应编好号码，做好标记，防止混用。钢球还应标明中心线标志，特别是带肋钢球的使用方向有严格规定，其带肋方向也应该有明显标识。

9）包装与发运。钢网架拼装后需要发运时，应对半成品进行包装。包装应在涂层干燥后进行，包装应保护构件涂层不受损伤，保证构件和零件不变形、不损坏、不散失，包装应符合运输的有关规定。

（3）中拼单元。

1）在焊接球网架施工中还可以采用地面中拼、高空合拢的拼装形式，这种拼装形式可以分为：条形中拼、块形中拼、立体单元中拼等。

2）控制好中拼单元的尺寸和变形。中拼单元拼装后应具有足够的刚度，并保证自身的几何尺寸稳定，否则应采取临时加固措施。

3）为保证网架顺利拼装，在条与条或块与块合拢处，可采用加装螺栓等措施。

4）搭设中拼支架时，支架上的支撑点的位置应设在下弦节点处。应验算支架的承载力和稳定性，必要时可以试压，以确保安全可靠。

5）尽量减少网架中拼单元的中间运输环节。运输时应采取措施防止网架变形。

6）中拼单元的允许偏差应符合表 3.4.1 的规定。

表 3.4.1　中拼单元的允许偏差（mm）

项目		允许偏差
单元长度≤ 20m 拼接长度	单跨	± 10.0
	多跨连接	± 5.0
单元长度 >20m 拼接长度	单跨	± 20.0
	多跨连接	± 10.0

（4）钢网架拼装焊接。

1）焊接球网架拼装前应编制焊接工艺，并经审批。编制焊接工艺时，应重点考虑选择合理的焊接顺序，以减小焊接变形和焊接应力。

2）拼装与焊接应从中间向两端或从中心向四周开展。

3. 钢网架结构安装

（1）钢网架结构有高空散装法、分条或分块安装法、高空滑移法、整体吊装法、整体提升法和整体顶升法等。

（2）支座安装：网架安装后应注意支座的受力情况。有的支座允许焊死，有的支座应该是自由端，有的支座需要限位，要分别进行处理。支座垫板、限位板等按规定顺序进行安装。

3.4.3 钢网架安装工艺要求

1. 高空散装法施工

高空散装法将是指将网架的杆件和节点（或小拼单元）用起重机械吊升到高空设计位置总拼成整体结构的方法。高空散装法分全支架法（即搭设满堂脚手架）和悬挑法两种。全支架法可将杆件和节点件在支架上总拼或以一个网格为小拼单元在高空总拼；悬挑法则可节省支架，将部分网架悬挑。

高空散装法不需大型起重设备，对场地要求不高；但需搭设大量拼装支架，高空作业多，且不易控制标高、轴线和质量，工效降低。适用于非焊接连接（螺栓球节点、高强螺栓节点等）的各种网架的安装。安装时应注意以下事项：

（1）当采用小拼单元或杆件直接在高空拼装时，其顺序应能保证拼装的精度，减少积累误差。悬挑法施工时，应先拼成可承受自重的结构体系，然后逐步扩展。

（2）在拼装网架的过程中应随时检查其基准轴线位置、标高及垂直偏差，并及时纠正。

（3）搭设拼装支架时，支架上支撑点的位置应设在下弦节点处。应验算支架的承载力和稳定性，必要时可进行试装，以确保安全可靠。

（4）支架支柱下应采取措施（如加垫板），防止支座下沉。

（5）在拆除支架的过程中，应防止个别支撑点集中受力，宜根据各支撑点的结构自重挠度值，采用分区分阶段按比例下降的方法或每步不大于 10mm 的等步下降法拆除支撑点。

2. 分条分块法施工

为适应起重机械的起重能力和减少高空拼装工作量，将屋盖划分为若干个单元（条状单元或块状单元），在地面拼装成条状或块状扩大组合单元体后，用起重机械吊装到设计位置总拼成整体的方法即为分条分块法，如图 3.4.12 所示。

图 3.4.12　分条分块法安装网架

（1）单元组合体的划分。

条状单元一般沿长跨方向分割，其宽度为 1 ～ 3 个网格，其长度为 L2 或 L2/2（L2 为短跨跨距）。

通常，条状单元的划分有以下几种形式：

1）网架单元相互靠紧，把下弦双角钢分在两个单元上，如图 3.4.13（a）所示，此法可用于正放四角锥网架。

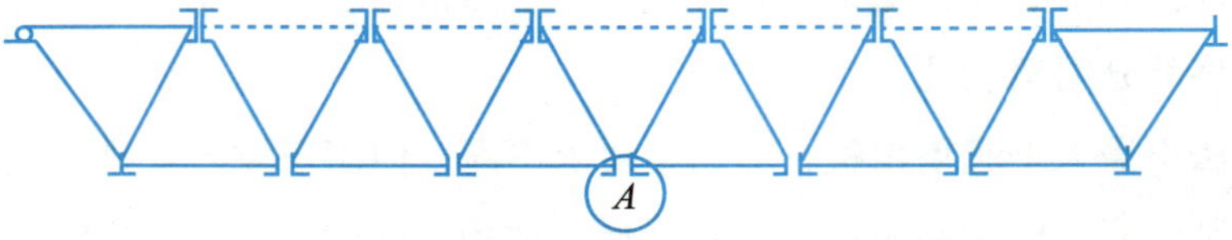

（a）网架下弦双角钢分在两个单元上

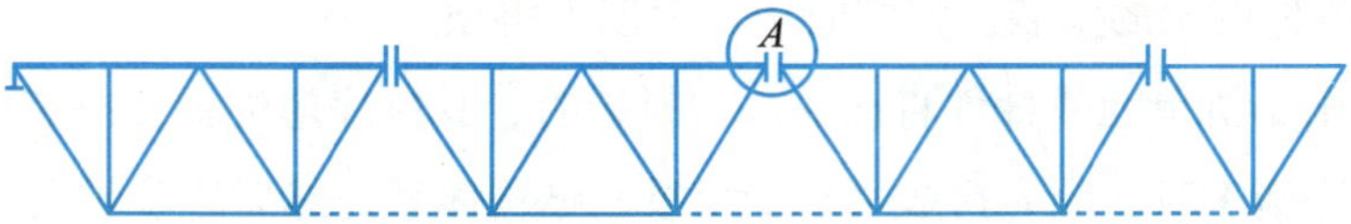

（b）网架上弦用剖分式安装节点连接

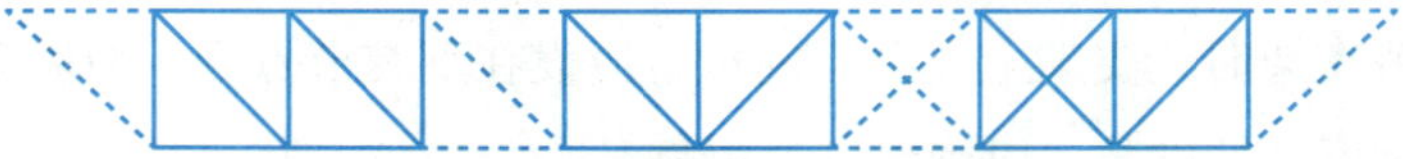

（c）网架单元在高空拼装

图 3.4.13　网架条（块）状单元划分方法

2）网架单元相互靠紧，单元间上弦用剖分式安装节点连接，如图 3.4.13（b）所示，此法可用于斜放四角锥网架。

3）单元之间空一节间，该节间在网架单元吊装后再在高空拼装，如图 3.4.13（c）所示，此法可用于两向正交正放或斜放四角锥等网架。

块状单元一般沿网架平面纵横向分割成矩形或正方形单元。每个单元的重量以现有起重机能胜任为准。

由于条（块）状单元是在地面拼装，因而高空作业量较高空散装法大为减少，拼装支架也减少很多，又能充分利用现有起重设备，故较经济。分条或分块安装法适用于网架分割后，条（块）单元刚度较大的各类中小型网架，如两向正交正放四角锥、正放抽空四角锥等网架。

1）将网架分成条状单元或块状单元后，在高空连成整体时，网架单元应具有足够的刚度并保证自身的几何形状不变，否则应采取临时加固措施。

2）为保证网架顺利拼装，在条与条或块与块的接合处，采用安装螺栓等措施固定。合拢时可用千斤顶将网架单元顶到设计标高，然后连接。

（2）块状单元组合体的划分。

分割块状单元组合体时，一般是在网架平面的两个方向均做切割，其大小视起重机的起重能力而定。

（3）拼装操作。

吊装包括单机跨内吊装和双机跨外抬吊两种方法。在跨中下部设可调立柱、钢顶撑，以调节网架跨中挠度，如图 3.4.14 所示。吊上后即可将半圆球节点焊接牢固并安设下弦杆件，待全部作业完成后，拧紧支座螺栓，拆除网架下立柱，即告完成。

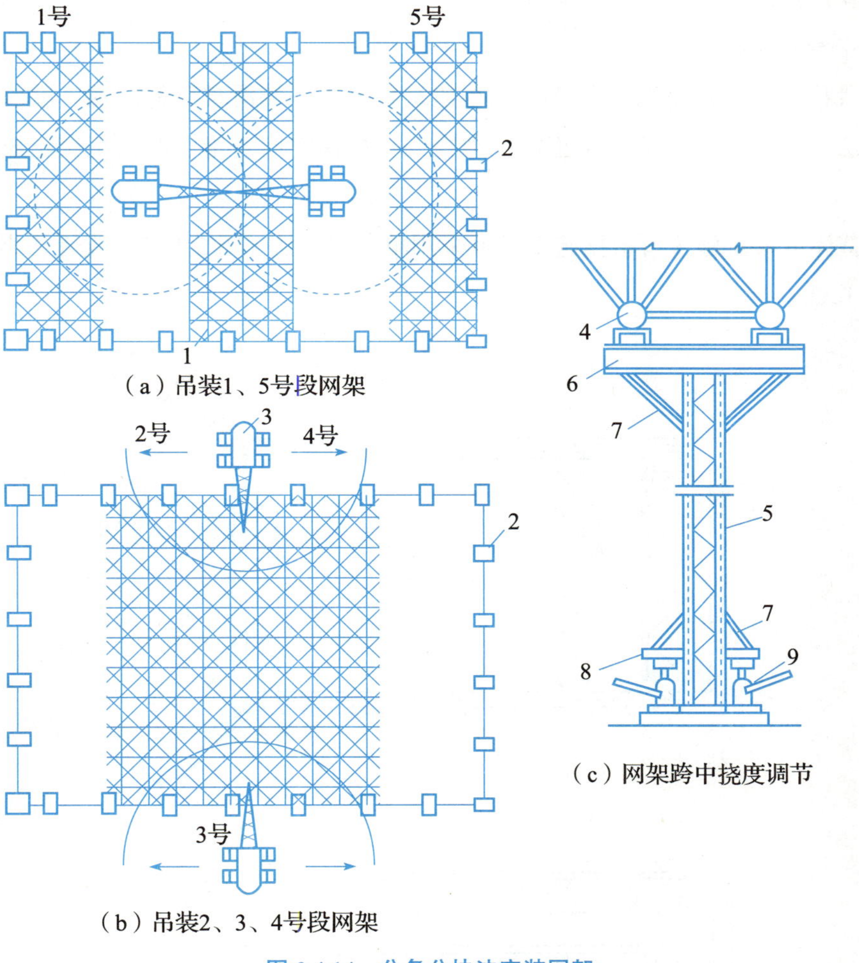

图 3.4.14　分条分块法安装网架

1—网架；2—柱子；3—履带式起重机；4—下弦钢球；5—钢支柱；
6—横梁；7—斜撑；8—升降顶点；9—液压千斤顶

当采取分件拼装方式时，一般分条进行，顺序为：

支架抄平、放线→放置下弦节点垫板→按格依次组装下弦、腹杆、上弦支座（由中间向两端，一端向另一端扩展）→连接水平系杆→撤出下弦节点垫板→总拼精度校验→涂装。

（4）网架挠度控制。

网架条状单元在吊装就位过程中的受力状态属平面结构体系，而网架结构是按空间结构设计的，因此条状单元在总拼前的挠度要比网架整体拼装后该处的挠度大，故在总拼前必须在合拢处用支撑件顶起，调整挠度使其与整体网架挠度符合。

块状单元在地面制作后，应模拟高空支撑条件，拆除全部地面支墩后观察施工挠度，必要时也应调整其挠度。

3. 高空滑移法施工

高空滑移法施工是将网架条状单元在建筑物上由一端滑移到另一端，就位后总拼成整体的方法。高空滑移法适用于正放四角锥、正放抽空四角锥、两向正交正放四角锥等网架。

（1）整体滑移法施工可根据施工条件采用单条滑移法（图 3.4.15）或逐条累计滑移法（图 3.4.16）。

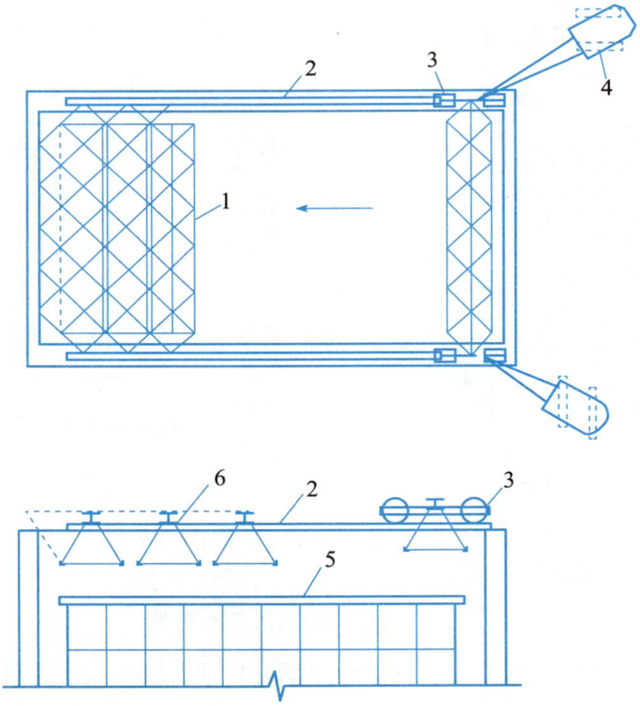

图 3.4.15　逐条滑移法施工示意图

1—网架；2—轨道；3—小车；4—履带式起重机；5—脚手架；6—后装的杆件

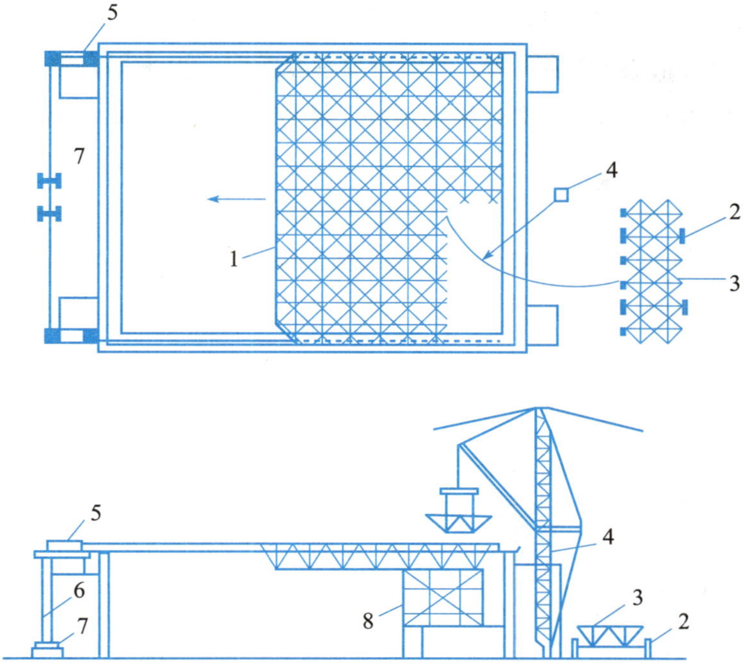

图 3.4.16 逐条积累滑移法施工示意图

1—网架；2 拖拉架；3—网架分块单元；4—悬臂拔杆；

5—牵引滑轮组；6—反力架；7—卷扬机；8—脚手架

单条滑移法：先将条状单元一条条地从一端滑移到另一端就位安装，再在高空进行连接。

逐条积累滑移法：先将条状单元滑移一段距离（能连接上第二单元的宽度即可），连接上第二条单元后，两条一起滑移一段距离（宽度同上），再接第三条，三条又一起滑移一段距离，如此循环操作直至接上最后一条单元为止。

（2）高空滑移法可将已建结构物作为高空拼装平台。如无建筑物可供利用时，可在滑移开始端设置宽度约大于两个节间的拼装平台。有条件时，可以在地面拼成条状或块状单元再吊至拼装平台上进行拼装。

（3）滑轨可固定于混凝土梁顶面的预埋件上，轨面标高应高于或等于网架支座设计标高。滑轨接头处应垫实，若用电焊连接应锉平高出轨面的焊缝。支座板直接在滑轨上滑移时，其两端应做成圆导角，滑轨两侧应无障碍，摩擦表面应涂润滑油。

（4）当网架跨度较大时，宜在跨中增设滑轨。

（5）水平导向轮可设在滑轨的内侧，导向轮与滑道的间隙为 10 ～ 20mm。

（6）网架滑移可通过卷扬机或手扳葫芦牵引。根据引力大小及网架支座之间的系杆承载力，可采用一点或多点牵引。牵引速度不宜大于 1.0m/min。当网架滑移时，两端不同步值不应大于 50mm。当拼装精度要求不高时，为控制同步，可在网架两侧的梁面上标出尺寸，牵引的同时报滑移距离。当同步要求较高时，可采用自整角机同步指示器，以便集中于指挥台随时观察牵引点移动情况，读数精度为 1mm，该装置的安装示意如图 3.4.17 所示。

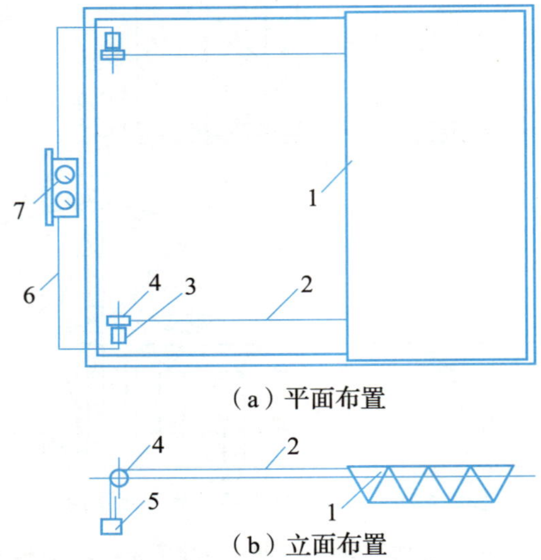

（b）立面布置

图 3.4.17　自整角机同步指示器安装示意图

1—网架；2—钢丝绳；3—自整角机发送端；4—转盘；
5—平衡重；6—导线；7—自整角机接收端及读数显示

（7）网架的挠度调整。当网架单条滑移时，其施工挠度的情况与分条分块法完全相同；当网架逐条积累滑移时，仍然是两端自由搁置的主体桁架受力。也就是说，滑移时网架虽仅承受自重，但其挠度仍较形成整体后为大，因此，在连接新的单元前，都应对已滑移好的网架进行挠度调整，然后再拼接。在滑移时应加强对施工挠度的观测，随时调整。

4. 整体吊装法施工

整体吊装就是先将网架在地面上拼装成整体，再用起重设备提升至设计位置加以固定。这种方法不需高大的拼装支架，高空作业少，易保证质量；但需要起重量大的起重设备，技术较复杂。当采用多根拔杆方案时，可利用每根拔杆两侧的起重机滑轮组中产生的水平分力不等的原理，推动网架移动或转动进行就位，如图 3.4.18 所示。

网架整体吊装可根据施工条件和要求，采用单根或多根拔杆起吊，也可采用一台或多台起重机起吊就位。

（1）独脚拔杆吊升作业。

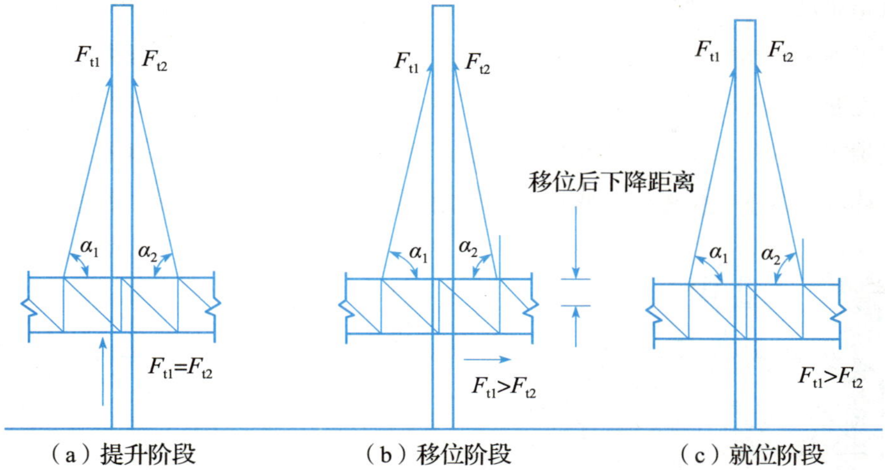

图 3.4.18　网架空中移位示意图

独脚拔杆吊升法是用多根独脚拔杆，将地面错位拼装的网架吊升至超过柱顶，进行空中移位后落位固定的一种施工方法。

采用该方法时，支撑屋盖结构的柱与拔杆应在屋盖结构拼装前竖立。

该方法所需的设备多，劳动量大，但对于吊装高、重、大的屋盖结构，特别是大型网架较为适宜，如图 3.4.19 所示为 6 根拔杆整体吊升作业。

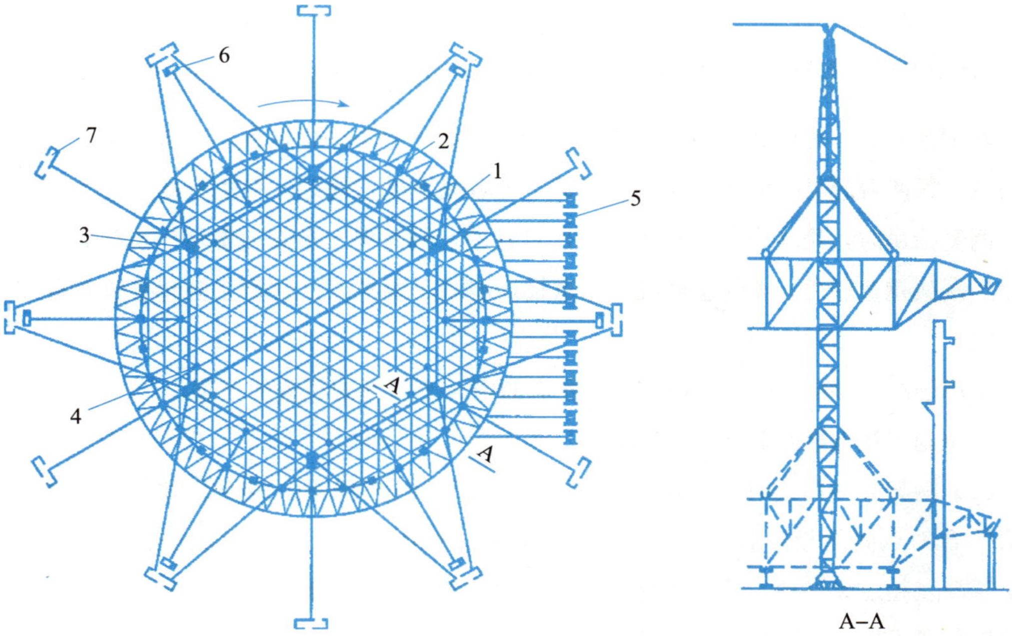

图 3.4.19　6 根拔杆整体吊升

1—柱；2—网架；3—拔杆；4—吊点；5—起重卷扬机；6—校正卷扬机；7—地锚

（2）多机抬吊作业。

多机抬吊施工中，布置起重机时需要考虑各台起重机的工作性能和网架在空中移位的要求。起吊前要测出每台起重机的起吊速度，以便随时掌控。也可将每两台起重机的吊索通过滑轮连通，这样，当起重机的起吊速度不一致时，可由连通滑轮自行调整。

多机抬吊一般采用 4 台起重机联合作业，将地面拼装好的网架整体吊升至柱顶后，在空中进行移位，落下就位安装。常用方法有四侧抬吊法和两侧抬吊法，如图 3.4.20 所示。

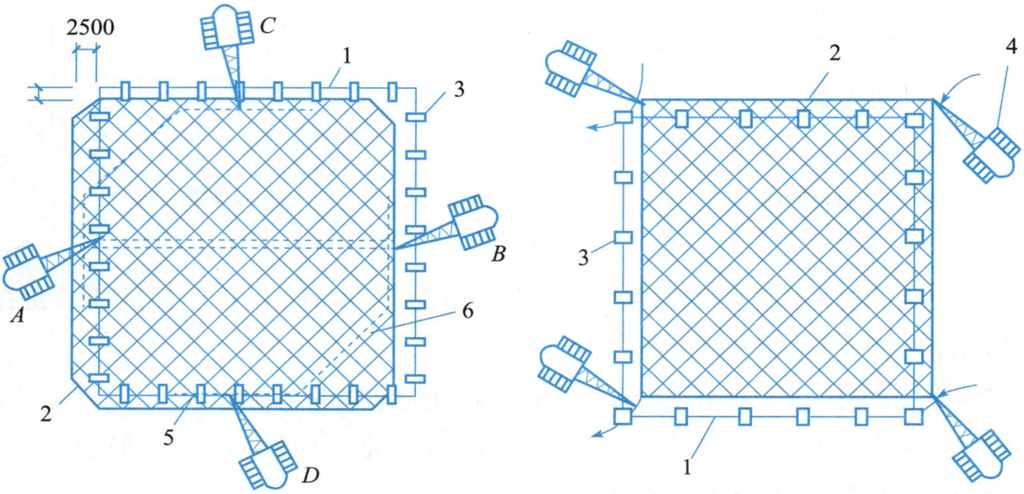

（a）四侧抬吊法　　（b）两侧抬吊法

图 3.4.20　四机抬吊网架示意图

1—网架安装位置；2—网架拼装位置；3—下柱；4—履带式起重机；5—吊点；6—连通吊索

四侧抬吊时，为防止起重机因升降速度不一而产生不均匀荷载，在每台起重机上设两个吊点，每两台起重机的吊索用滑轮连通，使各吊点受力均匀，网架平稳上升。

两侧抬吊时，用 4 台起重机将网架吊过柱顶，同时向一个方向旋转一定距离，即可就位。当网架重量较轻，4 台起重机的起重量均能满足要求时，宜将 4 台起重机布置在网架的两侧。

适用于跨度 40m 左右、高度 2.5m 左右的中、小型网架屋盖的吊装。

网架施工注意事项如下：

（1）网架整体吊装时，应保证各吊点起升及下降的同步性。相邻两拔杆间或相邻两吊点组的合力点间的相对高差不得大于其距离的 1/400 和 100mm，可通过验算确定。提升中，若高差超过允许值，应停止起吊并立即进行调整。考虑到起升及下降的不同步会导致起重机负荷不均，为保证其不超负荷，应乘以折减系数。

（2）为防止网架整体提升时与柱子相碰，网架拼装和就位时，任何部位均应与支撑柱

（包括牛腿等凸出物）或拔杆错开一定距离，该距离取决于网架提升过程中网架与柱子或凸出柱子的牛腿等部位之间的净距，一般不得小于 100mm，同时要考虑网架拼装方便和空中移位时起重机工作方便。

（3）由于网架错位需要，将网架的部分边缘杆件留待网架提升后再焊接，但必须取得设计单位的同意。

（4）采用多根拔杆吊装时，拔杆安装必须垂直，缆风绳的初始拉力应为吊装时的 60%，在拔杆起重平面内可采用单向铰接头。采用单根拔杆吊装时，底座应采用球形万向接头。拔杆在最不利荷载组合下，其支承基础对地基土的压力不得超过其允许承载力。起吊时，应根据现场实际情况设总指挥 1 人、分指挥数人，作业人员必须听从指挥，操作步调应一致。应在网架上搭设脚手架通道锁扣和摘钩。

（5）网架吊装完毕，经检查无误后方可，同时应立即进行焊接固定。

5. 整体提升法施工

本法是先将网架在地面就位并拼成整体，再用起重设备垂直提升至设计标高并固定。提升时可将结构柱作为临时支撑结构，也可另设格构式提架或钢管支柱。提升设备可用通用千斤顶或升板机。对于大中型网架，提升点位置可与网架支座重合或接近；对于小型网架，提升点位置可稍做调整，数量也可减少，但应进行施工验算。

这种安装方法不需大型吊装设备，安装工艺简单，提升平稳，劳动强度低，工效高，施工安全，但需较多提升机和临时支撑短钢柱、钢梁，准备工作量大。适用于跨度为 50 ～ 70m、重量较大、提升高度相对较低的大中型周边支承网架屋盖吊装，也常用于重型设备如大型龙门起重机的安装等。

（1）可在结构上安装提升设备以提升网架，也可在进行柱子滑模施工的同时提升网架，此时网架可作为操作平台。

（2）计算提升设备的使用负荷能力时，应将额定负荷能力乘以折减系数，穿心式液压千斤顶可取 0.5 ～ 0.6，电动螺杆升板机可取 0.7 ～ 0.8，其他设备应通过试验确定。

（3）网架提升时应保证做到同步。相邻两提升点和最高与最低点的允许升差值应通过验算确定。相邻两个提升点的允许升差值：采用电动螺杆升板机时，应为相邻点距离的 1/400，且不应大于 15mm；采用穿心式液压千斤顶时，应为相邻点距离的 1/250，且不应大于 25mm。最高点与最低点的允许升差值：采用电动螺杆升板机时应为 35mm，采用穿心式液压千斤顶时应为 50mm。

（4）提升设备的合力点应对准吊点，允许偏移值为 10mm。

（5）采用整体提升法时应对下部支撑柱应进行稳定性验算。

（6）在结构柱上安装升板工程用的穿心式液压千斤顶，将地面正位拼装的网架直接整体提升到柱顶横梁就位，如图 3.4.21 所示。

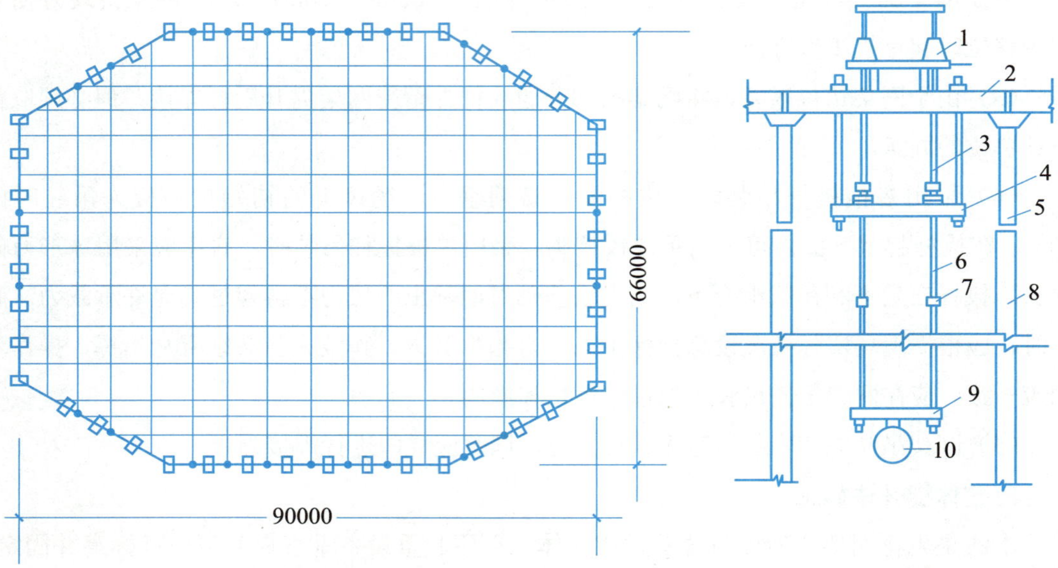

（a）平面布置图　　（b）提升装置

图 3.4.21　电动螺杆升扳机提升网架示意图

1—提升机；2—上横梁；3—螺杆；4—下横梁；5—短钢柱；6—吊杆；

7—接头；8—柱；9—横吊梁；10—支座钢球（□为柱，●为升扳机）

6. 整体顶升法施工

整体顶升法是利用千斤顶和交替填塞的支撑结构，将在地面上就地拼装或灌筑成型的屋盖结构逐步顶升到设计标高的施工方法。这种方法无须大型起重设备，顶升支撑结构可利用永久性支撑，拼装网架时不需要搭设拼装支架，可将在地面施工完毕的整个屋盖，包括屋面防水、涂装及管线等，一次顶升就位，施工成本低，操作简便安全。但顶升速度较慢，且对结构顶升的误差控制要求严格，以防失稳。适用于周边支撑及多点支撑的大跨度网架。

（1）采用整体顶升法时，应尽量利用网架的支撑柱作为顶升时的支撑结构，也可在原支点处或其附近设置临时顶升支架。

（2）顶升用的支撑柱或临时支架上的缀板间距，应为千斤顶使用行程的整倍数，其标高偏差不得大于 5mm，否则应用薄钢板垫平。

（3）顶升千斤顶可采用丝杠千斤顶或液压千斤顶，其使用负荷能力应将额定负荷能力乘以折减系数：丝杠千斤顶取 0.6 ～ 0.8 ；液压千斤取 0.4 ～ 0.6。各千斤顶的行程和升起速度必须一致，千斤顶及其液压系统必须经过现场检验合格后方可使用。

（4）顶升时各顶升点的允许升差值应符合下列规定：

1）取相邻两个顶升用的支撑结构间距的 1/1000，且不应大于 30mm。

2）当一个顶升用的支撑结构上有两个或两个以上千斤顶时，取千斤顶间距的 1/200，且不应大于 10mm。

（5）千斤顶或千斤顶合力的中心应与柱轴线对准，其允许偏移值应为 5mm，千斤顶应保持垂直。

（6）顶升前及顶升过程中，网架支座中心对柱基轴线的水平偏移值不得大于柱截面短边尺寸的 1/50 及柱高的 1/500。

（7）对顶升用的支撑结构应进行稳定性验算。验算时除应考虑网架和支撑结构自重、与网架同时顶升的其他静荷载和施工荷载外，还应考虑上述荷载偏心和风荷载所产生的影响。如稳定不足时，应首先采取措施予以解决。

采用顶升法施工时，将液压千斤顶设置在永久结构或临时提升架上，悬挂钢绞线的上端与液压千斤顶穿心固定，下端与施工对象用锚具连固在一起。液压千斤顶夹着钢绞线往上提，每次提升一节吊杆，然后用 U 形卡板塞入下横梁上部和吊杆上端的支撑法兰之间，卡住吊杆，卸去上节吊杆，将提升螺杆下降与下一节吊杆接好，再继续上升，如此循环往复，直到网架升至托梁以上，然后把预先放在柱顶牛腿的托梁移至中间就位，再将网架自降于托梁上，即告完成，如图 3.4.22 所示。

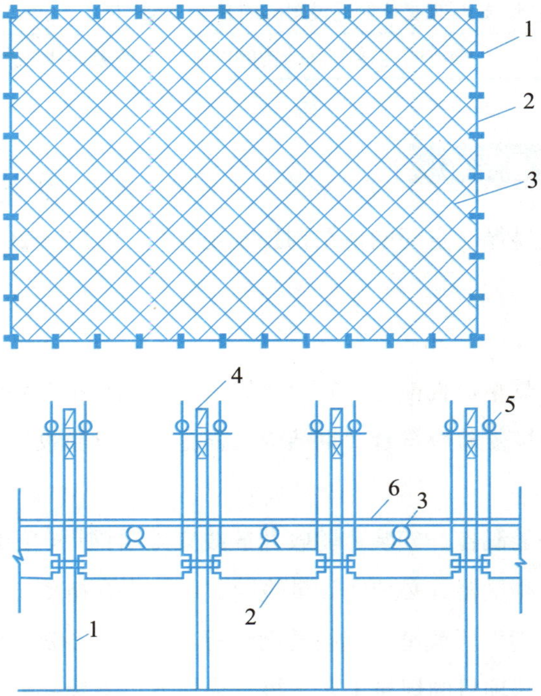

图 3.4.22 提升法顶升过程示意图

1—柱；2—框架梁；3—网架；4—工具柱；5—升板机；6—屋面板

在钢网架施工中，具体采用何种安装方法应根据网架受力和构造特点，在满足质量、安全、进度和经济效益的要求下，结合企业和施工现场的施工技术条件综合确定，具体可参考表 3.4.2。

表 3.4.2　网架安装方法及适用范围

安装方法	内容	适用范围
高空散装法	单杆件拼装	全支架拼装的各类型网架
	小拼单元拼装	
分条或分块安装法	条状单元组装	分割后结构刚度和受力状况改变较小的网架
	块状单元组装	
高空滑移法	单条滑移法	能设置平行滑轨的网架
	逐条积累滑移法	
整体吊装法	单机、多机吊装	中小型网架
	单根、多根拔杆吊装	
整体提升法	利用拔杆提升	周边支承及多点支承网架
	利用结构提升	
整体顶升法	利用网架支撑柱作为顶升时的支撑结构	支点较少的多点支承网架
	在原支点处或其附近设置临时顶升支架	
备注	未注明连接节点结构的网架，指各类连接节点网架均适用	

3.4.4　网架施工质量要求

网架结构安装时应遵循《空间网格结构技术规程》（JGJ 7—2010）等标准中相关项目的要求。

1. 一般规定

（1）钢材的品种、规格、性能等应符合国家现行产品标准和设计要求，并具有质量合格证明文件。钢材的抽样复验应符合《钢结构工程施工质量验收标准》（GB 50205—2020）的规定。

（2）空间网格结构的制作、安装、验收及放线宜采用钢尺、经纬仪、全站仪等，钢尺在使用时拉力应一致。测量器具必须经计量检验部门检定合格。

（3）焊接工作宜在制作厂或施工现场地面进行，尽量减少高空作业。焊工应经过考试取得合格证，并经过相应项目的焊接工艺考核合格后方可上岗。

（4）安装前，应根据定位轴线和标高基准点复核和验收支座预埋件、预埋锚栓的平面位置和标高。预埋件、预埋锚栓的施工偏差应符合《钢结构工程施工质量验收标准》（GB

50205—2020）的规定。

（5）安装方法确定后，应分别对空间网格结构各吊点反力、竖向位移、杆件内力、提升或顶升时支撑柱的稳定性和风载下空间网格结构的水平推力等进行验算，必要时应采取临时加固措施。将空间网格结构分割成条状、块状或采用悬挑法安装时，应对各相应施工工况进行跟踪验算，对有影响的杆件和节点应进行调整。安装用支架或起重设备拆除前，应对各阶段工况进行结构验算，以选择合理的拆除顺序。

（6）安装阶段结构的动力系数宜按下列数值选取：液压千斤顶提升或顶升取 1.1；穿心式液压千斤顶钢绞线提升取 1.2；塔式起重机、拔杆吊装取 1.3；履带式、汽车式起重机吊装取 1.4。

（7）正式安装前宜进行局部或整体试拼装，若结构较简单或确有把握时可不进行试拼装。

（8）不得在六级及六级以上的风力下进行安装。

（9）涂装前必须对构件表面进行处理，清除毛刺、焊渣、铁锈、污物等。经过处理的表面应符合设计要求和国家现行有关标准的规定。

（10）宜在空间网格结构安装完毕、形成整体后再进行屋面板及吊挂构件等的安装。

2. 制作与拼装要求

（1）空间网格结构的杆件和节点应在专门的设备或胎具上进行制作与拼装，以保证拼装单元的精度和互换性。

（2）在空间网格结构的制作与安装过程中，所有焊缝应符合设计要求。

当设计无要求时应符合下列规定：

1）钢管与钢管的对接焊缝应为一级焊缝。

2）球管对接焊缝、钢管与封板（或锥头）的对接焊缝应为二级焊缝。

3）支管与主管、支管与支管的相贯焊缝应符合现行行业标准的规定。

4）所有焊缝均应进行外观检查，检查结果应符合现行行业标准的规定；对一、二级焊缝应做无损探伤检验，一级焊缝探伤比例为 100%，二级焊缝探伤比例为 20%，探伤比例的计数方法为焊缝条数的百分比，探伤方法及缺陷分级应分别符合现行行业标准的规定。

（3）空间网格结构的杆件接长不得超过一次，接长杆件总数不应超过杆件总数的 10%，并不得集中布置。杆件的对接焊缝距节点或端头的最短距离不得小于 500mm。

空间网格结构制作应符合下列规定：

1）焊接球节点的半圆球，宜用机床坡口。焊接后的成品球表面应光滑平整，不应有局部凸起或折皱。焊接球尺寸的允许偏差应符合表 3.4.3 的规定。

表 3.4.3　焊接球尺寸的允许偏差

项目	规格 (mm)	允许偏差 (mm)
直径	$D \leqslant 300$	± 1.5
	$300<D \leqslant 500$	± 2.5
	$500<D \leqslant 800$	± 3.5
	$D>800$	± 4.0
圆度	$D \leqslant 300$	1.5
	$300<D \leqslant 500$	2.5
	$500<D \leqslant 800$	3.5
	$D>800$	4.0
壁厚减薄量	$t \leqslant 10$	$0.18t$，且不应大于 1.5
	$10<t \leqslant 16$	$0.15t$，且不应大于 2.0
	$16<t \leqslant 22$	$0.12t$，且不应大于 2.5
	$22<t \leqslant 45$	$0.11t$，且不应大于 3.5
	$t>45$	$0.08t$，且不应大于 4.0
对口错边量	$t \leqslant 20$	1.0
	$20<t \leqslant 40$	2.0
	$t>40$	3.0

注：D 为焊接球的外径，t 为焊接球的壁厚。

2）螺栓球不得有裂纹。螺栓球尺寸的允许偏差应符合表 3.4.4 规定

表 3.4.4　螺栓球尺寸的允许偏差

项目	规格 (mm)	允许偏差
毛坯球直径	$D \leqslant 120$	+2.0mm −1.0mm
	$D>120$	+3.0mm −1.5mm
球的圆度	$D \leqslant 120$	1.5mm
	$120<D \leqslant 250$	2.5mm
	$D>250$	3.5mm
同一轴线上两铣平面平行度	$D \leqslant 120$	0.2mm
	$D>120$	0.3mm
铣平面距球中心距离	—	± 0. 2mm
相邻两螺栓孔中心线夹角	—	± 30′
铣平面与螺栓孔轴线垂直度	—	$0.005r$

注：D 为螺栓球直径，r 为铣平面半径。

（4）钢管杆件宜用机床下料。杆件下料长度应预加焊接收缩量，其值可通过试验确定。杆件制作长度的允许偏差应为 ±1mm。

（5）空间网格结构宜在拼装模架上进行小拼，以保证小拼单元的形状和尺寸的准确性。小拼单元的允许偏差应符合表 3.4.5 规定。

表 3.4.5 小拼单元的允许偏差

项目	范围	允许偏差（mm）
节点中心偏移	$D \leqslant 500$	2.0
	$D>500$	3.0
杆件中心与节点中心的偏移	$d\ (b) \leqslant 200$	2.0
	$d\ (b) >200$	3.0
杆件轴线的弯曲矢高	—	$L_1/1000$，且不应大于 5.0
网格尺寸	$L \leqslant 5000$	± 2.0
	$L>5000$	± 3.0
锥体（桁架）高度	$h \leqslant 5000$	± 2.0
	$h>5000$	± 3.0
对角线长度	$L \leqslant 7000$	± 3.0
	$L>7000$	± 4.0
平面桁架节点处杆件轴线错位	$d\ (b) \leqslant 200$	2.0
	$d\ (b) >200$	3.0

注：1. D 为节点直径。

2. d 为杆件直径，b 为杆件截面边长。

3. L_1 为杆件长度，L 为网格尺寸，h 为锥体（桁架）高度。

（6）分条或分块的空间网格结构单元长度不大于 20m 时，拼接边长度允许偏差应为 ±10mm；当条或块单元长度大于 20m 时，拼接边长度允许偏差应为 ±20mm。高空总拼时应有保证精度的措施。

（7）空间网格结构在总拼前应精确放线，放线的允许偏差应为边长的 1/10000。总拼所月的支承点应防止下沉。总拼时应选择合理的焊接工艺顺序，以减少焊接变形和焊接应力。拼装与焊接顺序应从中间向两端或四周发展。网壳结构总拼完成后应检查曲面形状，其局部凹陷的允许偏差应为跨度的 1/1500，且不应大于 40mm。

（8）螺栓球节点及用高强度螺栓连接的空间网格结构，按有关规定拧紧高强度螺栓后，应对高强度螺栓的拧紧情况逐一检查，压杆不得存在缝隙，确保高强度螺栓拧紧。

安装完成后应用油腻子将拉杆套筒的缝隙和多余的螺孔填嵌密实，并按规定进行防腐处理。

（9）支座安装应平整垫实，必要时可用钢板调整，不得强迫就位。

项目实训　编制单层门式刚架轻钢厂房安装施工方案

实训主题

本实训案例为单层门式刚架轻钢厂房，基本情况见“项目1”的实训主题。请根据现场条件编制钢结构安装施工方案。

实训分析

编制钢结构安装施工方案，应根据结构特点和现场条件，在规范限制内进行，主要包括以下内容：

（1）施工流水安排。

（2）准备工作内容：人员、技术、材料、设备等。

（3）构件吊装方案：钢柱、钢梁、檩条、压型钢板等。

（4）质量、安全措施，如涉及冬季施工，还应编制冬施方案。

实训内容

一、施工部署

步骤1　工程流水安排。

按钢结构工程先后顺序分为4个阶段：构件制作阶段→基础地脚锚栓施工阶段→主体钢构件安装阶段→围护、收边结构安装阶段。防火涂料施工随主体结构及围护结构施工进度情况配合进行。主结构采用单机分区旋转法吊装，主结构吊装时次结构构件安装交叉进行。共涉及一台汽车吊、一条主吊装线、两个吊装区、多条辅安装线。

步骤2　施工要求。

（1）安装时以一台汽车吊为主，人工抬升为辅，构件就位后采用单机旋转法吊装。为提高吊装效率，在堆放柱时，尽量使柱的绑扎点、柱脚中心、基础中心三点共弧。

（2）钢结构吊装原则上按吊机行进路线顺序进行，同时考虑防火涂料施工环节。现场原则上要设气泵，涂装施工随结构安装交叉进行。

（3）充分利用平面、空间和时间组织交叉作业，为其他各专业施工创造条件，避免出现窝工或用工短缺现象。

（4）围护结构板材安装时，需注意安全，防止高空坠落。屋面板安装顺序应充分考虑有利于本地区主导风向。

（5）预制构件应按计划从加工厂运至工地，避免出现构件、建材过于集中供应的情况。

（6）按甲方要求、工程特点和施工方技术与机械能力，计划施工工期日历天50天。

步骤3 组织关系。

组织关系如图1所示。人员职责见表1。

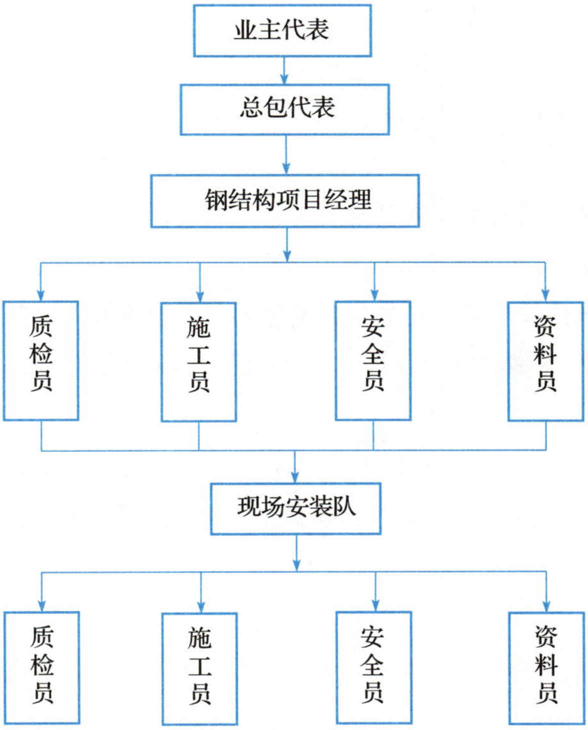

图1 组织关系

表1 主要管理人员职责

岗位	职责
项目经理	全面负责工程施工管理
质检员	负责现场钢结构质量检查与监督
施工员	负责现场钢结构工程安装施工协调
安全员	负责钢结构施工现场安全
资料员	负责钢结构施工资料整理与归档

步骤 4 施工准备工作。

（1）技术准备。

1）分析与审查合同，认真识读图纸，组织图纸会审，考虑总体加工工艺方案及重要安装方案，组织技术人员和制作、安装负责人熟悉审核图，做好技术交底工作。

2）根据施工图纸进行图纸翻样及工艺设计，并列出图纸中关键部位，同时考虑原材料对接情况和接头在构件中的位置。

3）随施工进度做好分阶段的施工组织设计和分项施工方案，并且做好审批和交底工作。

4）做好各层次的安全交底工作。

5）进场前保证“三通一平”等基本施工条件就位。

6）复核控制网、基础轴线及标高。

（2）备料、核对、入库。

1）根据施工图纸材料表算出各种材质规格净用量，根据工程特点按一定比例计算损耗，根据甲方要求和场内库存情况编制材料计划书。

2）根据工程需求，按工程进度进货，确保到货质量与时间。要求每种钢材必须有金属元素含量分析单、检验书、出厂合格证，并在进场前对每种钢材进行检验，对特殊材料进行化验和复试。

对合格入库材料必须分类、分批堆放，按产品性能设置分类堆放标识，确保堆放合理、标识明确，并做好防腐、防潮工作，确保先进先出，定期检查，特别是对焊条、焊丝做好防潮和烘干处理。

（3）人员准备。

成立项目部，确定管理班子，配备主要劳动力。劳动力配备情况见表 2。

表 2　劳动力配备情况

班组	人员数量
钢结构制作组（2 组）	20 人
钢结构安装组（1 组）	10 人
板材安装组（2 组）	10 人

（4）施工机具、设备准备。

该项目为新建厂房，钢构件吊装采用 1 台汽车吊，板材运输以人工提升为主，拟采用的主要机械设备见表 3。

表 3　主要机械设备

序号	名称	规格 / 型号	数量	序号	名称	规格 / 型号	数量
1	汽车吊	25t	1 台	9	切割机	HBD-2 型	2 台
2	经纬仪	DJ2	1 台	10	电钻	常规	5 把
3	水准仪	Z3	1 台	11	铆钉枪	常规	5 把
4	钢卷尺	常规	若干	12	手动葫芦	3t	4 只
5	扳手	常规	若干	13	千斤顶	常规	1 只
6	扭矩扳手	常规	5 把	14	配电箱	常规	1 套
7	电焊机	BX1 型	1 台	15	压型机	角驰 760/900 型	2 台
8	气割设备	CG2-150 型	1 台	16	钢管脚手架	扣件式或门型	若干

（5）安装进度。

该工程进场日期拟定为 20×× 年 10 月 15 日，计划安装总工期为 41 个日历天，即 20×× 年 11 月 24 日完工。具体工程安装进度计划横道图见表 4。

（6）构件制作与发货进度计划。

根据该工程实际情况和生产厂的具体情况，设定该钢结构工程生产制作期为 23 天。

二、施工工艺要求

步骤 1　成品堆放与运输。

钢构件制作完成后需按类分别堆放，堆放时在刚度较小的构件下方从下至上垫设方木。将先安装的构件堆放在仓库靠近门口的位置，装车时堆放在前排。零配件及小型构件需分类打包、堆放和运输。轻钢彩板及其配件应按规定包装出厂，避免刮损，包装签上应清晰注明材质、形状、数量及生产日期。

合理选择装卸机械，避免构件在装卸时损伤，对于刚度较小的构件，需考虑好吊装方向，避免弯曲变形。装车时考虑安装计划，以免影响安装进度。

事先考察运输道路，选择合适的运输车辆和装运高度。

步骤 2　钢结构柱脚锚栓的施工要求。

土建施工队在扎好混凝土柱钢筋至柱顶标高处时，应及时通知钢构施工队进行锚栓预埋。锚栓预埋时应严格控制地脚锚栓的平面位置、伸出长度、基础支承面水平度和标高。

柱脚锚栓预埋施工要点：基础垫层混凝土达到设计强度后即可在垫层面上弹线，按照图纸要求测定地脚锚栓位置。为便于锚栓就位，可在工厂预制好钻孔钢模进行辅助定位。地脚锚栓安装好之后，检查标高。为防止地脚锚栓在安装前和安装过程中螺纹受损，需做好防护措施。待锚栓埋好后，方可进行混凝土柱的浇筑。

表 4　门式刚架施工横道图

	103	106	109	1012	1015	1018	1021	1024	1027	1030	112	115	118	1111	1114	1117	1120	1123	1126
原材采购 20××-10-1																			
钢结构制作 20××-10-5																			
钢结构运输（分批）20××-10-8																			
现场施工准备 20××-9-20																			
地脚锚栓预埋（土建配合）20××-10-1																			
地脚锚栓复测 20××-10-14																			
主钢结构安装 20××-10-15																			
檩条及次构件安装 20××-10-17																			
钢结构验收 20××-10-18																			
屋面板现场加工 20××-10-22																			
屋面板安装 20××-10-19																			
外墙面板安装 20××-10-21																			
收边、天沟安装 20××-10-30																			
主钢结构安装 20××-10-21																			
檩条及次构件安装 20××-10-26																			
钢结构验收 20××-11-3																			
屋面板现场加工 20××-11-1																			
屋面板安装 20××-11-4																			
外墙面板安装 20××-11-8																			
收边、天沟安装 20××-11-15																			
收尾修整 20××-11-22																			
验收 20××-11-24																			

步骤 3 钢结构吊装要求。

（1）吊装准备工作。

吊装前按照构件明细表核对进场构件，检查质量证明单（设计变更单），检查构件在运输过程中的变形情况，发现问题及时矫正至规定要求。对于基础及预埋件，应先复核轴线位置、高低偏差、平整度、标高、弹出十字中心线并引测标高，联系监理单位共同复验，合格后方可开展上部结构安装工作。

（2）吊装方法。

该工程采用 1 台汽车吊进行吊装；次构件及板材采用人工悬拉；钢柱吊装采用单机旋转法吊装；钢结构大梁由于跨度大且由多节组成，故在地面拼装后再进行吊装；场地较窄，必要时采用人工抬升辅助。为确保吊装安全和减少吊机停转次数，按行进路线顺序吊装施工。吊装时先吊装竖向构件，后吊装平面构件，以减少建筑物的纵向长度安装累计误差。

（3）钢柱吊装与校正。

1）为采用旋转法时安装方便，在钢柱堆放时尽量使柱的绑扎点、柱脚中心与基础中心三点共弧。

2）根据柱子的种类和高度确定绑扎点，在柱子底端绑好绳索，以便牵制溜绳，调整方向。准备工作就绪后，首先进行试吊，将一端吊起 100 ~ 200mm 时停吊，检查索具是否牢固。当吊车稳定板位于安装基础时，可指挥吊钩缓慢下降，当柱底距离基础位置 40 ~ 100mm 时将柱子加固，确认安全方可摘除吊钩。

3）柱子的校正工作一般包括平面位置、标高及垂直度 3 个方面的校正。

4）在吊装就位时，钢柱的平面位置属一次对位，一般不需再校正。柱子的标高若低于安装标高，就位后，需用垫铁调整至准确标高。用经纬仪进行柱子垂直度的校正。

5）钢柱穿入基础螺栓就位后，校正工作主要是对标高和垂直度进行校正。常用校正方法是采用缆风绳、千斤顶、正反螺纹撑杆、大型撬模具对钢柱施加拉、顶、撑或撬的垂直力和侧向力，同时采用不等厚垫铁在柱板与基础之间调整，校正后用螺栓固定，并加双重螺母拧紧后把螺纹打乱，以防松动。

6）屋架和其他竖向构件吊装后，还须对钢柱进行复核校正。校正时还要注意风力和温度的自然因素的影响。

（4）屋面大梁的吊装与校正。

1）大梁安装一般应从有柱间支撑的刚架开始，防止侧向失稳，拉条的张紧程度以不将构件拉弯为原则。

2）因跨度太大，需分段制作和安装。现场做好梁的拼接和校正工作。

3）大梁吊点对称设置，平衡起吊，起吊后离地 50mm 时检查无误再继续提钩。安装第一榀大梁时，在松开吊钩前，做初步校正，使大梁基座中心线对准定位轴线，调整大梁垂直度并检查梁侧向弯曲。

4）第二榀大梁吊装就位后，不要松钩，与第一榀大梁临时固定，然后安装支撑系统及部分檩条，最后整体校正并固定。

5）吊装第三榀大梁时，在大梁脊点及中点装上檩条即可将其固定并校正。

6）在吊装大梁时还需进行钢柱的垂直度复核，一般采用葫芦拉钢丝缆绳的方式进行复核，待大梁安装完成后方可松开缆绳。

7）控制屋脊线平面位置，使屋架与柱两端中心线呈等值偏差。

（5）柱底板垫块安装及二次灌浆。

钢柱安装时，一般通过放置垫铁和楔形垫块来调整位置。主钢结构吊装校正完成后，才可进行混凝土二次浇灌。通常在校正完毕后 3d 内完成，以免因其他原因造成结构体位移。灌浆采用 C30 细石混凝土，保证柱底板与基础底面完全接触。灌浆前，去除混凝土表面的污物、油脂等，并保持适当粗糙度。灌浆作业从一侧开始，连续进行，直到浆料从周围流出为止。灌注后，至少养护 7d。

步骤 4 檩条及支撑系统安装。

（1）檩条安装必须符合设计要求和钢结构安装规范。檩条及支撑系统应配合钢结构吊装，进行交叉作业，流水施工。安装时应将檩条及支撑上的泥土、污物等清理干净。严格按照图纸编号安装，禁止乱用、代用。

（2）在檩条及支撑系统安装前，必须在檩条安装部位的下方拉设警戒区域，并派专人看护，禁止无关人员进入。

（3）安装檩条时若遇到螺栓孔偏斜的情况，应采用正确的方法扩孔，扩孔的大小应符合规范要求，不能太大，太大不能保证螺栓的连接强度。

（4）檩条就位后，调整固定尺寸时应符合图纸的设计要求，要保证檩条上表面的平整度，沿上皮方向偏差应小于 ±2mm。相邻两组檩条接口处的上表面应齐平。由于屋脊位置设置有天窗结构，因此在施工时注意调整天窗开口位置的檩条间距。

（5）所有檩条的连接螺栓都应配备双垫片，螺栓应严格扭紧，不允许有漏紧现象。

（6）存放时应保证檩条拉杆丝扣不受损伤，安装前在地面将螺母带到螺杆上，利用绳索将拉杆提升到屋架上。应确保安装牢固，避免高空坠落。

（7）檩条拉杆应从屋脊中间向两侧下坡方向对称安装，不允许单组单坡方向安装，因为单坡方向安装不利于檩条的调直。安装时遵循边安装、边调直、边紧固螺母的原则，避免重复施工。

（8）檩条安装后的平面弯曲允许偏差为 ±10mm。弯曲变形的拉杆应调直后再安装。

檩条套管的长度应和两个檩条的内空距一致，太长或太短都不利于檩条的调直和受力。

（9）在檩条及檩条拉杆安装的过程中，安全带应系挂牢固。禁止将安全带直接挂在可移动的物体上，尤其是跳板上。安全带尽量高挂低用，禁止随意加长安全带的挂绳长度。

步骤 5 压型钢板安装。

（1）屋面彩板安装。

1）该工程屋面板为单层彩色压型钢板，下垫 50mm 厚玻璃棉隔热。施工时须先安装保温棉，后安装屋面板。可架设钢管脚手架。

2）保温棉的下料长度为屋面单坡长，即从檐口檩条到相应的屋脊檩条间的距离。保温棉搭接时，采用双面胶带粘贴。

3）安装放线前先对安装面上的已有建筑成品进行测量，对达不到安装要求的部分提出修改。根据排板设计确定排板起始线的位置。屋面施工中，先在檩条上标定起点，即沿跨度方向在每个檩条上标出排板起点，各个点的连线应与建筑物的纵轴线垂直，然后在板的宽度方向每隔几块板继续标注一次，以限制和检查板的宽度安装偏差积累。

4）彩板安装时应实测板材的长度，按实测长度核对对应板号的板材长度，必要时对该板材进行剪裁。将提升到屋面的板材按排板起始线放置，并使板材的宽度标志线对准起始线；在板长方向两端排出设计要求的构造长度。用紧固件紧固板材两端，然后安装第二块板。安装顺序为先自左（右）至右（左），后自上而下。

5）安装到下一放线标志点时，复查本标志段内板材安装的偏差，满足要求后进行全面紧固。紧固自攻螺钉时应掌握紧固的程度，紧固过度会使密封垫圈上翻，甚至将板面压得下凹而积水；紧固不够会造成密封不到位而出现漏雨。安装完的屋面应及时检查有无遗漏紧固点。

6）屋面板的纵、横向搭接，应按设计要求铺设密封条和密封胶，并在搭接处用自攻螺丝或带密封胶的拉铆钉连接，紧固件应设在密封条处。

7）屋面彩板的折弯件主要有屋脊收边、檐口收边、封口板等，这些折弯件与彩板采用铆钉连接，全部固定完毕后，用密封膏密封并擦拭干净。

8）屋面板安装完毕后，对配件的安装做二次放线，以保证檐口线、屋脊线、门窗口和转角线等的水平度和垂直度。

（2）墙面彩板安装。

1）本工程墙面板采用单层钢板，可采用移动式脚手架进行安装。

2）进行墙板安装放线放线方法与屋面板类似，除此之外还应标定其支承面的垂直度，以保证墙面为垂直平面。

3）安装时以墙角为起点由一端向另一端顺序安装，并考虑施工时风向及地区常年主导风向。

4）安装时应保证墙面平整、立面垂直。安装外墙面板前先安装墙面系统的上口泛水、窗门侧泛水及与砖墙交接处台度收边，墙板安装好再安装下口泛水包边及阴、阳包角板。

三、质量安全措施

步骤 1 质量保障。

（1）为保证本工程质量达到目标，必须做到以下几点：

1）建立健全的工程管理网络和质量管理制度，明确钢结构工程施工同各方面的关系。

2）深化施工组织设计，使其具有可操作性，并由专业工程师负责校对、审核，对施工图的修改必须有依有据，且必须由设计人员签字。

3）材料的采购严格按照国际质量保证体系采购程序执行，必须满足设计及安装施工规范要求。材料必须单证齐全，必要时重新检验复核。

4）材料制作必须严格按照钢结构制作生产工艺执行，在制作期间可邀请监理工程师及业主单位来生产现场指导监督，以利于质量的进一步提高。

5）材料安装前应仔细核对制作资料，检查构件变形情况，如发现质量问题应及时校正或重新生产，不让不合格产品进入工地现场。

6）工程施工必须严格按照施工验收规范执行，在施工过程中必须做到三检（自检、互检、交接检）；对监理工程师提出的问题应及时整改，杜绝不合格产品流入下一道工序，做到“谁施工、谁负责”；加强成品保护意识。熟悉土建工艺，及时掌握土建施工进度。

7）施工完毕后应进行自检，并填写施工自检查及纪要、明细图。

8）开工前技术人员应对班组进行认真细致的交底，掌握施工要点，为保证安装质量打好基础。

9）本工程安装应按施工组织设计进行，安装程序必须保证结构稳定性和不导致永久性变形。

（2）安装前，应按构件明细表对进场构件查验产品合格证和设计文件。应根据安装顺序，分单元成套供应。贯彻原材料、半成品和成品检验制度，施工员应会同质量检查部门对半成品和成品进行复检，加强成品和半成品的质量监督工作。

（3）关于钢构件安装的测量和校正，应根据工程特点编制相应的工艺，其中，原钢板和异种钢板的焊接、高强度螺栓安装和负温度下施工等，应在安装前进行工艺试验，编制相应的施工工艺。

（4）本工程的柱、梁等主要构件安装就位后，应立即进行校正、固定，确保当天安装的构件形成稳定的空间体系。

(5）本工程顶紧的节点、接触面应和70%的面紧贴，用0.3mm厚塞尺检查，可插入的面积之和不得大于顶紧接触总面积的30%，边缘最大间隙不应大于0.8mm。

(6）钢结构安装偏差的检测，应在结构形成空间刚度单元并连接固定后进行。

(7）本工程采用的经纬仪、水准仪、全站仪等设备应加强器校核，随时保证使用精度。

(8）钢柱吊装完成后，必须及时安装钢梁，校正，焊接固定，以便形成稳定结构。

(9）重视焊接工作，以保证质量和保证合格率为准，在合格的基础上再要求进度。

具体措施及要求如下：

1）进行焊工培训，合格后方可进行工作。严格执行焊接工艺评定。

2）执行自检、互检、联合检查，对“焊接施工记录卡”、焊接外观进行检查。对柱～柱、柱～梁焊缝进行100%超声波探伤，以上检查项目均做好记录。凡不符合要求者，修补好之后再检查。

3）对焊缝内部缺陷安排具有超声波合格证的人员检查，按超声波探伤检查技术要求进行，无特殊要求的话则检查全部对接焊缝。

4）焊接构件中，影响结构受力的残余变形，应进行矫正或补强。

5）焊接预热温度及层间温度严格按照焊接工艺评定来设定。

(10）施工前，技术人员应熟悉施工图和有关技术资料，熟悉工程，了解施工及验收标准，编制专业施工方案。从施工准备到竣工，每一步都必须严格把关，切实保证质量。

上道工序结束，对下道工序应建立交接制度。首先由上道工序人员进行交底，下道工序发现上道工序不合格，有权拒绝施工。在上级部门核实前，应保证下道工序的正常要求。若证实后，确定上道工序不合格，应责令其修正合格后方能进行下道工序。

(11）在本工程中，吊装、测量、焊接、高强度螺栓连接是保证钢结构安装工程质量的关键工艺，在施工时必须做好下列技术措施：

1）吊装：施工流程和技术路线制定与控制；施工机械、设备、材料索具的选用与控制（特别是超载、关键索具和塔式起重机荷载对结构的影响）；施工环境和施工条件的控制。

2）测量：测量和校正方法及仪器的控制；基础的轴线、标高、地脚螺栓、预埋件等的复核；标准尺的控制、测量和校正等施工条件控制；吊装构件的轴线、标高和垂直度的校正和控制。

3）焊接：钢材质量保证书验证；钢材的材料复试；焊接工艺评定和焊接工艺的验证；焊接用材料按规定的烘焙和保温控制；焊接施工环境和施工条件控制（施工环境包括安全操作设施，防风和防雨措施等；施工条件包括钢材预热、焊接检查、焊接顺序等）。

4）高强度螺栓连接：高强度螺栓连接施工方法的制定和控制，高强度螺栓连接进货检验与控制，轴力和扭矩系数抽样试验，滑动系数试验，摩擦面处理与控制，安装和紧固方法与顺序的控制，施工环境和施工条件的控制。

步骤2 安全保障。

（1）安全管理。

项目经理部成立安全领导小组，由项目经理和工长主管安全，项目经理任组长。项目经理是项目部安全管理第一责任人，工长是现场安全管理的直接责任人。

项目部设专职或兼职安全员负责项目部和单位工种的安全监管，各安装班组设兼职安全监管人。

（2）安全教育。

由项目部负责对参加施工安装作业的人员进行安全教育，掌握安装作业概况和安全注意事项。根据施工安装具体情况，对施工安装人员进行安全教育，及时掌握施工生产作业中的新技术、新方法、新设备、新材料对安全的要求。

（3）安全会议、安全检查。

项目部组织安全人员每周召开一次安全会议，研究解决施工作业中存在的安全问题。

项目部每周组织一次安全检查；根据施工的具体情况，随时组织有针对性的检查。

查出的隐患及时落实整改措施，限期整改，对危及人身安全的重大隐患，在未整改之前不准进行施工。

（4）施工场所和作业区安全。

作业区域内提前做好场地清障工作，确保施工场地平整，道路畅通；现场使用的氧气、乙炔按有关规定合理摆放，施工用电源配电装置的埋设安装按国家安全用电规定执行。

施工人员攀高作业时，地面上安排人员监管并做好安全标识，以免坠物伤人。

（5）现场人身安全。

1）进入现场的施工安装人员必须佩戴安全帽，系好帽带。安全帽、安全带每周检查一次，不合格的不得使用。

2）施工现场不准穿拖鞋和光脚，严禁酒后进入现场和进行安装作业。

3）高处安装作业必须系安全带，上、下交叉作业有危险的地方要有人看管。

4）冬季施工，天气寒冷，霜雪雨天气禁止攀高作业，注意做好工人防寒、保暖工作及施工防滑工作。

5）雷雨、大风天气不准登高作业，应停止施工、切断电源，防止触电。

6）高处作业所使用的工具应放在工具袋内，不准上下抛掷工具。

7）患高血压、心脏病的人员不得从事登高作业。

（6）焊接安全。

1）焊接（或气焊、气割）工作地点的设备、工具和材料一定要堆放整齐，操作现场的所有气焊胶管、焊接电缆线等不得相互缠绕，做到安全用电。

2）焊接（或气焊、气割）作业点周围 10m 内不得有易燃易爆品，氧气、乙炔瓶之间的距离不小于 5m，乙炔瓶使用时不得倾倒。

3）凡进入高处作业区或登高进行焊割操作，必须穿戴好合格的安全帽、安全带和胶鞋，安全带应紧固牢靠，安全绳不得超过 2m。

4）焊机要做到一机一闸，登高焊接时，要有人监护，密切注意焊工的动态，电源开关设在监护人近旁，遇有危险现象时，立即拉闸，并进行营救。

5）焊接（或气焊、气割）作业结束时，切断焊机电源，关闭氧气乙炔开关，并检查操作地点，确认无起火隐患后方可离开。

（7）对施工安装人员的安全职责要求。

要求施工安装人员严格执行安全管理的规章制度和操作规程。熟练掌握安全操作技能和常见故障的排除方法。正确使用安全防护用品，做好本岗位的安全防护装置及设施的维护保养工作。

步骤 3 冬期施工保证措施。

该钢结构工程安装时是 10 月份，施工阶段要考虑可能发生的冬期施工问题，采取必要的施工保证措施。

（1）钢结构组装。

1）在负温度下露天焊接钢结构时，宜搭设临时防护棚，雨水、雪花不得落在炽热的焊缝上。

2）在负温度下制作的钢构件，进行外观尺寸检查时应考虑温度的影响。负温度下超声波探伤仪用的探头和钢材接触面间应使用不冻结的油基结合剂。

3）进行涂刷作业前，必须将构件表面的铁锈、油污、飞边等清除干净，并保持构件表面干燥，雨雪天气或构件上有雾水或薄冰时不得进行涂刷作业。

（2）钢结构安装。

1）在负温度下，起吊、绑扎钢结构的钢索直接与构件接触时，应加防滑隔垫。凡是与构件同时起吊的节点板、安装人员用的挂梯、校正用具等应用绳索绑扎牢固；直接用吊环、吊耳起吊重物时，应检查吊环、吊耳连接焊缝有无损伤。

2）构件上有积雪或结冰、结露时，安装前应清除干净，但不得损伤涂层。

3）在负温度下，安装钢结构用的机具应按照负温度进行检验。

4）在负温度下安装钢梁时，应进行校正，位置正确后应立即进行永久固定。

5）高强度螺栓安装时，构件的摩擦面应干净，不得有积雪，不得结冰或被雨淋，不得接触泥土、油污等。

6）固定螺栓焊接前，应根据负温度的大小，对焊接电流、焊接时间等参数进行测定。

7）在负温度下，钢结构安装的质量应按照《钢结构工程施工质量验收标准》（GB 50205—2020）的要求严格控制。

技能检测

一、选择题

1. 扭剪型高强度连接副由（　　）。

A. 一个螺栓、一个螺母和一个垫圈组成

B. 一个螺栓、两个螺母和两个垫圈组成

C. 一个螺栓、两个螺母和一个垫圈组成

D. 一个螺栓、一个螺母和两个垫圈组成

2. 大六角头高强度螺栓采用扭矩法紧固时，分初拧和终拧二次拧紧。初拧扭矩为施工扭矩的（　　）。

A. 25%　　B. 50%　　C. 75%　　D. 100%

3. 斜梁的安装顺序：从（　　）的两榀刚架开始，刚架安装完毕后将其间的檩条、支撑、隅撑等全部装好，并检查其垂直度；然后以这两榀刚架为起点，向建筑物另一端顺序安装。

A. 一端的山墙　　B. 靠近山墙的有柱间支撑

C. 中部　　D. 中部有柱间支撑

4. 多层与高层钢结构安装施工时，各类消防设施（灭火器、水桶、砂袋等）应随安装高度的增加及时上移，一般不得超过（　　）楼层。

A. 1　　B. 2　　C. 3　　D. 4

5. 多层及高层钢结构工程中，上节钢柱就位后，按照先调整（　　），再调整（　　），最后调整（　　）的顺序校正。

A. 标高、垂直度、位移　　B. 垂直度、位移、标高

C. 标高、位移、垂直度　　D. 位移、垂直度、标高

6. 上节钢柱安装与校正时，位移调整应使钢柱定位轴线从（　　）控制轴线直接引上，不得从（　　）的轴线引上。

A. 地面、上节钢柱　　B. 本层、下节钢柱

C. 上节层柱、地面　　D. 地面、下节钢柱

7. 对于不能由后续监视和测量来验证工程质量的特殊过程施工，各单位应制定管理人员监管制度，对参加施工的人员、机械设备应进行验证，对施工的全过程应进行（　　）。

A. 关注　　B. 详细记录　　C. 查看　　D. 监控

8. 技术交底的目的是通过技术交底使操作者掌握（　　），了解技术标准，并按交底的技术要求将工程付诸实施，完成工程从图纸向实体的逐步转化。

A. 成本情况、工作条件　　B. 工艺流程、施工方法

C. 环境情况、加工的难易程度　　D. 成本情况、环境情况

9. 某构件发生了脆性破坏，不经检查可以肯定（　　）对该破坏无直接影响。

A. 钢材的屈服点过低　　B. 构件的荷载增加速度过快

C. 存在冷加工硬化　　D. 温度过低

10. 每使用 100t 或不足 100t 薄涂型防火涂料应抽检一次（　　）。

A. 抗压强度　　B. 抗拉强度　　C. 粘结强度　　D. 抗弯强度

二、简答题

1. 高强度螺栓主要有哪两种类型？简述高强度螺栓连接的安装工艺和紧固方法。
2. 旋转法和滑行法钢柱吊装有何区别？
3. 怎样对钢柱进行临时固定和最后固定？
4. 分件安装法和综合安装法各有什么特点？
5. 起重机的种类有哪些？试说明其优缺点及适用范围。

项目4　钢结构连接设计

项目导读

钢结构板材之间的连接可采取多种方式，工程中主要采用焊接连接方式和螺栓连接方式。本项目仅研究钢结构板材连接在简单作用力下的焊接连接和螺栓连接的设计问题。考虑到高职学生专升本时力学学习的需要，特增设此项目，以提高学生对钢结构设计理念的了解和设计方法的基本认知。

项目重点

1. 对接焊缝和角焊缝的受力分析与计算。
2. 普通螺栓和高强度螺栓连接的受力分析与计算。

素养提升

通过介绍钢结构连接设计相关知识，使学生认识到科学严谨的受力分析计算在施工中的重要作用，认识到错误的计算结构将导致的损失，引导学生养成一丝不苟的专业精神。

任务1　钢结构焊接连接设计

任务目标

- 了解对接焊缝和角焊缝的焊接接头形式和质量要求。
- 掌握对接焊缝轴心受力和在弯矩、剪力共同作用下的受力分析方法和计算方法。

- 掌握角焊缝受力分析方法和计算方法。

4.1.1 对接焊缝连接设计基本知识

1. 焊接接头及焊缝形式

焊接接头形式：焊接接头有平接、搭接、T 形连接和角接四种形式，所采用的焊缝主要有对接焊缝及角焊缝两种。角焊缝的形式可分直角角焊缝与斜角角焊缝。

焊缝的质量等级：根据对焊缝的质量要求，分为一级、二级和三级，设计时按要求选用。

2. 垂直于轴心受力的对接焊缝与角接组合焊缝设计

$$\sigma=\frac{N}{l_w h_e}\leqslant f_t^w \text{或} f_c^w$$

N——轴心拉力或轴心压力（N）；

h_e——对接焊缝的计算厚度（mm），在对接连接节点中取连接件的较小厚度，在 T 形连接节点中取腹板的厚度；

f_t^w——对接焊缝抗拉强度设计值（N/mm^2）；

f_c^w——对接焊缝抗压强度设计值（N/mm^2）；

l_w——焊缝长度。对有等强要求的对接焊缝施焊需采用引弧板和引出板，如图 4.1.1 所示，无法采用时，计算每条焊缝长度时应减去 $2t$（t 为焊件的较小厚度）。

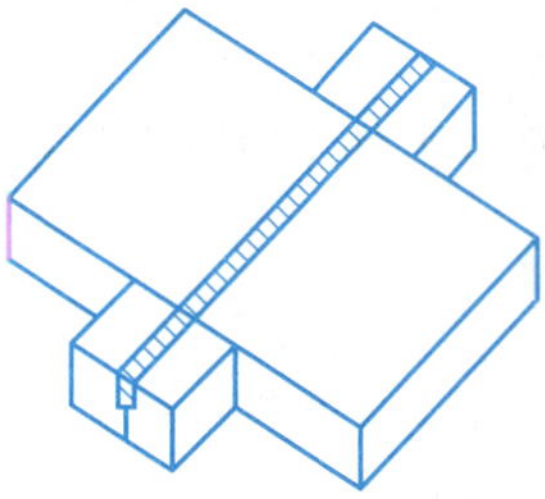

图 4.1.1 钢结构对接焊接（带引弧板）

3. M、V 共同作用下的对接焊缝与角接组合焊缝设计

（1）板件间对接连接计算。

因焊缝截面为矩形，M、V 共同作用下的应力如图 4.1.2 所示。

正应力和剪应力应分别进行计算。其强度计算公式为：

$$\tau_{max}=\frac{VS_w}{I_w t}=\frac{3}{2}\cdot\frac{V}{l_w t}\leqslant f_v^w$$

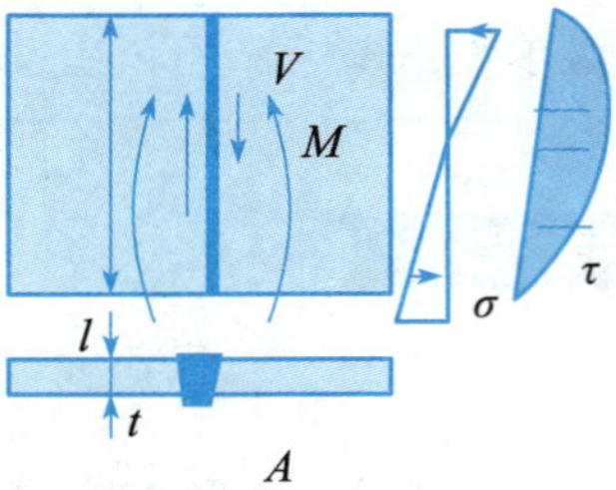

图 4.1.2　钢结构平面板材对接焊接应力图

W_w——焊缝截面模量；

S_w——焊缝截面面积矩；

I_w——焊缝截面惯性矩。

（2）工字形截面对接连接计算。

因焊缝截面为工字形，M、V 共同作用下的应力如图 4.1.3 所示。

图 4.1.3　钢结构工字形对接焊接应力图

对于焊缝的 σ_{max} 和 τ_{max} 应满足前述要求；

$$\tau_{max}=\frac{VS_w}{I_w t}$$

对于同时受较大的正应力和剪应力处（如梁腹板横向对接焊缝的端部 1 点），其折算应力按下式计算：

$$\sqrt{\sigma_1^2+3\tau_1^2}\leqslant 1.1 f_t^w$$

σ_1——腹板和翼缘交接处的正应力；

$$\sigma_1=\sigma_{max}\cdot\frac{h_0}{h}$$

h、h_0——分别为工字形截面高度和腹板高度；

τ_1——腹板和翼缘交接处的剪应力；

$$\tau_1=\frac{VS_1}{I_w t_w}$$

S_1——翼缘对中和轴的面积矩；

t_w——腹板厚度；

1.1——考虑最大折算应力只在局部出现的强度增大系数。

4. 对接焊缝、角接焊缝主要构造要求

（1）不同厚度和宽度的材料对接时，应作平缓过渡，其连接处坡度值不宜大于 1∶2.5，如图 4.1.4 所示。

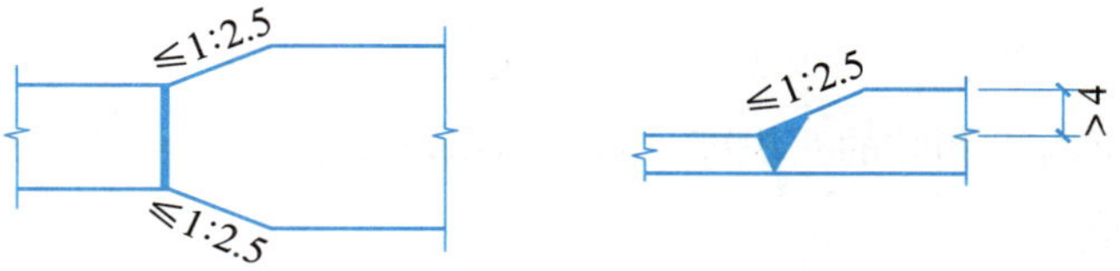

图 4.1.4　不同宽度或厚度钢板的对接

（2）不得采用焊脚尺寸小于 5mm 的角焊缝。

（3）严禁采用断续坡口焊缝和断续角焊缝。

（4）对接与角接组合焊缝和 T 形连接的全焊透坡口焊缝应采用角焊缝加强，加强焊脚尺寸不应大于连接部位较薄件厚度的 1/2，但最大值不得超过 10mm。

（5）承受动荷载需经疲劳验算的连接，当拉应力与焊缝轴线垂直时，严禁采用部分焊透对接焊缝。

5. 对接焊缝连接设计例题

将工字形截面的牛腿采用焊透的对接焊缝焊于柱上，焊缝截面尺寸如图 4.1.5 所示，$N=450\text{kN}$，作用点距焊缝处距离为 300mm，钢材采用 Q235，手工焊，E43 型焊条，焊缝质量等级为三级，试验算该对接焊缝处强度是否满足设计要求。

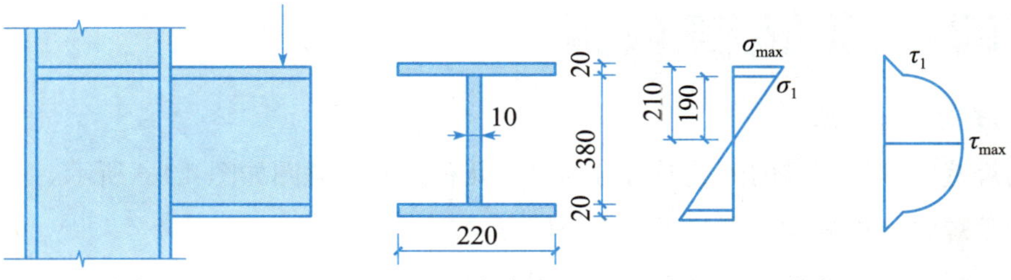

图 4.1.5　工字形牛腿对接焊接示意图

（1）外力简化。

经分析，若要求解此题，需先将外力 N 向焊缝处简化，即将外力 N 移至腹板中心位置，此时焊缝将承受弯矩和剪力的共同作用。剪力值和弯矩值分别为：

$$V=N=450\text{kN}$$

$$M=N\cdot e=450\times 300=1350\text{kN}\cdot\text{mm}$$

（2）焊缝截面的几何特征。

因该连接为焊透的对接焊缝，故焊缝计算截面与牛腿截面完全相同。

$$I_w = \frac{1}{12}\times1\times38^3 + 2\times\frac{1}{12}\times22\times2^3 + 2\times2\times \text{cm}^4\ 22\times20^3 = 39802\,\text{cm}^4$$

$$W_w = \frac{39802}{21} = 1895.3\,\text{cm}^3$$

翼缘中和轴的面积矩：$S_1 = 2\times22\times20 = 880\text{cm}^3$

中和轴以上截面对中和轴的面积矩：$S_{max} = 880+1\times19\times9.5 = 1060.5\text{cm}^3$

（3）计算应力值。

$$\sigma_{max} = \frac{M}{W_w} = \frac{613500\times10^4}{1895.3\times10^3} = 71\,\text{N/mm}^2 < f_t^w = 185\,\text{N/mm}^2$$

$$\tau_{max} = \frac{VS_{max}}{I_w t_w} = \frac{450\times1060.5\times10^6}{39802\times10^4\times10} = 120\,\text{N/mm}^2 < f_v^w = 125\,\text{N/mm}^2$$

验算折算应力：

$$\sigma_1 = \sigma_{max}\cdot\frac{h_0}{h} = 71\times\frac{190}{210} = 64\,\text{N/mm}^2$$

$$\tau_1 = \frac{VS_1}{I_w t_w} = \frac{450\times880\times10^6}{39802\times10^4\times10} = 99.5\,\text{N/mm}^2$$

$$\sqrt{\sigma_1^2 + 3\tau_1^2} = \sqrt{64^2 + 3\times99.5^2} = 184\,\text{N/mm}^2 \leqslant 1.1f_t^w = 1.1\times185 = 203.5\,\text{N/mm}^2$$

故该连接的强度满足要求。

4.1.2 角焊缝连接设计基本知识

1. 角焊缝构造特点

按角焊缝与作用力方向的关系可分为以下几种，其示意图如图 4.1.6 所示。

侧面角焊缝：焊缝轴线平行于外力作用方向。

正面角焊缝：焊缝轴线垂直于外力作用方向。

斜焊缝：焊缝轴线与外力作用方向斜交。

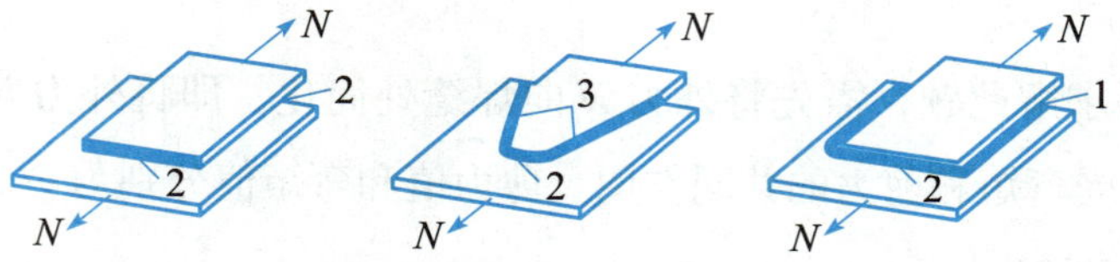

图 4.1.6　钢结构角焊缝形式示意图

1—侧面角焊缝；2—正面角焊缝；3—斜焊缝

角焊缝的截面形式如图 4.1.7 所示。

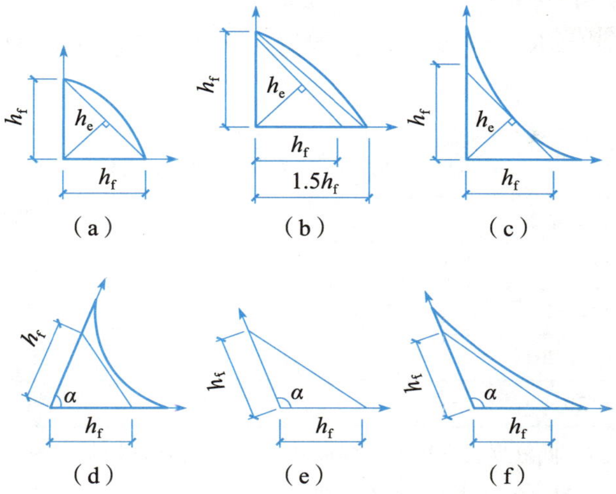

图 4.1.7 钢结构角焊缝形式示意图

h_f—角焊缝焊脚尺寸；h_e—角焊缝有效厚度

对于焊缝极限应力，不论是端焊缝还是侧焊缝均取 45° 有效截面上的最低平均破坏力来确定强度，不分抗拉或抗剪，都采取统一的强度设计值。

2. 角焊缝强度设计公式

正面角焊缝：$\sigma_f = \dfrac{N}{h_e \Sigma l_w} \leqslant \beta_f f_f^w$

侧面角焊缝：$\tau_f = \dfrac{N}{h_e \Sigma l_w} \leqslant f_f^w$

在弯矩、剪力和轴力共同作用下：$\sqrt{\left(\dfrac{\sigma_f}{\beta_f}\right)^2 + \tau_f^2} \leqslant f_f^w$

式中：σ_f——按焊缝有效截面（$h_e l_w$）计算，垂直于焊缝长度方向的应力（N/mm^2）；

τ_f——按焊缝有效截面计算，沿焊缝长度方向的剪应力（N/mm^2）；

h_e——直角角焊缝的计算厚度（mm），当两焊件间隙 $b \leqslant 1.5$mm 时，$h_e = 0.7h_f$；1.5mm< $b \leqslant$ 5mm 时，$h_e = 0.7(h_f - b)$，h_f 为焊脚尺寸；

f_f^w——角焊缝的强度计算值（N/mm^2）；

β_f——正面角焊缝的强度设计值增大系数，对承受静荷载和间接承受动荷载的结构，$\beta_f = 1.22$；对直接承受动荷载的结构，$\beta_f = 1.0$。

3. 角焊缝主要构造要求

（1）角焊缝的最小计算长度应为其焊脚尺寸 h_f 的 8 倍，且不应小于 40mm；焊缝计算长度应为扣除引弧、收弧长度后的焊缝长度。

（2）断续角焊缝焊段的最小长度不应小于最小计算长度。

（3）角焊缝最小焊脚尺寸宜按表 4.1.1 取值，承受动荷载时角焊缝焊脚尺寸不宜小于 5mm。

表 4.1.1　角焊缝最小焊脚尺寸（mm）

母材厚度 t	角焊缝最小焊脚尺寸 h_f
$t \leqslant 6$	3
$6<t \leqslant 12$	5
$12<t \leqslant 20$	6
$t>20$	8

注：1. 采用不预热的非低氢焊接方法进行焊接时，t 等于焊接连接部位中较厚焊件厚度，宜采用单道焊缝；采用预热的非低氢焊接方法或低氢焊接方法进行焊接时，t 等于焊接连接部位中较薄焊件厚度。

2. 焊缝尺寸 h_f 不要求超过焊接连接部位中较薄焊件厚度的情况除外。

（4）被焊构件中较薄板厚度不小于 25mm 时，宜采用开局部坡口的角焊缝。

（5）采用角焊缝焊接连接，不宜将厚板焊接到较薄板上。

4. 角焊缝连接设计例题

角焊缝焊接示意图如图 4.1.8 所示，给定的抗力荷载为 400kN，焊脚尺寸 $h_f = 8$mm，钢材为 Q235-A · F（A3F），焊条为 E43 型，手工焊。计算所需角焊缝总长度。

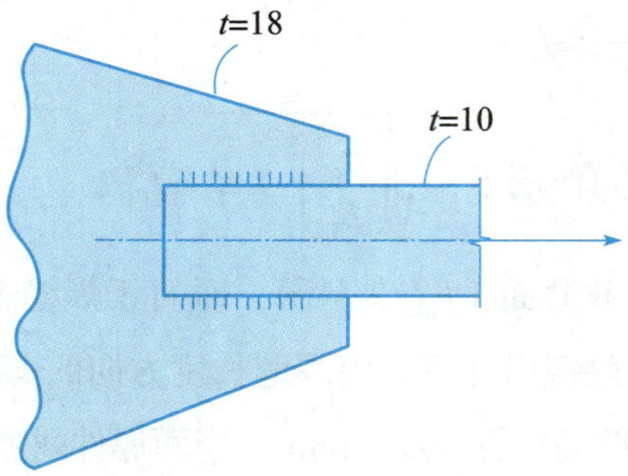

图 4.1.8　角焊缝焊接示意图

（1）应力分析与计算。

由公式 $\tau_f = \dfrac{N}{h_e \Sigma l_w} \leqslant f_f^w$，得 $\Sigma l_w \leqslant \dfrac{N}{h_e f_f^w}$。因两面侧焊缝共有 4 个弧坑缺陷，所以焊缝的实际总长度 $\Sigma l = \Sigma l_w + 4 \times 5$，最后取整。

角焊缝设计强度为 $f_f^w = 160\,N/mm^2$。
（2）焊缝长度计算。

所需焊缝的总计算长度：$\Sigma l_w \leqslant \dfrac{N}{h_e f_f^w} = \dfrac{400 \times 10^3}{0.7 \times 8 \times 160} = 446.4\,mm$

所需焊缝的实际长度 $\Sigma l = \Sigma l_w + 4 \times 5 = 466.4\,mm$
对照构造要求并取整，取焊缝长度为 480mm。

任务 2 钢结构螺栓连接设计

任务目标

- 了解普通螺栓的排列方式和受力情况。
- 掌握普通螺栓受力计算方法。
- 掌握普通螺栓连接设计方法。

4.2.1 普通螺栓连接设计基本知识

1. 螺栓排列方式

螺栓排列可采用并列或错列方式，如图 4.2.1 所示。并列排列简单、整齐、紧凑，所用连接板尺寸小，但构件截面削弱大；采用错列排列时，排列不紧凑，所用连接板尺寸大，但构件截面削弱小。

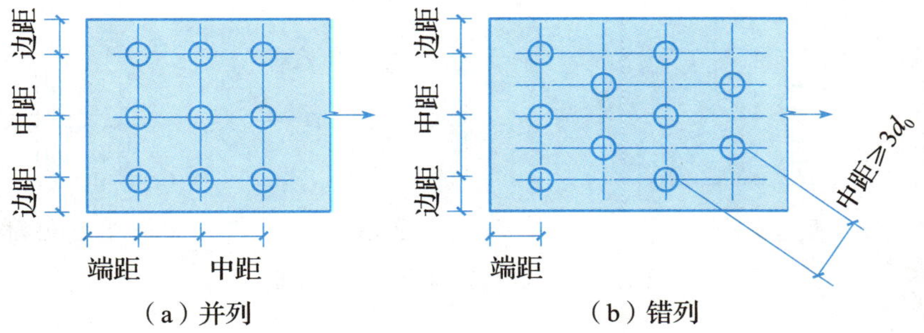

图 4.2.1 螺栓排列方式

根据《钢结构设计标准》（GB 50017—2017）的规定，螺栓或铆钉的孔距、边距和端距容许值应符合表 4.2.1 的规定。

表 4.2.1　螺栓或铆钉的孔距、边距和端距容许值

名称	位置和方向			最大容许间距（取两者的较小值）	最小容许间距
中心间距	外排（垂直内力方向或顺内力方向）			$8d_0$ 或 $12t$	$3d_0$
	中间排	垂直内力方向		$16d_0$ 或 $24t$	
		顺内力方向	构件受压力	$12d_0$ 或 $18t$	
			构件受拉力	$16d_0$ 或 $24t$	
	沿对角线方向			—	
中心至构件边缘距离	顺内力方向			$4d_0$ 或 $8t$	$2d_0$
	垂直内力方向	剪切边或手工切割边			$1.5d_0$
		轧制边、自动气割或锯割边	高强度螺栓		
			其他螺栓或铆钉		$1.2d_0$

注：1. d_0 为螺栓或铆钉的孔径，对槽孔为短向尺寸，t 为外层较薄板件的厚度。

2. 钢板边缘与刚性构件（如角钢、槽钢等）相连的高强度螺栓的最大间距，可按中间排的数值采用。

3. 计算螺栓孔引起的截面削弱时可取 d+4mm 和 d_0 的较大值。

2. 受力性能分析

根据作用力不同，螺栓受力可以分为受剪、受拉及剪拉共同作用，如图 4.2.2 所示。

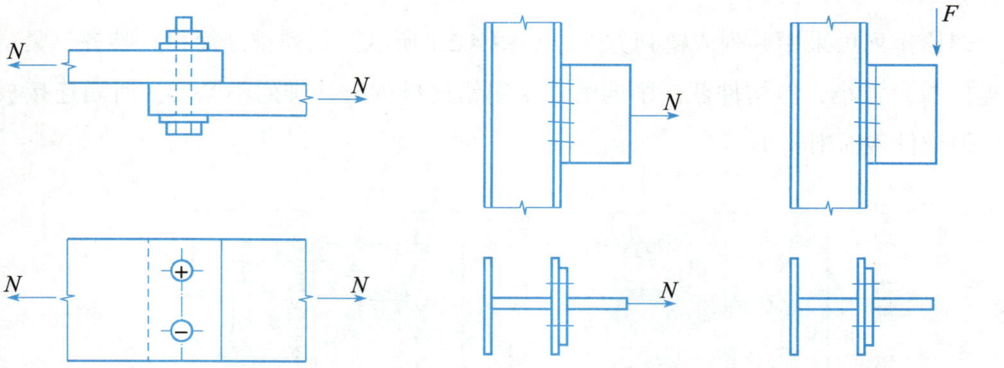

（a）受剪螺栓　　（b）受拉螺栓　　（c）受剪拉螺栓

图 4.2.2　钢结构普通螺栓受力状况

3. 普通螺栓受力计算

（1）单栓抗剪承载力计算。

在普通螺栓或铆钉抗剪连接中，每个螺栓的承载力设计值取受剪和承压承载力设计值

中的较小值。

普通螺栓：d_0

铆钉：$N_v^r = n_v \frac{\pi d_0^2}{4} f_v^r$

普通螺栓孔壁承压：$N_c^b = d\sum t f_c^b$

铆钉：$N_c^r = d_0 \Sigma t f_c^r$

最大承载力：$N_{min}^b = \min\{N_v^b, N_c^b\}$

式中：n_v——受剪面数目；

d——螺栓杆直径（mm）；

d_0——铆钉直径（mm）；

$\sum t$——在不同受力方向中一个受力方向承压构件总厚度的较小值（mm）；

f_v^b、f_c^b——螺栓的抗剪和承压强度设计值（N/mm^2）；

f_v^r、f_c^r——铆钉的抗剪和承压强度设计值（N/mm^2）。

（2）普通螺栓群抗剪计算。

试验证明，螺栓群在轴力作用下，各个螺栓的内力沿螺栓群长度方向受力分配不均，两端大、中间小，如图 4.2.3 所示。

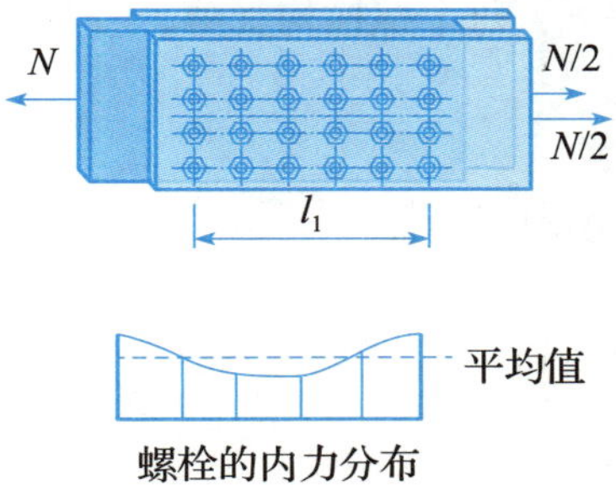

图 4.2.3　受剪螺栓群内力分布图

当 $l_1 \leqslant 15d_0$（d_0 为孔径）时，连接进入弹塑性工作状态后，内力重新分布，各个螺栓内力趋于相同，故设计时假定 N 由各螺栓均担，故连接所需螺栓数为：

$$n = \frac{N}{N_{v\min}^b}$$

当 $l_1 > 15d_0$（d_0 为孔径）时，连接进入弹塑性工作状态后，即使内力重新分布，各个螺栓内力也难以均匀，端部螺栓首先破坏，然后依次破坏。

当 $15d_0 \leqslant l_1 \leqslant 60d_0$ 时，靠塑性变形可以均布内力，设计计算时仍按均布，但强度需乘以折减系数：

连接所需螺栓数量：

$$n = \frac{N}{\eta N_{\text{vmin}}^{\text{b}}}$$

（3）普通螺栓群偏心受剪。

普通螺栓群偏心受剪时，螺栓群的受力状态如图 4.2.4 所示。

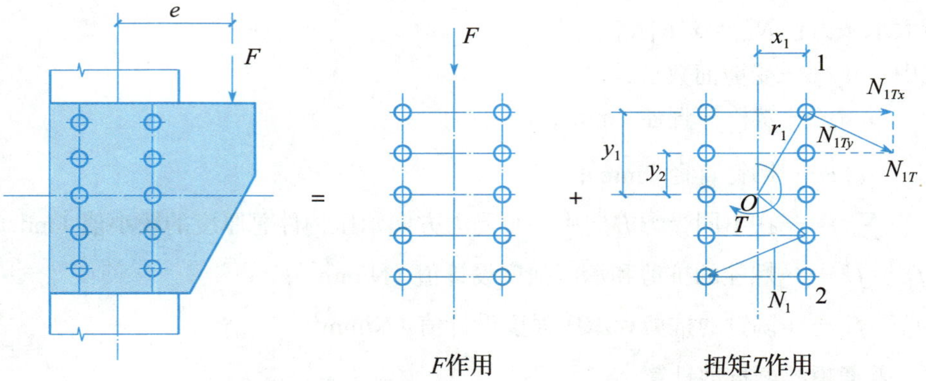

图 4.2.4　偏心受剪螺栓群受力图

F 作用下每个螺栓平均受力，则 $N_{1\text{F}} = \dfrac{F}{n}$

螺栓群在扭矩 $T = Fe$ 作用下，每个螺栓均受剪，“1”号螺栓距形心最远，因此，其所受剪力最大，其合力为：

$$N_1 = \sqrt{\left(N_{1x}^{\text{T}}\right)^2 + \left(N_1^{\text{F}} + N_{1y}^{\text{T}}\right)^2} \leqslant N_{\text{vmin}}^{\text{b}}$$

如果 $y_1 \geqslant 3x_1$，则可假定 $x_i = 0$

由此得 $x_i = 0$，$N_{1\text{Tx}} = \dfrac{Ty_1}{\Sigma y_i^2}$

则计算式为：$N_1 = \sqrt{\left(\dfrac{Ty_1}{\Sigma y_i^2}\right)^2 + \left(\dfrac{F}{n}\right)^2} \leqslant N_{\min}^{\text{b}}$

（4）普通螺栓群轴心受拉计算。

在普通螺栓、锚栓或铆钉轴向方向受拉的连接中，每个普通螺栓、锚栓或铆钉的承载力设计值应按下列公式计算：

普通螺栓：$N_{\text{t}}^{\text{b}} = \dfrac{\pi d_{\text{e}}^2}{4} f_{\text{t}}^{\text{b}}$

锚栓：$N_{\text{t}}^{\text{a}} = \dfrac{\pi d_{\text{e}}^2}{4} f_{\text{t}}^{\text{a}}$

铆钉：$N_t^r = \dfrac{\pi d_0^2}{4} f_t^r$

式中：d_e——螺栓或锚栓在螺纹处的有效直径（mm）;

f_t^b、f_t^a、f_t^r——普通螺栓、锚栓和铆钉的抗拉强度设计值（N/mm²）。

当外力通过螺栓群形心时，一般假定每个螺栓均匀受力，因此，连接所需的螺栓数为：

$$n = \frac{N}{N_t^b}$$

式中：N_t^b——一个螺栓的抗拉承载力设计值（N）。

（5）弯矩 M 和轴力 N 共同作用（偏心受拉）螺栓计算。

当螺栓群上作用有弯矩和轴力时，螺栓存在两种受力状态，即小偏心受力状态和大偏心受力状态。以牛腿位置处螺栓受力为例，承受弯矩和轴力共同作用的螺栓受力特点如图 4.2.5 所示。

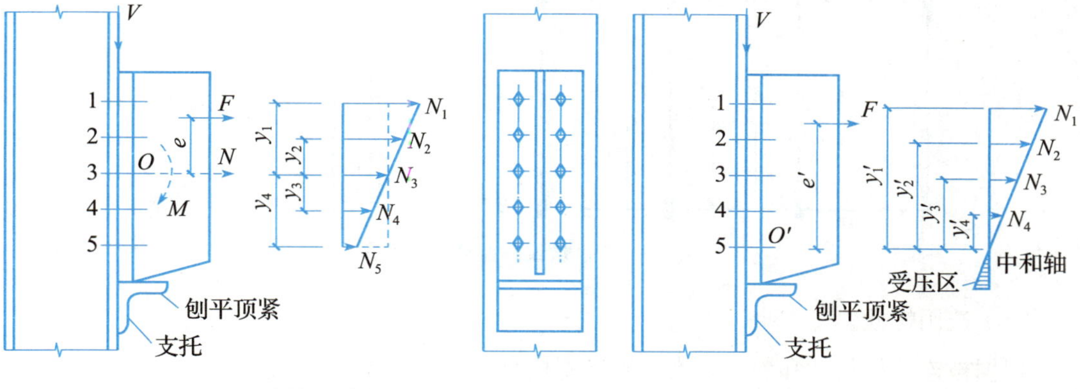

（a）小偏心受力　　　　（b）大偏心受力

图 4.2.5　*M*、*N* 共同作用螺栓受力示意图

由上图受力分析可知，底排与顶排螺栓受力分别为最小和最大：

$$N_{min} = \frac{N}{n} - \frac{My_n}{\sum y_i^2}$$

$$N_{max} = \frac{N}{n} - \frac{My_1}{\sum y_i^2}$$

式中：n——连接中螺栓总个数；

y_1——“1”号即顶排螺栓到旋转轴的距离；

y_n——“n”号即底排螺栓到旋转轴的距离；

y_i——"i"号螺栓到旋转轴的距离。

当由上式算得的 $N_{min}\geqslant 0$ 时，说明所有螺栓均受拉，构件绕栓钉群形心轴旋转，此时应验算满足条件：

$$N_{max}\leqslant N_t^b$$

螺栓群受弯作用，偏心距较小时：$N_{1max}=\dfrac{N}{n}+\dfrac{Ne\cdot y_1}{\sum_{i=1}^{n}y_i^2}\leqslant N_t^b$

偏心距较大时：$N_{max}=\dfrac{N}{n}-\dfrac{Ne\cdot y_1}{\sum_{i=1}^{n}y_i^2}\leqslant N_t^b$

4. 普通螺栓连接设计

现有框架结构主、次钢梁，如图 4.2.6 所示，钢材等级为 Q235，承受的剪力设计值为 $V=120$kN，工地现有螺栓为普通螺栓 C 级，次梁腹板和肋板厚度均为 10mm。(梁腹板高度为 400mm，连接板伸入长度为 110mm)。试进行主、次梁的螺栓连接设计。

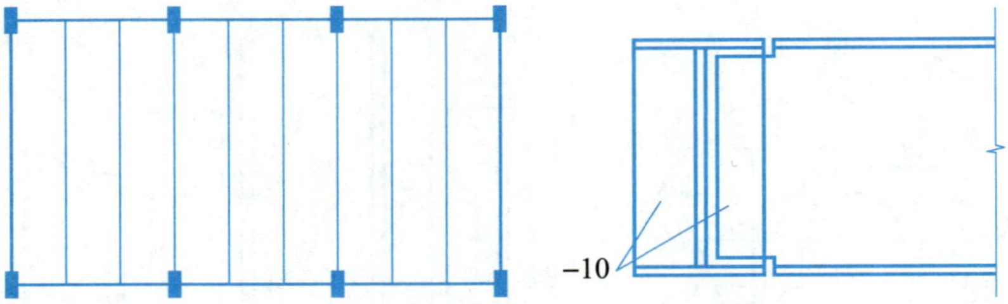

图 4.2.6　主、次梁螺栓连接示意图

（1）选用螺栓。

根据被连接板尺寸和剪力的大小确定螺栓直径，选用 M20 螺栓。

（2）单个螺栓承载力计算。

查附表 3，可得：$f_v^b=140\,\text{N/mm}^2$，$f_c^b=305\,\text{N/mm}^2$

代入公式：$N_v^b=n_v\cdot\dfrac{\pi d^2}{4}f_v^b=1\times\dfrac{\pi\times 20^2}{4}\times 140=43960\,\text{N}$

（3）确定螺栓数目。

$$n\geqslant\frac{N}{N_{min}^b}=\frac{120}{44.0}=2.73\text{个}$$

考虑到实际连接可能承受一定的弯矩，故将计算所得螺栓数目乘以 1.2 ～ 1.3 后取 $n=$ 4 个。

（4）布置螺栓。

根据螺栓的构造要求，螺栓布置如图 4.2.7 所示。

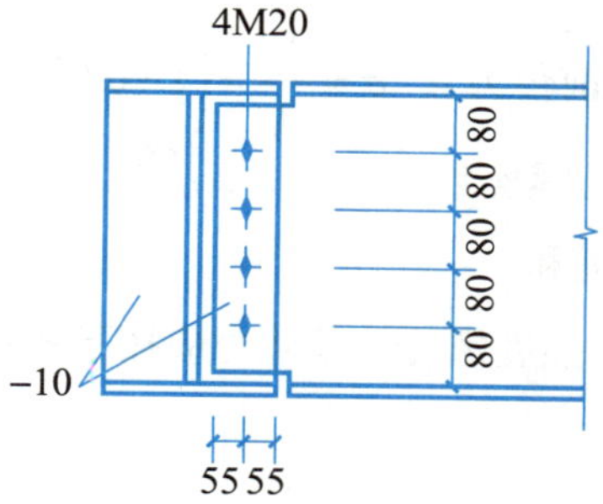

图 4.2.7 螺栓布置示意图

4.2.2 高强度螺栓连接设计

1. 高强度螺栓受力计算

高强度螺栓按受力方式可分为摩擦型高强度螺栓和承压型高强度螺栓。摩擦型高强度螺栓连接件间的剪力完全靠摩擦力传递，以剪力等于摩擦力为设计极限状态，连接件间不允许相互滑动，变形小，承载力小；承压型高强度螺栓连接件间允许相互滑动，剪力由螺杆传递，其特点与普通螺栓相同。

无论是摩擦型高强度螺栓还是承压型高强度螺栓，都需要有预先施加的应力来实现其抗拉承载力，这种预先施加的力被称为预拉力。高强度螺栓的预拉力是通过拧紧螺帽实现的，一般采用扭矩法、转角法和扭断螺栓尾部法来控制预拉力。

（1）高强度螺栓摩擦型连接计算。

1）单个高强度螺栓抗剪承载力设计值：

$$N_v^b = 0.9kn_f uP$$

式中：N_v^b——一个高强度螺栓的受剪承载力设计值（N）；

k——孔型系数，标准孔取 1.0 ；大圆孔取 0.85 ；内力与槽孔长向垂直时取 0.7；内力与槽孔长向平行时取 0.6；

n_f——传力摩擦面数目；

μ——摩擦面的抗滑移系数，可按表 4.2.2 取值；

P——一个高强度螺栓的预拉力设计值（N），可按表 4.2.3 取值。

高强度螺栓连接一侧所需螺栓数：$n \geqslant \dfrac{N}{N_v^b}$

n——连接一侧所需螺栓数；

N——连接所受轴心拉力设计值。

净截面强度（考虑 50% 孔前传力）：$\sigma = \frac{N'}{A_n} = \left(1 - 0.5\frac{n_1}{n}\right)\frac{N}{A_n} \leqslant f$

式中：n_1——计算截面上的螺栓数；

A_n——计算净截面面积。

2）同时受拉连接的每个高强度螺栓的承载力应按下式计算：

$$N_t^b = 0.8P$$

高强度螺栓连接一侧所需螺栓数：$n = \frac{N}{N_t^b}$

摩擦型高强度螺栓群受小偏心拉力：$N_{1\max} = \frac{N}{n} + \frac{M \cdot y_1}{\sum y_i^2} \leqslant N_t^b$

单个螺栓所受剪力：$N_v = \frac{V}{n}$

单个螺栓所受拉力：$N_t = \frac{N}{n}$

拉、剪共同作用连接应满足：$\frac{N_t}{N_t^b} + \frac{N_v}{N_v^b} \leqslant 1.0$

式中：N_v、N_t——为某个高强度螺栓所承受的剪力和拉力（N）；

N_v^b、N_t^b——一个高强度螺栓的受剪、受拉承载力设计值（N）。

表 4.2.2　钢材摩擦面的抗滑移系数 μ

连接处构件接触面的处理方法	构件的钢材牌号		
	Q235 钢	Q345 钢或 Q390 钢	Q420 钢或 Q460 钢
喷硬质石英砂或铸钢棱角砂	0.45	0.45	0.45
抛丸（喷砂）	0.40	0.40	0.40
钢丝刷清除浮锈或未经处理的干净轧制面	0.30	0.35	—

注：1. 钢丝刷除锈方向应与受力方向垂直。

2. 当连接构件采用不同钢材牌号时，μ 按相应较低强度者取值。

3. 采用其他方法处理时，其处理工艺及抗滑移系数均需经试验确定。

表 4.2.3　一个高强度螺栓的预拉力设计值 P（kN）

螺栓的承载性能等级	螺栓公称直径（mm）					
	M16	M20	M22	M24	M27	M30
8.8 级	80	125	150	175	230	280
10.9 级	100	155	190	225	290	355

（2）高强度螺栓承压型连接计算。

1）承压型连接的高强度螺栓预拉力 P 的施拧工艺和设计值取值应与摩擦型连接的高强度螺栓相同。

2）承压型连接中，每个高强度螺栓的受剪承载力设计值的计算方法与普通螺栓相同，但当计算剪切面在螺纹处时，其受剪承载力设计值应按螺纹处的有效截面积计算。

3）在杆轴受拉的连接中，每个高强度螺栓的受拉承载力设计值的计算方法与普通螺栓相同。

4）同时承受剪力和杆轴方向拉力的承压型连接，承载力应符合下列公式的要求：

$$\sqrt{\left(\frac{N_v}{N_v^b}\right)^2+\left(\frac{N_t}{N_t^b}\right)^2}\leqslant 1.0$$

$$N_v\leqslant N_c^b/1.2$$

2. 螺栓或铆钉数目的增加规定

（1）一个构件借助填板或其他中间板与另一构件连接的螺栓（摩擦型连接的高强度螺栓除外）或铆钉数目，应按计算增加 10%。

（2）当采用搭接或拼接板的单面连接传递轴心力，因偏心引起连接部位发生弯曲时，螺栓（摩擦型连接的高强度螺栓除外）数目应按计算增加 10%。

（3）在构件的端部连接中，当利用短角钢连接型钢（角钢或槽钢）的外伸肢以缩短连接长度时，在短角钢两肢中的一肢上，所用的螺栓或铆钉数目应按计算增加 50%。

（4）当铆钉连接的铆合总厚度超过铆钉孔径的 5 倍时，总厚度每超过 2mm，铆钉数目应按计算增加 1%（至少应增加 1 个铆钉），但铆合总厚度不得超过铆钉孔径的 7 倍。

在构件连接节点的一端，当螺栓沿轴向受力方向的连接长度 l_1 大于 $15d_0$ 时（d_0 为孔径），应将螺栓的承载力设计值乘以折减系数 $\left(1.1-\frac{l_1}{150d_0}\right)$，当大于 $60d_0$ 时，折减系数取为定值 0.7。

3. 紧固件连接构造要求

（1）螺栓孔的孔径与孔型应符合下列规定：

1）B 级普通螺栓的孔径 d_0 较螺栓公称直径 d 大 0.2 ～ 0.5mm，C 级普通螺栓的孔径 d_0 较螺栓公称直径 d 大 1.0 ～ 15mm。

2）高强度螺栓承压型连接采用标准圆孔时，其孔径 d_0 可按表 4.2.4 采用。

3）高强度螺栓摩擦型连接可采用标准孔、大圆孔和槽孔，孔型尺寸可按表 4.2.4 采用。采用扩大孔连接时，同一连接面只能在盖板和芯板其中之一的板上采用大圆孔或槽孔，其余仍采用标准孔。

表 4.2.4　高强度螺栓连接的孔型尺寸匹配（mm）

螺栓公称直径			M12	M16	M20	M22	M24	M27	M30
孔型	标准孔	直径	13.5	17.5	22	24	26	30	33
	大圆孔	直径	16	20	24	28	30	35	38
	槽孔	短向	13.5	17.5	22	24	26	30	33
		长向	22	30	37	40	45	50	55

4）高强度螺栓摩擦型连接盖板按大圆孔、槽孔制孔时，应增大垫圈厚度或采用连续型垫板，其孔径与标准垫圈相同，对 M24 及以下的螺栓，厚度不宜小于 8mm；对 M24 以上的螺栓，厚度不宜小于 10mm。

（2）螺栓（铆钉）连接宜采用紧凑布置，其连接中心宜与被连接构件截面的重心相一致。

（3）直接承受动力荷载构件的螺栓连接应符合下列规定：

1）抗剪连接时应采用摩擦型高强度螺栓。

2）普通螺栓受拉连接应采用双螺帽或其他能防止螺帽松动的有效措施。

（4）高强度螺栓连接设计应符合下列规定：

1）高强度螺栓连接均应按表 4.2.3 施加预拉力。

2）采用承压型连接时，连接处构件接触面应清除油污及浮锈，仅承受拉力的高强度螺栓连接，不要求对接触面进行抗滑移处理。

3）高强度螺栓承压型连接不应用于直接承受动力荷载的结构，抗剪承压型连接在正常使用极限状态下应符合摩擦型连接的设计要求。

4）当高强度螺栓连接的环境温度为 100℃～150℃时，其承载力应降低 10%。

（5）当型钢构件拼接采用高强度螺栓连接时，其拼接件宜采用钢板。

（6）螺栓连接设计应符合下列规定：

1）连接处应有必要的螺栓施拧空间。

2）螺栓连接或拼接节点中，每一杆件一端的永久性的螺栓数不宜少于 2 个；对组合构件的缀条，其端部连接可采用 1 个螺栓。

3）沿杆轴方向受拉的螺栓连接中的端板（法兰板），宜设置加劲肋。

4. 高强度螺栓连接设计

如图 4.2.8 所示为牛腿与柱连接时牛腿处螺栓连接示意图，承受竖向集中荷载设计值 $V = 235\text{kN}$，钢材为 Q345 钢，采用 8.8 级的 M22 高强度螺栓，接触面经喷砂处理，试分别采用摩擦型和承压型高强度螺栓设计此连接。

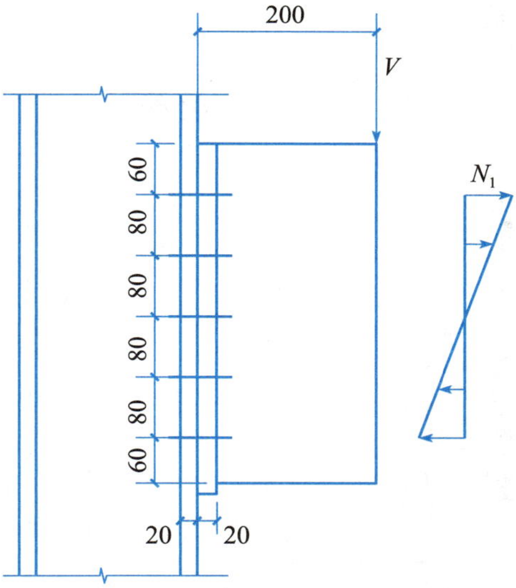

图 4.2.8　牛腿处螺栓连接示意图

（1）设计为摩擦型高强度螺栓。

1）应力分析与计算。

螺栓群承受剪力值为：$V = 235\text{kN}$

弯矩值：$M = V$

查附表 5，得 $\mu = 0.5$

查附表 6，得 $P = 150\text{kN}$

一个螺栓的承载力设计值：$N_t^b = 0.8P = 0.8 \times 150 = 120\text{kN}$

$$N_t^b = \frac{\pi d_e^2}{4} f_t^b = \frac{\pi \times 19.65^2}{4} \times 400 = 121.3\text{kN}$$

2）螺栓选用与验算。

试选用 10 个螺栓，布置如图 4.2.9 所示。在弯矩作用下，受拉力最大的螺栓所承担的拉力为：

$$N_t^b = \frac{\pi d_e^2}{4} f_t^b = \frac{\pi \times 19.65^2}{4} \times 400 = 121.3\text{kN}$$

剪力由螺栓平均分担，每个螺栓承受的剪力为：

$$N_v^b = \frac{235}{10} = 23.5\text{kN}$$

受力最大的螺栓应满足：

$$\frac{N_v}{N_v^b} + \frac{N_t}{N_t^b} = \frac{23.5}{67.5} + \frac{58.75}{120} = 0.838 < 1$$

因此采用 10 个螺栓合适。

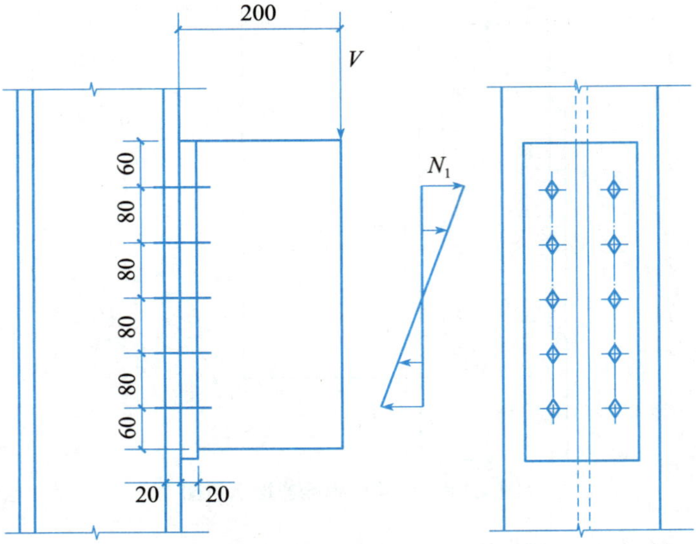

图 4.2.9　螺栓布置示意图

（2）设计为承压型高强度螺栓。

1）螺栓选用与布置。

根据被连接板材尺寸与经验选用 8 个螺栓，布置如图 4.2.10 所示。

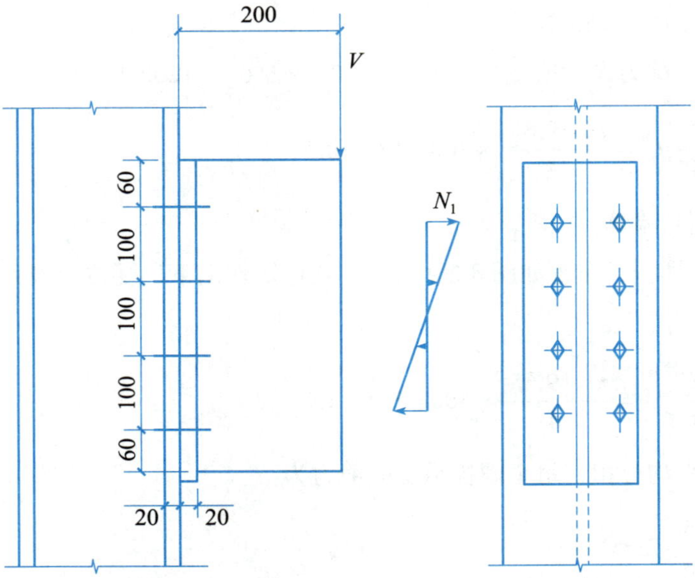

图 4.2.10　螺栓布置示意图

2）螺栓承载力计算。

查附表 3，得 $f_v^b = 250\,N/mm^2$

查附表 4，得 $d_e = 19.65\,\text{mm}$

一个螺栓的承载力设计值：$N_v^b = n_v \dfrac{\pi d_e^2}{4} f_v^b = 1 \times \dfrac{\pi \times 22^2}{4} \times 250 = 95.03\,\text{kN}$

$$N_c^b = d\sum t f_c^b = 22 \times 20 \times 590 = 259.6\,\text{kN}$$

$$N_t^b = \frac{\pi d_e^2}{4} f_t^b = \frac{\pi \times 19.65^2}{4} \times 400 = 121.3\,\text{kN}$$

在弯矩作用下，受拉螺栓承受的最大拉力为：

$$N_t = \frac{M \cdot y_1}{m\sum y_i^2} = \frac{47 \times 10^6 \times 150}{2 \times 2 \times (50^2 + 150^2)} = 70.5\,\text{kN} < N_t^b$$

剪力由螺栓平均分担，每个螺栓承受的剪力为：$N_v = \dfrac{235}{8} = 29.38\,\text{kN}$

受力最大的螺栓应满足：

$$\sqrt{\left(\frac{N_v}{N_v^b}\right)^2 + \left(\frac{N_t}{N_t^b}\right)^2} = \sqrt{\left(\frac{29.38}{95.03}\right)^2 + \left(\frac{70.5}{121.3}\right)^2} = 0.658 < 1$$

$$N_v < N_c^b / 1.2 = 259.6 / 1.2 = 216.3\,\text{kN}$$

因此采用 8 个螺栓合适。

项目实训 验证焊缝连接的安全性

实训主题

实际工程中，常见一块钢板搭至另一块钢板上，在两块钢板交接处采用角焊缝围焊施焊，如图 1 所示，已知 $l_1 = 200\text{mm}$，$l_2 = 300\text{mm}$，$e = 80\text{mm}$，$h_f = 8\text{mm}$，$f_f^w = 160\text{N/mm}^2$，静荷载 $F = 370\text{kN}$。

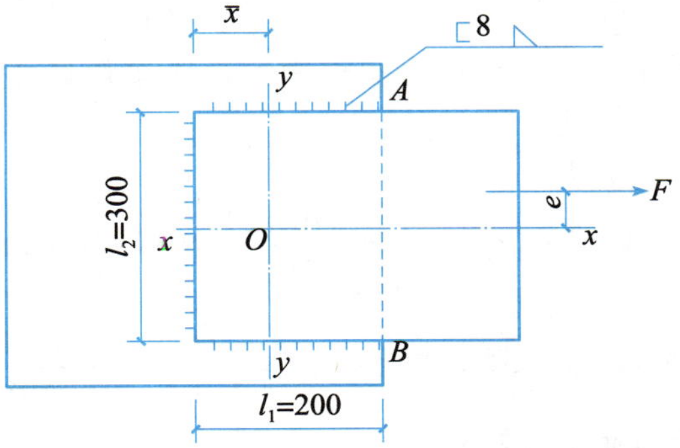

图 1 搭设钢板

要求：验算该焊缝连接是否安全。

实训分析

由条件可知，图上焊缝为角焊缝，与外力 F 方向平行的两条焊缝为侧面角焊缝，与外力 F 方向垂直的焊缝为正面角焊缝。由于外力没有在中心位置，因此计算时可以将其先等效为一个中心拉力和一个附加扭矩，按照焊缝在外力 N 和扭矩 T 联合作用下的情况进行受力分析和计算。

实训内容

步骤 1 将 F 移至形心，做力的等效。

F 移至形心变为外力 N，加上附加扭矩 T，三面围焊焊缝受力为：

$$N = F = 370\text{kN}, \quad T = F \cdot e = 370 \times 80 = 29600\text{kN} \cdot \text{mm}$$

步骤 2 计算焊缝面积、惯性矩。

在计算焊缝的面积和惯性矩时，近似取 l_1 和 l_2 为其计算长度，即既不考虑焊缝的实际长度稍大于 l_1 和 l_2，也不扣除水平焊缝的两端缺陷 10mm。

焊缝截面面积：

$$A_w = 0.7 \times 8(200 \times 2 + 300) = 3920\text{mm}^2$$

焊缝截面惯性矩：

$$I_x = \frac{1}{12} \times 0.7 \times 8 \times 300^3 + 2 \times 0.7 \times 8 \times 150^2 = 6.3 \times 10^7\text{mm}^4$$

$$I_y = 2 \times \frac{1}{12} \times 0.7 \times 8 \times 200^3 + 2 \times 0.7 \times 8 \times 200 \times (100 - 60)^3 + 0.7 \times 8 \times 300 \times 60^2$$

$$= 1.71 \times 10^7\text{mm}^4$$

步骤 3 计算最危险点的应力。

在 N 作用下，焊缝各点受力均匀；在 T 作用下，A、B 两点产生的应力最大，但在 A 点其应力的水平分量与 N 产生的应力同方向，因而该焊缝在外力 F 作用下，A 点最危险。

N 在 A 点产生的应力为 τ_f^N： $\tau_f^N = \dfrac{N}{A_w} = \dfrac{370 \times 10^3}{3920} = 94.4\text{N/mm}^2$

扭矩 T 在 A 点产生的应力的水平分量为： $\tau_f^T = \dfrac{Tr_y}{I_x + I_y} = \dfrac{2.96 \times 10^7 \times 150}{8.01 \times 10^7} = 55.4\text{N/mm}^2$

T 在 A 点产生的应力的垂直分量为：

$$\sigma_f^T = \frac{Tr_x}{I_x + I_y} = \frac{2.96\times10^7\times(200-60)}{8.01\times10^7} = 51.7\,N/mm^2$$

代入 A 点的强度条件：

$$\sqrt{\left(\frac{\sigma_f^T}{1.22}\right)^2 + \left(\tau_f^N + \tau_f^T\right)^2} = \sqrt{\left(\frac{51.7}{1.22}\right)^2 + (94.4+55.4)^2} = 155.7\,N/mm^2 < 160\,N/mm^2$$

所以，该连接安全。

技能检测

一、选择题

1. 直角角焊接的焊脚尺寸应满足 $h_{fmin} \geqslant 1.5\sqrt{t_1}$ 及 $h_{fmax} \leqslant 1.2 \cdot t_2$，则 t_1、t_2 分别为（　　）的厚度。

A. t_1 为厚焊件，t_2 为薄焊件　　B. t_1 为薄焊件，t_2 为厚焊件

C. t_1、t_2 皆为厚焊件　　D. t_1、t_2 皆为薄焊件

2. 如图所示的普通螺栓连接中，受力最大的螺栓为（　　）。

A. a　　B. b　　C. c　　D. d

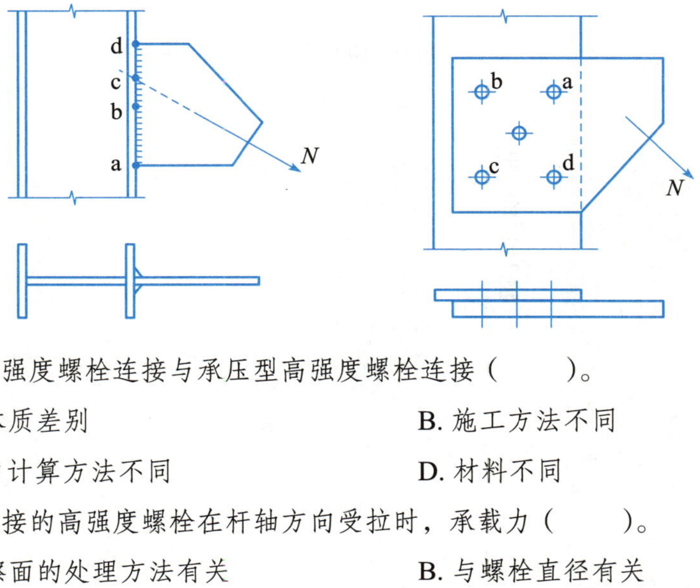

3. 摩擦型高强度螺栓连接与承压型高强度螺栓连接（　　）。

A. 没有本质差别　　B. 施工方法不同

C. 承载力计算方法不同　　D. 材料不同

4. 摩擦型连接的高强度螺栓在杆轴方向受拉时，承载力（　　）。

A. 与摩擦面的处理方法有关　　B. 与螺栓直径有关

C. 与摩擦面的数量有关　　D. 与螺栓的性能等级无关

5. 摩擦型高强度螺栓抗剪时依靠（　　）承载。

A. 螺栓预应力　　B. 螺栓杆的抗剪　　C. 孔壁承压　　D. 板件间摩阻力

二、计算题

1. 有一牛腿用 M22 精制螺栓与柱的翼缘相连，其构造形式和尺寸如下图所示，钢材为 Q235，已知：$F=400\text{kN}$，$f_v^b=170\text{N/mm}^2$，$f_c^b=305\text{N/mm}^2$，验算该牛腿与柱翼缘的连接能否安全工作。($y_1>3x_1$)

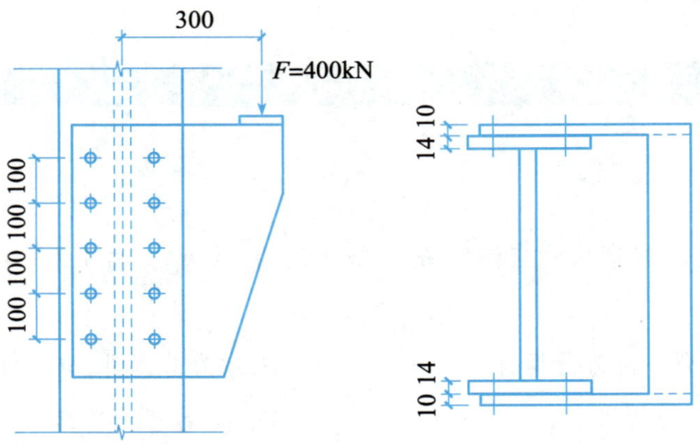

2. 试验算下图所示的斜向拉力设计值 $F=120\text{kN}$ 作用的 C 级普通螺栓连接的强度。螺栓 M20，钢材 Q235，已知 $f_v^b=140\text{N/mm}^2$，$f_c^b=305\text{N/mm}^2$。

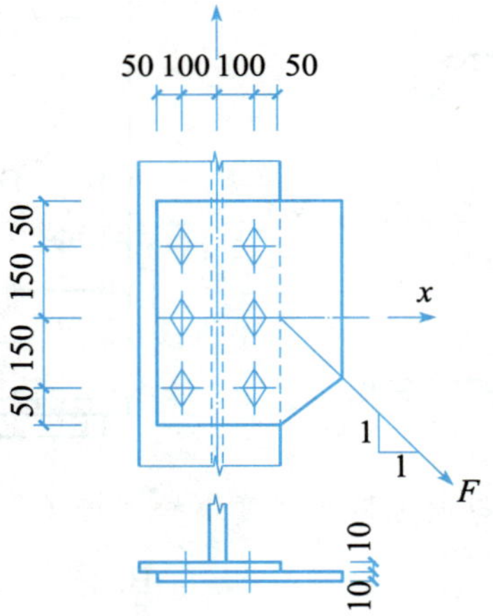

附录 《钢结构设计标准》（GB 50017—2017）中有关表格摘录

附表 1　钢材的设计用强度指标（N/mm^2）

钢材牌号		厚度或直径（mm）	强度设计值			屈服强度 f_y	抗拉强度 f_u
			抗拉、抗压和抗弯 f	抗剪 f_v	端顶承压（刨平顶紧）f_{ce}		
碳素结构钢	Q235 钢	≤ 16	215	125	320	235	370
		＞16，≤ 40	205	120		225	
		＞40，≤ 100	200	115		215	
低合金高强度结构钢	Q345 钢	≤ 16	305	175	400	345	470
		＞16，≤ 40	295	170		335	
		＞40，≤ 63	290	165		325	
		＞63，≤ 80	280	160		315	
		＞80，≤ 100	270	155		305	
	Q390 钢	≤ 16	345	200	415	390	490
		＞16，≤ 40	330	190		370	
		＞40，≤ 63	310	180		350	
		＞63，≤ 100	295	170		330	
	Q420 钢	≤ 16	375	215	440	420	520
		＞16，≤ 40	355	205		400	
		＞40，≤ 63	320	185		380	
		＞63，≤ 100	305	175		360	

续表

钢材牌号		厚度或直径（mm）	强度设计值			屈服强度 f_y	抗拉强度 f_u
			抗拉、抗压和抗弯 f	抗剪 f_v	端顶承压（刨平顶紧）f_{ce}		
低合金高强度结构钢	Q460 钢	≤ 16	410	235	470	460	550
		> 16，≤ 40	390	225		440	
		> 40，≤ 63	355	205		420	
		> 63，≤ 100	340	195		400	

注：1. 表中直径指实芯棒材直径，厚度指计算点的钢材或钢管壁厚度，对轴心受拉和轴心受压构件指截面中较厚的板件的厚度。

2. 冷弯型材和冷弯钢管，其强度设计值应按现行有关国家标准的规定采用。

附表 2　焊缝的强度指标（N/mm^2）

焊接方法和焊条型号	构件钢材		对接焊缝强度设计值				角焊缝	对接焊缝抗拉强度 f_u^w	角焊缝抗拉、抗压和抗剪强度 f_u^f
	牌号	厚度或直径（mm）	抗压 f_c^w	焊缝质量为下列等级时，抗拉 f_t^w		抗剪 f_v^w	抗拉、抗压和抗剪 f_f^w		
				一级、二级	三级				
自动焊、半自动焊和E43 型焊条手工焊	Q235 钢	≤ 16	215	215	185	125	160	415	240
		> 16，≤ 40	205	205	175	120			
		> 40，≤ 100	200	200	170	115			
自动焊、半自动焊和E50、E55 型焊条手工焊	Q345 钢	≤ 16	305	305	265	175	200	480（E50）540（E55）	280（E50）315（E55）
		> 16，≤ 40	295	295	250	170			
		> 40，≤ 63	290	290	245	165			
		> 63，≤ 80	280	280	240	160			
		> 80，≤ 100	270	270	230	155			
	Q390 钢	≤ 16	345	345	300	200	200（E50）220（E55）		
		> 16，≤ 40	330	330	285	190			
		> 40，≤ 63	310	310	270	180			
		> 63，≤ 100	295	295	250	170			

续表

焊接方法和焊条型号	构件钢材		对接焊缝强度设计值				角焊缝	对接焊缝抗拉强度 f_u^w	角焊缝抗拉、抗压和抗剪强度 f_u^w
	牌号	厚度或直径（mm）	抗压 f_c^w	焊缝质量为下列等级时，抗拉 f_t^w		抗剪 f_v^w	抗拉、抗压和抗剪 f_f^w		
				一级、二级	三级				
自动焊、半自动焊和E55、E60型焊条手工焊	Q420 钢	≤ 16	375	375	320	220	220（E55）240（E60）	540（E55）590（E60）	315（E55）340（E60）
		＞16，≤ 40	355	355	305	210			
		＞40，≤ 63	320	320	290	195			
		＞63，≤ 100	305	305	275	185			
自动焊、半自动焊和E55、E60型焊条手工焊	Q460 钢	≤ 16	410	410	350	235	220（E55）240（E60）	540（E55）590（E60）	315（E55）340（E60）
		＞16，≤ 40	390	390	330	225			
		＞40，≤ 63	355	355	300	205			
		＞63，≤ 100	340	340	290	195			

注：表中厚度指计算点的钢材厚度，对轴心受拉和轴心受压构件指截面中较厚板件的厚度。

附表 3　螺栓连接的强度指标（N/mm^2）

螺栓的性能等级、锚栓和构件钢材的牌号		普通螺栓						锚栓	承压型连接高强度螺栓			高强度螺栓的抗拉强度 f_u^b
		C 级螺栓			A 级、B 级螺栓							
		抗拉 f_t^b	抗剪 f_v^b	承压 f_c^w	抗拉 f_t^b	抗剪 f_v^b	承压 f_c^w	抗拉 f_t^b	抗拉 f_t^b	抗剪 f_v^b	承压 f_c^w	
普通螺栓	4.6 级、4.8 级	170	140	—	—	—	—	—	—	—	—	—
	5.6 级	—	—	—	210	190		—	—	—	—	—
	8.8 级	—			400	320	—	—	—	—	—	—
锚栓	Q235	—	—	—	—	—	—	140	—	—	—	—
	Q345	—	—	—	—	—	—	180	—	—	—	—
	Q390	—	—	—	—	—	—	185	—	—	—	—
承压型连接高强度螺栓	8.8 级	—	—	—	—	—	—	—	400	250	—	830
	10.9 级	—	—	—	—	—	—	—	500	310	—	1040
螺栓球节点用高强度螺栓	9.8 级	—	—	—	—	—	—	—	385	—	—	—
	10.9 级	—	—	—	—	—	—	—	430	—	—	—

续表

螺栓的性能等级、锚栓和构件钢材的牌号		普通螺栓						锚栓	承压型连接高强度螺栓			高强度螺栓的抗拉强度 f_u^b
		C 级螺栓			A 级、B 级螺栓							
		抗拉 f_t^b	抗剪 f_v^b	承压 f_c^w	抗拉 f_t^b	抗剪 f_v^b	承压 f_c^w	抗拉 f_t^b	抗拉 f_t^b	抗剪 f_v^b	承压 f_c^w	
构件钢材牌号	Q235	—	—	305	—	—	405		—	—	470	
	Q345	—		385		—	510	—	—	—	590	
	Q390	—	—	400	—		530	—	—	—	615	
	Q420	—	—	425	—	—	560	—	—	—	655	
	Q460	—	—	450	—	—	595	—	—	—	695	

注：1.A 级螺栓用于 $d \leqslant 24$mm 和 $l \leqslant 10d$ 或 $l \leqslant 150$mm（按较小值）的螺栓；B 级螺栓用于 $d > 24$mm 或 $l > 10d$ 或 $l > 150$mm（按较小值）的螺栓。d 为公称直径，l 为螺杆公称长度。

2. A、B 级螺栓孔的精度和孔壁表面粗糙度，C 级螺栓孔的允许偏差和孔壁表面粗糙度，均应符合现行国家标准《钢结构工程施工质量验收标准》(GB 50205—2020）的要求。

3. 用于螺栓球节点网架的高强度螺栓，M12 ～ M36 为 10.9 级，M39 ～ M64 为 9.8 级。

附表 4　螺栓的有效面积

螺栓直径 d（mm）	螺栓 p（mm）	螺栓有效直径 d_e（mm）	螺栓有效面积 A_e（mm^2）
16	2	14.1236	156.7
18	2.5	15.6545	192.5
20	2.5	17.6545	244.8
22	2.5	19.6545	303.4
24	3	21.1854	352.5
27	3	24.1854	459.4
30	3.5	26.7163	560.6
33	3.5	29.7163	693.6
36	4	32.2472	816.7
39	4	35.2472	975.8
42	4.5	37.7781	1121
45	4.5	40.7781	1306
48	5	43.3090	1473
52	5	47.3090	1758
56	5.5	50.8399	2030
60	5.5	54.8399	2362
64	6	58.3708	2676
68	6	62.3708	3055

续表

螺栓直径 d（mm）	螺栓 p（mm）	螺栓有效直径 d_e（mm）	螺栓有效面积 A_e（mm^2）
72	6	66.3708	3460
76	6	70.3708	3889
80	6	74.3708	4344
85	6	79.3708	4948
90	6	84.3708	5591
95	6	89.3708	6273
100	6	94.3708	6995

注：表中的螺栓有效面积按下式算得：

$$A_e=\frac{\pi}{4}\left(d\cdot\frac{13}{24}\cdot\sqrt{3}p\right)^2$$

附表 5　钢材摩擦面的抗滑移系数 μ

连接处构件接触面的处理方法	构件的钢材牌号		
	Q235 钢	Q345 钢或 Q390 钢	Q420 钢或 Q460 钢
喷硬质石英砂或铸钢棱角砂	0.45	0.45	0.45
抛丸（喷砂）	0.40	0.40	0.40
钢丝刷清除浮锈或未经处理的干净轧制面	0.30	0.35	—

附表 6　一个高强度螺栓的预拉力设计值 P（kN）

螺栓的承载性能等级	螺栓的公称直径（mm）					
	M16	M20	M22	M24	M27	M30
8.8	80	125	150	175	230	280
10.9	100	155	190	225	290	355